同济大学本科教材出版基金资助

土 体 工 程

（第二版）

徐 超 韩 杰 罗敏敏 编著

同济大学 出版社
TONGJI UNIVERSITY PRESS

内 容 提 要

　　本书在土质学与土力学原理和土的工程分类基础上,系统论述了岩土工程勘察的目的、任务、内容和技术方法,包括钻探和原位测试;在现行国家标准框架下,讨论了试验与测试成果的分析方法和参数评定,有针对性地论述了黏性土、砂土、粉土和特殊土地基的评价内容和方法,从工程地质角度介绍了桩基设计要点和设计方法。

　　本书力求知识传授与能力培养的统一,按每周3课时的土木工程本科生教材编写,可供岩土工程和工程地质领域的工程技术人员参考使用。

图书在版编目(CIP)数据

　　土体工程 / 徐超,韩杰,罗敏敏编著. --2 版.

--上海：同济大学出版社,2017.3

　　ISBN 978-7-5608-6784-7

　　Ⅰ. ①土… Ⅱ. ①徐… ②韩… ③罗…

Ⅲ. ①土体－工程技术 Ⅳ. ①TU43

　　中国版本图书馆 CIP 数据核字(2017)第 042976 号

同济大学本科教材出版基金资助

土体工程(第二版)

徐　超　韩　杰　罗敏敏　编著

责任编辑　高晓辉　胡晗欣　　责任校对　徐春莲　　封面设计　陈益平

出版发行　同济大学出版社　　　www.tongjipress.com.cn

　　　　　(地址：上海市四平路1239号　邮编：200092　电话:021-65985622)

经　　销　全国各地新华书店

印　　刷　同济大学印刷厂

开　　本　787mm×1092mm　1/16

印　　张　17.25

字　　数　431000

版　　次　2017 年 3 月第 2 版　　2017 年 3 月第 1 次印刷

书　　号　ISBN 978-7-5608-6784-7

定　　价　48.00 元

前　言

　　土是岩石经过强烈风化作用后形成的碎散矿物颗粒集合体的统称，在地球表面分布极广。人类进行的大量工程建设都会遇到土，例如各种建筑物、道路、桥梁、港口、隧道，甚至深海矿产开发等。土或作为地基、建筑材料，或作为建筑介质。无论土作为什么用途，我们都需要了解土的分布特征和基本特性。

　　我们把工程影响范围内的土层综合体称为土体。土体是一个工程概念，它可以由一层或多个土层组成。土体在形成及发展的历史过程中，受到了各种内在和外在因素的作用，不仅具有一定的埋藏条件和分布规律，而且具有特定的工程特性。在工程建设和开发过程中，以及在建(构)筑物使用期间，土体又会发生不断的变化。这些变化反过来又会对工程产生有利或不利的影响。我们有必要认识和预测土体的变化规律和这些影响的结果，确保工程的安全运行。

　　"土体工程"与"土力学"两门课程都以土(体)作为分析研究对象，但两者的侧重点不同。"土力学"是"土体工程"的理论基础，主要介绍土的物理力学性质，从土的应力、应变和时间的关系，以力学的观点和方法研究土中应力、土压力、土的变形与固结等理论，以及地基承载力、地基变形和土体的稳定性等的分析计算方法。"土体工程"以工程建设为服务对象，通过勘探取样、原位测试、室内试验等手段，查明拟建工程所涉及土体的成因类型、空间分布特征、各层土的工程特性，评价场地的稳定性和适宜性，计算地基的承载力和沉降量，并对工程建设与使用期间可能存在的问题提出对策和建议。

　　由朱小林和杨桂林编著的《土体工程》于1996年7月出版，是同济大学岩土工程和地质工程专业的核心教材，为岩土工程学科的人才培养做出了重要贡献，也是值得珍视和继承的一份宝贵财富。20年来，岩土工程学科已取得了巨大的发展，有关规范业已更新；同时随着本科生培养方案和课程的调整，教学课时不断压缩，重新编写《土体工程》势在必行。

　　本书借鉴了朱小林和杨桂林编著的《土体工程》的核心内容，吸收了本学科的一些最新成果，根据每周3课时的教学安排，对教材内容作了较大的调整和取舍。全书共分15章，前5章总结了土体工程的基础知识，分别论述了土的成因、土的成分、土的结构、土的物理力学性质及其变化规律和土的工程分类；第6章至第9章论述了室内土工试验之外的岩土工程勘察的核心内容，介绍了岩土工程勘察的基本知识、勘探取样、原位测试和土性参数的统计分析；第10章讨论了地基岩土工程评价的任务和方法；第11章至第14章分别论述了软土与黏性土地基、砂土与粉土地基、碎石土地基和特殊土地基的勘察要点、评价内容和方法；第15章介绍了桩基的岩土工程评价。

　　本书是在教育部地质工程特色专业建设项目(编号 TS1185)支持下编写完成的。在此，作者对该项目的支持深表感激！

　　限于编者水平有限，书中不当之处在所难免，恳请读者批评指正。

编者

2016 年 10 月于同济园

目　录

第 1 章　绪　论

1.1　概述

　　到目前为止，人类历史中的所有工程建设实践都是在地球表面或地壳浅部一定的地质环境中进行的。或许在不远的将来，人类还会在其他星球（如月球）上进行工程探索。但无论是在地球，还是其他星球，根据人类已有的认知，地质环境都是建（构）筑物设计、施工和运营的约束条件和主要影响因素。反过来，人类的这些工程建设也会对地质环境造成一定的冲击和影响。为了使修建的建（构）筑物安全可靠，避免对周围环境造成不良影响，就必须在工程建设之前，深入研究相关联的地质环境，评价和预测可能产生的与工程建设或周围环境有关的地质问题，并为工程项目的设计和施工提供必要且充分的地质依据。

　　工程建设所处的地质环境包括地形地貌、地质构造、岩土特性、水文地质和岩土中地应力等多个方面。这些地质环境通称为工程地质条件。不同的建（构）筑物面临的工程地质条件会很不相同，有的简单，有的则十分复杂。无论简单，还是复杂，为了使工程建设顺利进行和建（构）筑物按人们的预期正常运营，并且不对周围环境造成不良影响，在工程项目规划阶段，就需要通过一系列的地质环境调查研究，查明和分析评价工程建设所涉及范围内的工程地质条件。这便是工程地质工作者的主要任务。

　　为了满足人们的衣食住行需求，我们已经完成、正在和将要进行各种各样的工程建设活动，如修建房屋建筑，进行公路、铁路、机场、水利、通讯等基础设施建设，隧道开挖和地下空间开发等。在这些工程建设中，岩土或作为地基、建筑材料，或视为与工程结构相互作用的地质环境介质。在建筑工程领域，岩土体作为建筑物的地基，承受上部结构经基础传递下来的附加荷载；在路基工程中，土既可以作为道路路基的填筑材料，又是支撑路基的地基；在隧道和地下工程中，岩土体构成了地下结构的环境介质。因此，为了保证工程的可靠性、耐久性和合理性，人们需要认识岩土的工程性质，掌握岩土体自身及在工程影响下的变化规律。

　　岩土是岩石和土的合称或简称。从地质循环的角度来讲，土在地球深部的高温高压环境中，经过成岩作用会转变为岩石。岩石通过物理风化、化学风化或生物风化作用后，再经过各种外动力搬运，在特定环境中沉积成土。岩体或土体是指与工程建设项目有关的，制约特定工程建设或受工程建设影响的岩层或土层的组合体，是一个工程上的概念。

　　岩体和土体作为两类不同的地质体，因其性质的巨大差异，在工程中它们具有不同的研究方法和技术手段，分别形成了两个不同的知识与技术体系——岩体工程和土体工程。与岩体工程相对应，土体工程是一门建立在工程地质学、水文地质学和土力学等基础学科上的，专门研究土的工程性质的形成规律、土的工程分类、土体的工程性质勘察评价的理论和方法的学问。土体工程以工程建设活动影响所及的土体为研究对象，为工程建设服务。

1.2　土体工程的研究对象

土体工程以土或土体为研究对象。天然土是岩石经物理风化、化学风化或生物风化作用后的松散堆积物,是地质作用的产物。土体是土的集合体,表征的是一个工程意义上的概念,通常指工程影响范围内若干土层的组合,是土体工程的主要研究对象。

在自然界中,岩石经内外动力地质作用而破碎,风化成土;土经各种地质营力搬运、沉积、成岩作用,又转化为岩石。在整个地质历史长河中,岩-土转化、土-岩转化无时无刻不在进行。土可以看作是这一转化过程中某一阶段的产物。除了火山灰及部分人工填土外,土的组成物质均来源于岩石的风化产物。土是这些风化产物经各种外动力地质作用(如流水、重力、风力、冰川作用等)搬运后在适宜的环境中沉积下来的,或未经搬运,残留在原地的碎散堆积物。根据土的地质成因,土可划分为残积土、坡积土、洪积土、冲积土、湖积土、冰积土和风积土等。

土是存在于自然界中最复杂的工程材料之一,是一种固态、液态和气态三相共存的特殊物质。土的固相是构成土的骨架的最基本物质。土的液相是指存在于土孔隙中的水,但土中的水并非纯净的水,实际上往往表现为成分复杂的电解质水溶液。土的气相是指充填在土的孔隙中的气体。

土的三相经各种组合,可以有三种情形:干土、饱和土和非饱和土。其中干土、饱和土为二相土,非饱和土为三相土。在工程建设所涉及的范围内,完全的干土几乎不太可能天然存在,只能在试验室经高温烘烤的条件下人工制备。因此,天然状态下的土只有两类,即饱和土与非饱和土。

在工程实践中,土可作为地基、建筑材料或环境介质,应用非常广泛。因此,必须认识和掌握土的工程特性。在空间上,土的性质呈非均质和各向异性;土的应力应变关系呈非线性和塑性特征;土的工程性质与应力历史、应力水平等有关,以及随所处环境(压力、湿度、温度或化学介质等)的变化而变化等。

土(土体)的这些工程性质及变化规律往往与土的成因、土的成分和土的结构存在密切联系。这也是为什么需要从土质学的角度去研究土的原因。土的成因、成分和结构三者之间既相互联系又相互制约,是研究土的工程性质的形成和变化机理以及土的工程分类的基础。

1.2.1　土的成因

土的成因是指形成土的地质作用(搬运、堆积)类型。不同地质成因的土,其分布规律、物质成分和结构也往往不同,从而具有不同的工程性质。

1.2.2　土的成分

土的成分是指土的物质构成。土中三相物质的成分和含量的差异,往往构成不同工程性质的土。土中三相物质之间并非简单的混合,不同相之间通常存在着复杂的物理化学作用,对土的工程性质产生显著的影响。

1.2.3　土的结构

土的结构泛指土的物质成分各基本结构单元之间的排列组织形式。不同成因或成分的土,通常其结构类型也不同,因而土的工程性质必然有差异。一些原状结构的土受扰动后结构破坏,其工程性质亦显著下降。

1.3　土体工程的研究内容

土体工程的主要任务是查明和评价土体的工程性质。本书主要为建筑工程服务,主要任务是调查和评价地基土的特性,即视土体为地质承载体,而非材料、非地质环境,在工程地质条件调查成果基础上,综合评价场地的适宜性和可靠性;根据土的成因类型、土质特征对土进行工程分类,采用直接或间接的技术手段,认识土的工程性质,定量评价土体的性状,为工程建设提供可靠的土性设计参数,为工程建设的相关技术方案提供建议;分析工程建设对土体性状及地质环境的影响,评价工程项目运营期间可能面临的问题,针对性地提出应对措施。

土体工程的研究内容包括如下几个方面:

(1) 土的工程性质;

(2) 土的工程性质的物理机制;

(3) 在与周围自然环境和建(构)筑物的相互作用下,土的工程特性的变化趋势和变化规律;

(4) 岩土工程勘探、测试的技术和方法;

(5) 在专业基础理论指导下,基于工程建设经验的土体评价方法(主要针对地基土)。

研究方法取决于研究目的和研究对象。概括来讲,土体工程的研究目的是认识土的工程性质,掌握土体性状的变化规律,为工程建设服务。土和土体是自然地质历史的产物,它不是孤立地、静止地存在于地球表面,而是在一定地质环境中和地质作用下形成的,又会在地质环境因素和人为因素作用下不断地发生变化。因此,研究土和土体就需要采用地质学中的自然历史分析法。在宏大的地质背景中去分析认识土从哪里来,怎么来,以及往哪里去,土的性质又会怎么变化。

作为为工程建设服务的土体工程,仅采用自然历史分析法是不够的。为了定量评价土的工程性质和具体工程地质问题,描述具体情况下土的工程性质的变化规律,进行工程项目设计验算,就需要确定土的工程性质的定量指标和设计参数。为了获得土的工程性质的定量指标,就必须采用专门的实验和测试方法进行研究。这些专门的实验方法可以划分为取样实验和现场测试两大类。现场测试又称原位测试,广义地讲,应该包括地球物理勘探。取样实验需要取得实验用土样,在实验室的专业仪器设备进行,因此常被称为室内实验。具体的室内试验内容和方法已在"土力学"课程中讲授,这里不再重复。现场测试,顾名思义,就是在现场,不需要采取土样,采用专门的测试仪器设备对处于原位的土体进行测试,获得土的工程性能参数。

室内实验和原位测试是两类获得土的工程性质指标和工程设计参数的重要方法和手

段。但这些专门试验方法本身也存在局限性。室内实验所用土样的几何尺寸与工程建设所涉及的宏观土体相差悬殊，所采用的一定数量的土样的代表性十分关键；且在取样、运输、制样和实验等各环节中对土样的扰动不可忽视。原位测试除了无法完全排除对试验对象的扰动外，其测试的应力条件复杂，边界条件相对模糊，因此在计算分析土的工程性质时不得不引入一些经验的假定。

为了避免由于实验和测试得到的土性定量参数与土体原位实际性状的不一致而造成工程设计过于保守或偏于危险，人们在长期的工程实践中，采用工程项目原型的长期观测，积累了很多有益的工程经验。这些工程经验和地区经验一般以修正系数的形式出现在设计计算式中，以匡正测试结果的变异性和设计理论的不完备，具有重要的实用价值。

另外，岩土工程监测以及基于监测结果的岩土工程反分析方法也是土体工程的研究方法。基于一定数据基础上的反分析，可以得到代表性的、具有平均意义的岩土参数，可以弥补小试件室内实验结果和点状测试结果的不足。

1.4 土体工程的课程体系及使用建议

1.4.1 "土体工程"课程体系

"土质学"和"土力学"是两门以土为研究对象的科学。其中，"土质学"从土的成因、土的成分和土的结构等方面对土的工程性质进行分析，从宏观和细观层面研究土的工程性质的形成规律和物质基础。"土力学"建立了完整的描述土的物理力学性质的指标体系，采用经典力学手段研究土的强度、变形特性和土体的稳定性等课题，形成了土的强度理论、承载力理论、土压力理论和对土的体积变化规律的认识。这些基本知识和理论为"土体工程"课程的学习奠定了很好的基础。

本书第 2 章至第 5 章讲土的分类指标及其分类，以及揭示其微观机理的土质学部分内容；第 6 章至第 9 章讲勘察方法，主要包括勘探取样、原位测试及其数理统计；第 10 章至第 15 章讲土的工程性质评价方法，主要针对地基土，也包括场地地震液化评价。

由于本教材是以建筑工程为背景编写的，以土体作为建筑物的地基，对土的工程性质的介绍是不全面的。在进行地质灾害防治、核电厂、废弃物填埋场、地下工程、线路及机场工程等工程建设项目的勘察评价时，同样需要结合这些工程建设的特点，在充分认识土的工程性质的基础上，结合专门技术标准有针对性地进行。

1.4.2 使用建议

本书是根据同济大学本科教学计划，按每周 3 课时编写的。由于学时限制，对一些内容进行删减。如压缩了勘探与原位测试的设备和技术操作的内容，这将在实习环节弥补。在使用本教材时，如果按每周 2 学时讲授，建议取消特殊土和填土的相关内容，并对土的成分、土的结构和土的工程性质进行调整，适当压缩原位测试的相关内容；如果课时有余，建议根据具体情况，结合现行技术标准扩充特殊土地基评价的内容，补充有关地质灾害防治的勘察与评价。

为了巩固教学效果,根据各部分内容所包含的知识点,每章均设有复习思考题,以便学生复习巩固。除了复习思考题,本教材有配套习题集,在采用本教材时可配合、选择使用。

绝大部分土是固、液和气三相共存的自然历史形成的特殊物质。土除了成因不同外,而且种类繁多,差异巨大。要全面准确地完成土体工程的学习,应从以下几个方面下工夫。

(1)以自然历史分析法学习掌握土的工程性质。土的工程性质不仅是土的粒度成分与矿物成分的综合反映,而且不同成因的土的性质往往存在较大的差别,并受土的应力历史的影响表现出结构性和特殊性。要从土质学(土的成因、成分、结构)角度,去分析认识土的工程性质及其变化规律,把土的宏观性质与土的微观物质基础联系起来。要深刻认识土的三相特征及其与土的工程性质的联系,特别需要关注孔隙水对土性的影响。

(2)系统掌握土体工程的概念、理论和方法。岩土工程勘察是工程建设的一个基本环节,应掌握工程勘察的基本程序,包括所涉及的关于荷载、场地和地基的基本概念;要获得土体的基本特性,需要采取多种合理的勘探与测试手段及其组合,每种勘探、取样和测试(实验)方法都具有特定的应用条件和实验原理;从勘探与测试获得的关于土体的资料,到正确评价地基或土体的工程性质,中间需要应用已经建立的计算理论和经验公式。

(3)积极进行土体工程原理和方法的工程应用。不应泛泛讨论土体工程中的原理与方法,应将之放在具体的工程场地、具体应用背景中进行考察和应用。比如,进行场地的工程地质勘察,对于成熟地区,可以适当合并勘察阶段,可以相应减少勘探与取样工作量;再比如,采用动力触探试验成果进行场地的工程地质评价,场地的土性不同,采用的具体方法也不同。因此,读者应利用各种机会,比如课程作业、实习等,将本课程所学原理与方法应用到实际工程中去。

复习思考题

1. 什么是工程地质条件?请说明工程建设与地质环境之间的关系。
2. 在工程建设中,土有哪些用途?
3. 土体工程的研究对象是什么?工程上,土体的含义是什么?与土有什么区别?

第 2 章 土的物质成分

2.1 概述

在自然界中,土或土体一般是固、液、气三相共存的特殊物质,呈现出复杂的三相体系。固相为矿物颗粒,简称土粒,是构成土骨架的基本物质。矿物颗粒之间存在孔隙,孔隙由液体和气体充填。土中的液体(液相)一般为水,通常是成分复杂的电解质水溶液,而非纯净的水。土中的气体(气相)主要是空气和水蒸汽。

在土的三相体系中,各组成部分并不是固定、一成不变的,而是在外界因素的影响下,随着时间不断地调整和变化。其中,矿物颗粒的变化非常缓慢,含量相对稳定,而孔隙中的水和气体则对环境因素非常敏感。当地下水位上升,土中原先充填孔隙的空气会被水代替,逐渐形成饱和土(即土中孔隙完全被水充填);相反,当地下水位下降,饱和土中的孔隙水也会逐渐被空气代替,失水形成非饱和土(土中孔隙由水和气体两相充填);特别地,当土被烘干时,土中孔隙完全被气体填充,形成干土。在自然界中,完全的干土几乎不可能存在。

土由岩石风化而来,由于岩石种类不同,故土的矿物成分不同;不同成因类型的土,经受的外动力作用、搬运的距离和堆积的环境不同。因此,在自然界中存在形状各异、大小不一、具有不同矿物成分的土粒。土粒的大小、形状、堆填方式和矿物成分不仅影响土的力学性质,而且决定土的透水能力。因此有必要按照土的粒径、形状和物质成分来分析土的构成及其对土性质的影响。

在自然界中,土的组成成分并不是简单地聚在一起的,而是通过某种形式联系在一起的。由于矿物颗粒的表面能和水溶液中的电解质的存在,在它们的接触面上发生着复杂的固液相互作用。孔隙中的水对土的性质具有重要影响,特别是对于细颗粒土,这种影响尤其显著。因此,在分析土的成分对土的工程性质的影响时,应关注这些水-土相互作用及其与土性变化之间的内在联系。

2.2 土的矿物成分和化学成分

2.2.1 土的矿物成分类型

土的成分起源于母岩和受风化作用的改造。因此,土粒的成分取决于母岩的成分、风化程度和风化类型。不同成因类型的岩石在物理风化作用下,岩石的完整性会遭到破坏,破碎成大小不等的岩石碎块或颗粒。但原有的矿物成分并不发生变化,土中的这些矿物成分称为原生矿物。随着风化程度的加深,化学风化的作用日益强烈,不仅颗粒会越变越小,而且颗粒的矿物成分也会发生变化,形成新的矿物,称为次生矿物。土的固体物质除了上述来源于母岩的无机物质外,还或多或少含有一些有机物质。

无机矿物颗粒在土中一般占绝对优势,是构成土的骨架的最基本物质。颗粒的矿物成分是控制土粒的大小、形状和土的物理、化学性质的重要因素。下面按原生矿物和次生矿物分别加以论述。

1) 原生矿物

土中的原生矿物是直接由岩浆冷凝结晶形成、未经受过化学风化作用而从母岩中保留下来的矿物,主要是硅酸盐类矿物和氧化物类矿物,包括石英、长石、云母、辉石、角闪石和方解石等。其特点是颗粒较粗大,物理、化学性质稳定或较稳定,具有较强的抗水性和抗风化能力,亲水性一般较弱。原生矿物是巨粒土、粗粒土的主要组成物质,对土的工程性质的影响主要表现在其颗粒形状、坚硬程度和抗风化稳定性等方面。

2) 次生矿物

土中的次生矿物是原生矿物在一定的温度和压力条件下,经化学风化作用而形成的新矿物。次生矿物分为可溶性次生矿物和不溶性次生矿物。

可溶性次生矿物又称可溶盐,是原生矿物在风化水解过程中可溶物质被水溶解后,再在适宜的环境下聚集而成的。常见的可溶盐可呈固态或离子状态,通常这两种状态在土中并存。固态可溶盐能对土颗粒起胶结作用而提高土的力学性能,但当它被溶解后,土粒间的联结会被削弱,土的强度降低。离子状态的可溶盐决定了孔隙水溶液中的离子成分和浓度。

不溶性次生矿物是原生矿物中可溶物质被溶滤后,残留部分物质所形成的新矿物,主要为各种黏土矿物,还包括一些由次生二氧化硅、三氧化二铝、三氧化二铁等构成的矿物。

次生矿物的颗粒一般非常细小,甚至形成胶体颗粒,成分和性质较为复杂,对土的物理力学性质的影响较大。

2.2.2　黏土矿物

黏土矿物是不溶性次生矿物中的铝硅酸盐类矿物,主要由长石、云母等原生硅酸盐矿物经化学风化作用而形成。因其为构成黏土颗粒的主要成分,故名黏土矿物。黏土矿物的颗粒极为细小,粒径一般均小于 0.005mm,形状多呈片状。

1. 黏土矿物的结晶结构

土中最为常见的黏土矿物是高岭石、蒙脱石和伊利石,其次为绿泥石等其他黏土矿物。绝大多数黏土矿物都是结晶质的,其结晶结构的基本结构单元是硅氧四面体和氢氧化铝八面体。

硅氧四面体由一个硅离子和四个氧离子组成。图 2-1(a)给出了硅氧四面体的结构模型,硅离子位于正四面体的中心,四个氧离子分别位于四面体的四个顶角,四面体的四个面均为等边三角形。多个四面体排列的特点是每个四面体的底面都在同一平面上,底边彼此相合,第四个顶角均指向同一方向。四面体底面上的每个氧离子,均为相邻的四面体所共有,由此在平面上排列成正六边形网状结构层,称为四面体层,其结构模型见图 2-1(b)。

氢氧化铝八面体由六个氢氧根离子(或氧离子)与一个铝离子(也可以是镁离子或铁离子)组成。图 2-2(a)是氢氧化铝八面体的结构模型,氢氧根离子在空间以相等的距离排列,铝离子位于八面体的中心。八面体中的每个氢氧根离子均为相邻的三个八面体所共有,诸多八面体以这种方式排列成一层,称为八面体层,其结构模型见图2-2(b)。

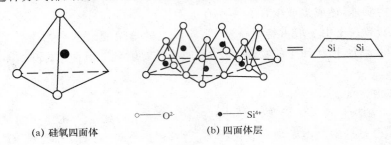

(a) 硅氧四面体　　　　　　(b) 四面体层

○——O^{2-}　　●——Si^{4+}

图 2-1　硅氧四面体结构模型示意图

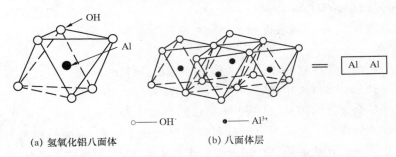

(a) 氢氧化铝八面体　　　　　　(b) 八面体层

○——OH^-　　●——Al^{3+}

图 2-2　氢氧化铝八面体结构模型示意图

高岭石、蒙脱石和伊利石等黏土矿物的晶体均呈层状结构,是由四面体层与八面体层按一定的比例构成,被称为黏土矿物的结构单位层(又称晶胞)。相同类型的结构单位层的重复堆叠就形成一定种类的黏土矿物。高岭石、蒙脱石和伊利石的结构模型如图2-3所示,图中等腰梯形表示四面体层,矩形表示八面体层。

高岭石类黏土矿物的结构单位层由一个四面体层和一个八面体层组成,称为1:1型结构单位层,亦称为二层型。大量1:1型结构单位层的重复堆叠组成高岭石类黏土矿物,见图2-3(a)。

蒙脱石类黏土矿物的结构单位层由两个四面体层中间夹一个八面体层组合而成,称为2:1型结构单位层,亦称为三层型。大量2:1型结构单位层的重复堆叠组成蒙脱石类黏土矿物,其结构单位层之间常存在数层水分子,见图2-3(b)。

伊利石类黏土矿物的结构单位层与蒙脱石类的相同,亦为2:1型结构单位层,但伊利石

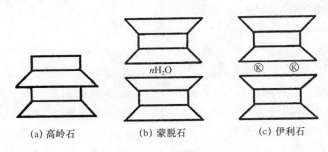

(a) 高岭石　　　　　(b) 蒙脱石　　　　　(c) 伊利石

图 2-3　黏土矿物结晶结构示意图

类黏土矿物的结构单位层之间嵌有钾离子(或钠离子),见图 2-3(c)。

　　2. 各类黏土矿物的基本特性

　　各类结晶质黏土矿物的性质差异取决于黏土矿物的结晶结构特征,即取决于黏土矿物结构单位层内部的结合力和结构单位层之间的联结力。这类联结力通常称为键力。结构单位层之间的键力是决定黏土矿物性质的最关键因素。

　　键力是原子或分子等微粒之间的相互作用力。原子与原子之间的键力称为化学键,也称为主键、高能键或第一价键。化学键包括离子键、共价键和金属键 3 种类型,其键能约为 $80\sim850\text{kJ/mol}$,键力影响范围约为 $0.1\sim0.2\text{nm}$。分子与分子之间的键力称为分子键,也称为次键、低能键或第二价键。在分子键中有一类特殊的键——氢键,是存在于极性含氢化合物分子(如水分子)之间的键力,由于极性分子的氢原子端因显正电性而产生静电引力而引起。一般的分子键,又称范德华(J. D. Van der Waals)键,其键能远小于化学键的键能,约为 $2\sim20\text{kJ/mol}$,但键力影响范围约在 0.5nm 以上;而氢键的键能约为 $20\sim40\text{kJ/mol}$,虽小于化学键的键能,但显著大于一般分子键的键能,其键力影响范围约为 $0.2\sim0.3\text{nm}$。

　　在结构单位层内,四面体层与八面体层的界面是一共用氧离子层,此时八面体层在界面处的氢氧根离子被氧离子取代,故四面体层与八面体层的层间键力为化学键,联结力强。因此,对于结构单位层为 1∶1 型或 2∶1 型的黏土矿物,其性质取决于结构单位层之间的键力。

　　高岭石类黏土矿物的结构单位层之间为氧-氢氧(或氢氧-氢氧)联结,结构单位层之间的键力除范德华键外,还存在氢键,联结力较强,致使其晶格活动性小,浸水后结构单位层间的距离基本不变,层间不易分散。高岭石的膨胀性和压缩性都较小,水稳性好,一般塑性较低。

　　蒙脱石类黏土矿物的结构单位层之间为氧-氧联结,结构单位层之间的键力只有范德华键,联结力极弱,易被具有氢键的极性水分子分开。此外,蒙脱石矿物中同晶置换现象比较普遍,一般发生于八面体中,也发生于四面体中。当高价阳离子被低价阳离子置换后,就会出现多余的负电荷,这些多余的负电荷可吸附水中的水化阳离子,充填于结构单位层之间。故蒙脱石的晶格活动性极大,遇水很不稳定,水分子可无定量地进入结构单位层之间,其层间距取决于吸附的水分子层的厚度,甚至可能完全分开,呈高度分散、横向延伸较大的薄膜片状。蒙脱石的亲水性、膨胀性及压缩性比高岭石高得多。

　　伊利石类黏土矿物与蒙脱石类黏土矿物同属于 2∶1 型结构单位层。虽然伊利石类黏土矿物的结构单位层之间也是氧-氧联结,但与蒙脱石不同的是同晶置换主要发生在四面体中;其中硅离子常被铁离子和铝离子替代,剩余负电荷,故在结构单元层之间吸引阳离子以补偿正电荷的不足。这些嵌入其间的阳离子(主要为钾离子)可加强结构单元层之间的联结作用,使其层间联结介于高岭石与蒙脱石之间。故伊利石的晶格活动性、亲水性、膨胀性及压缩性通常介于高岭石与蒙脱石之间。

2.2.3　有机物

　　土中的有机物来源于生物,由土中动植物遗体在微生物的作用下分解而成。按其腐烂分解程度,分解不完全的称为生物残骸;完全分解的称为腐殖质。

　　腐殖质是一种有机酸,主要成分是腐殖酸。腐殖酸颗粒比大多数黏土颗粒还要小。腐殖酸的分子结构不紧密,具有"海绵状"结构,微孔隙发育,呈链条状连接而形成聚粒。腐殖质为酸性体,颗粒带负电,具有比黏土颗粒更发育的双电层。因此,腐殖质具有很强的吸附性和亲水性。即使腐殖质在土中的含量很低,也会对土的工程性质产生很大的影响。

2.2.4　土的化学成分

土的化学成分是指组成土的固相、液相和气相物质的化学元素及其化合物的种类和含量。它在很大程度上决定了土的化学性质。土中含有大量的氧、硅、铝、铁、钙、镁、钾、纳等元素及其他微量元素。这些元素通常以化合物的形式存在于土中。目前研究较多的是土的固相和液相的化学成分。

土的固相的化学成分与矿物成分有着密切的关系。研究土的化学成分有助于鉴别土中的矿物成分。原生矿物的化学成分与母岩的化学成分有关,一般化学性质较为稳定。可溶性次生矿物中,常见的易溶盐有岩盐($NaCl$)、钾盐(KCl)、芒硝($Na_2SO_4 \cdot 10H_2O$)、苏打($NaHCO_3$)及天然碱($Na_2CO_3 \cdot NaHCO_3$)等;常见的中溶盐有石膏($CaSO_4 \cdot 2H_2O$)等;常见的难溶盐有方解石($CaCO_3$)和白云石($CaMg(CO_3)_2$)等。不可溶性次生矿物,除黏土矿物外,常见的还有Al_2O_3、Fe_2O_3等一些倍半氧化物。

土的液相的化学成分取决于孔隙水中所溶解离子的成分和含量。孔隙水中离子的电性、化合价和浓度对于细粒土的工程性质有着重要的影响。

2.3　黏土矿物的表面特性及与水的相互作用

黏土矿物具有独特的结晶结构,黏土颗粒非常细小,多半属于胶体颗粒和准胶体颗粒,粒径小于 0.005mm,因此比表面积(单位质量土粒所具有的总表面积)很大。土中的水并非纯净的水,而是成分复杂的电解质水溶液。土中黏土颗粒与水之间并不是简单的混合接触关系,而是存在着极为复杂的物理化学作用。黏土颗粒的表面特征及其与水的相互作用对细粒土的工程性质有着极为重大的影响。

2.3.1　黏土颗粒的表面带电现象

1809 年,俄国学者列依斯(Reuss)进行了一个很有趣的实验(图 2-4):在潮湿的黏土块中,插入两根玻璃管,向两管内装入一定厚度的纯净砂后,注入同样高度的净水,然后放入电极,通直流电。过一段时间可以发现如下现象:①阳极所在的玻璃管中,从下而上,水开始变得浑浊起来,管内水位下降;②阴极所在的玻璃管中,水依然清澈,但水位缓慢上升。

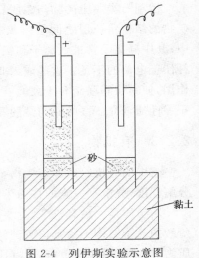

图 2-4　列伊斯实验示意图

这种实验现象被称为电动现象。在直流电场中黏土颗粒向阳极运动称为电泳;水向阴极运动称为电渗。电泳现象证明黏土颗粒带负电荷。黏土颗粒带负电荷的原因可从以下几个方面进行讨论。

(1) 黏土矿物的硅氧四面体或氢氧化铝八面体中的同晶置换作用。蒙脱石和伊利石组成的矿物中高价阳离子被低价阳离子置换，因而具有剩余负电荷，在结构单位层的基面带负电，只有吸附阳离子来达到平衡。高岭石组成的矿物没有同晶置换，因而结构单位层的基面电性较弱。

（2）在自然界中，黏土矿物往往会发生断裂，断口处表现出电性不平衡，其带电性质与介质的性质有关。断口处具有剩余电荷的八面体类似于氢氧化铝表现出两性体，在酸性溶液中发生碱式水化离解 $Al(OH)_3 = Al(OH)_2^+ + OH^-$，使断口处带正电；在碱性溶液中则发生酸式水化离解 $Al(OH)_3 = Al(OH)_2O^- + H^+$，使断口处带负电。

（3）与黏土矿物组成物质的水化离解作用有关。黏土矿物是由三氧化二物和二氧化硅组成。如次生二氧化硅表面与水作用而生成一层偏硅酸 H_2SiO_3，偏硅酸在水中能离解出 H^+ 和 SiO_3^{2-}，偏硅酸根离子 SiO_3^{2-} 与二氧化硅不分离，使矿物表面带负电荷；而三氧化二物同样具有两性性质，即它的带电性质随着水溶液的 pH 值而变化。

黏土矿物的表面电性与水溶液的 pH 值有关。在碱性溶液中，黏土矿物的负电性增强；在酸性溶液中，黏土矿物的负电性减弱。当溶液的 pH 值低到一定程度时，正负电荷抵消，黏土矿物不带电荷。黏土矿物不显示电性时，溶液的 pH 值称为该矿物的等电 pH 值。等电 pH 值是矿物本身的基本属性。不同的黏土矿物具有不同的等电 pH 值。蒙脱石的等电 pH 值为 2，高岭石的等电 pH 值为 5，伊利石的等电 pH 值介于两者之间。一般情况下，自然界中水的 pH 值约等于 7，即大于常见黏土矿物的等电 pH 值，因此黏土矿物表现出负电性。而且蒙脱石的负电性最强，伊利石次之，高岭石最弱。

（4）黏土矿物的表面电性可能还与矿物的选择性吸附作用有关。所谓选择性吸附是指矿物只吸附与其自身晶格结构相同或相近的离子。如将 $CaCO_3$ 置于 Na_2CO_3 溶液中，只吸附 CO_3^{2-} 离子，因而方解石颗粒表面带负电；如将 $CaCO_3$ 置于 $CaCl_2$ 溶液中，则只吸附 Ca^{2+} 离子，因而带正电。

综上所述，在自然界中，黏土矿物在绝大部分情况下，是带负电的。

2.3.2　黏土颗粒表面的双电层现象

黏土颗粒因为同晶置换和水化离解作用等使其表面带有一定量的负电荷，形成负电场，必将吸附水溶液中的反离子（阳离子）以平衡其负电荷。这就构成了黏土颗粒表面的双电层。黏土颗粒表面的负电荷构成了双电层的内层，颗粒表面吸附周围溶液中的阳离子构成双电层的外层，亦称反离子层或吸附层（图 2-5）。但被吸附在土粒表面的阳离子通常并不是简单的阳离子，而是水化阳离子。水化阳离子的体积相对较大，阻碍着其在土粒表面的无限制聚集。这些水化阳离子既受到土粒表面的静电引力作用，同时又受到本身热运动的扩散作用。

黏土颗粒表面带有电荷，就有一定的电位。若以水溶液中离子正常浓度处为零电位，反离子层与黏土颗粒界面处的电位（绝对值）称为热力电位（ε 电位），其值与土粒的矿物成分、颗粒形状与大小及水溶液的化学成分和 pH 值等因素有关。如图 2-5 所示，黏土颗粒周围的阳离子分布是不均匀的，越靠近土粒表面，阳离子浓度越高，阳离子被吸附得越牢固；随着离开土粒表面的距离增大，静电引力减小，阳离子的活动能力就越强，浓度也逐渐降低，直至达到孔隙中水溶液的正常浓度为止。按阳离子的活动能力可将双电层的外层（反离子层）划分为固定层和扩散层（图 2-6）。而被土粒表面负电荷所排斥的阴离子，随着离开土粒表面的距离增大，斥力减小，其浓度则逐渐增高，最后阴离子也同时达到水溶液中的正常浓度。

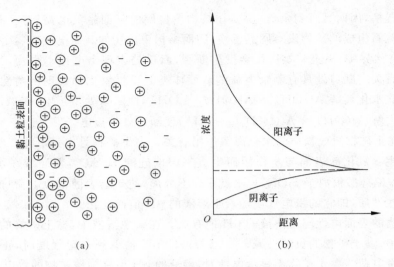

(a)   (b)

图 2-5　黏土颗粒表面双电层结构示意图

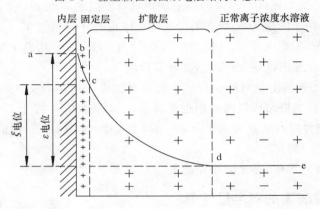

图 2-6　双电层及其电位示意图

固定层受静电引力作用强,其中的阳离子与黏土颗粒的结合非常牢固,排列紧密,电位在固定层下降很快,但并不能完全平衡热力电位。固定层外缘(与扩散层界面处)所剩余的电位(绝对值)称为电动电位(ξ 电位)。电动电位由扩散层的离子平衡。因此,扩散层的厚度与电动电位的高低密切相关,ξ 电位增高,则扩散层变厚;反之亦然。

当热力电位为定值时,理论上电动电位取决于正常浓度处水溶液的离子浓度、反离子层中反离子的离子价等因素。扩散层的厚度对黏性土的工程性质具有重大影响。土的黏性、塑性、胀缩性、压缩性及强度特性等均直接与此相关。因此,扩散层的厚度变化是引起黏性土物理力学性质变化的主要原因。影响电动电位(包括热力电位)的各种因素均为影响扩散层厚度的因素,主要包括黏土颗粒的矿物成分与分散程度、水溶液的 pH 值、水溶液浓度和阳离子的离子价等。

2.3.3　离子交换现象

黏土颗粒表面在一定的介质条件下,都会形成一定的双电层,当介质的特征发生变化时,双电层也跟着发生变化。在自然界中,孔隙水溶液中不只包含一种阳离子或阴离子,由于黏土颗粒表面通常带的是负电荷,因此,水溶液中存在的所有阳离子都可能成为反离子层的组成部分。至于各种离子所占的比例,则取决于离子的电价和在水溶液中的浓度等。一般情况下,电价高的阳离子与黏土颗粒的吸力较强,容易进入反离子层;同价离子,则取决于离子半径。黏土颗粒表面的双电层形成以后,如果水溶液中离子的成分和浓度发生变化,溶液中和反离子层中的阳离子的平衡就会被打破,从而引起反离子层中阳离子成分的改变。水溶液中的一些阳离子进入反离子层,而原来在反离子层中的阳离子进入水溶液,这种发生在反离子层与正常浓度处水溶液之间的同性离子交换被称为离子交换作用。离子交换主要发生在扩散层与正常水溶液之间,由于黏土颗粒表面通常带的是负电荷,故离子交换以阳离子交换为主,故又称为阳离子交换。

离子交换严格服从当量定律,即进入反离子层的阳离子与被置换出反离子层的阳离子的当量相等。离子交换反应具有可逆性,服从如下基本规律。

(1)高价阳离子比低价阳离子具有更强的吸附能力。在水溶液中,增加了高价阳离子,将置换反离子层中的低价阳离子,这种离子交换会使土粒表面的扩散层变薄。对于同价阳离子,半径大的比半径小的吸附能力强。因此,在水溶液中,增加半径大的阳离子,将会置换反离子层中半径小的阳离子,结果也会使扩散层变薄。

可见阳离子的交换能力取决个离子价和离子半径。在其他条件相同的情形下,常见阳离子的被吸附能力由强到弱的排列顺序为 Fe^{3+}、Al^{3+}、H^+、Ba^{2+}、Ca^{2+}、Mg^{2+}、K^+、Na^+。在这一排序中,H^+ 是个例外,这主要是因为其半径比其他离子小很多。

(2)水溶液的离子浓度对离子交换也有重要影响。浓度高的阳离子会因为扩散作用进入反离子层,相反,水溶液中浓度比较低的阳离子也会得到反离子层中该离子的补充。如果使水溶液中的低价阳离子浓度增高,就会置换反离子层中的高价阳离子,从而使扩散层变厚。

可见,阳离子交换作用可以改变黏土颗粒的双电层厚度。双电层厚度的变化程度取决于颗粒的物质成分和水溶液的特征。在常见黏土矿物中,蒙脱石的反离子层最厚,伊利石次之,高岭石的反离子层最薄。另外,水溶液的特性对离子交换和双电层厚度也有一定的影响,如提高溶液的 pH 值可以提高离子交换量。

在工程实践中,一般不会对单个黏土矿物而是对土的离子交换作用进行研究。自然成因的土由多种矿物组成,但离子交换作用主要发生在具有胶体特征的黏土矿物中。因此黏土矿物的含量对离子交换作用的强弱影响显著。土中黏土矿物含量越高,离子交换作用就越强烈;黏土矿物中蒙脱石含量越高,离子交换作用就越强烈。

土的离子交换特性可用离子交换容量来表示。离子交换容量是指一定量的土,在一定条件下,土中所有颗粒的反离子层内具有交换能力的离子总数,以每 100g 干土中所含交换离子的毫摩尔数表示(mmol/100g)。

离子交换容量是反映土与水相互作用性质的定量指标。土的离子交换容量越大,表明土中离子的交换能力越强,土对于水溶液物理化学条件的变化越敏感。离子交换容量大的土,其性质易随环境条件的变化而变化。

土的离子交换容量并非一个常量,与土的矿物成分和粒度成分、水溶液的离子浓度和 pH 值、及离子的交换能力等因素有关。主要黏土矿物按离子交换容量由大到小的排列顺序为蒙脱石(80~150 mmol/100g)、伊利石(10~40 mmol/100g)、高岭石(3~15 mmol/100g)。

土颗粒越分散,则离子交换容量越大。

研究离子交换的重要意义在于离子交换的结果会改变土粒表面扩散层的厚度,从而改变土粒间的相互作用力,导致土的物理力学性质发生变化。这就意味着可以利用离子交换来改变土的工程性质。例如通过离子交换来减小扩散层的厚度,从而改良土的工程性质;另一方面,也可以通过离子交换来增大扩散层的厚度,提高土的防渗能力。

2.4 土中水

在土的固、液、气三相中,液相是天然的水溶液,并非纯净的水。土中的水以多种形式和状态存在,对土的工程性质有一定的影响。土中的黏土矿物带电荷,具有表面能,与水发生复杂的相互作用,因此水对黏性土的工程性质影响甚大。

土中的水在温度影响下,可呈现不同的状态。各种形态的水可以存在于颗粒孔隙中和矿物晶体之中。因此,广义上,土中的水还以矿物结晶水和 OH^- 的形式存在。土中的水可以划分为矿物成分水和土孔隙中的水两大基本类型。

2.4.1 矿物成分水

矿物成分水是存在于土中矿物颗粒内部的水,是矿物的组成部分,以不同的形式存在于矿物内部的不同位置。按其与矿物结晶格架结合的牢固程度,矿物成分水可分为结构水、结晶水和沸石水。

结构水是以 H^+ 离子或 OH^- 离子的形式存在于矿物结晶格架的固定位置。严格地讲,结构水并不是水,而是固体矿物的组成部分,因为它在一般条件下难以从结晶格架上析出。但在450℃~500℃高温条件下,这些离子能脱离结晶格架而结合成水。同时,矿物原有的结晶格架被破坏,从而转变为另一种新矿物。

结晶水是以水分子形式存在于矿物结晶格架的固定位置。含有结晶水的矿物中,每个矿物分子所含的水分子的个数是固定的,如一个石膏分子中有两个水分子。结晶水与结晶格架上离子间结合的牢固程度较低,加热不到400℃即能析出。与结构水一样,矿物中的结晶水一旦析出,矿物原有的结晶格架就被破坏,从而变成另一种新矿物。

沸石水也是以水分子形式存在于矿物中,但它存在于矿物晶胞之间,且数量不定。它与矿物结合微弱,加热至80℃~120℃即可析出。当矿物中吸附大量沸石水时,可引起结晶格架的膨胀,导致矿物分离成细小的碎片;此时,沸石水可转变为矿物表面结合水。

通常情况下,矿物成分水应归属于土的固相部分,且通过矿物成分影响土的工程性质。在特定条件下,当矿物成分水从原来矿物中析出后形成新的矿物时,土的性质将随之发生变化。矿物成分水的质量包含在土的固相质量内。在测定土的含水量时,烘干土样的温度不能过高,应严格控制在100℃~105℃,以免矿物成分水析出,导致所测得的土样含水量偏高。

2.4.2 土孔隙中的水

根据水的存在状态,土孔隙中的水可分为固态水、液态水和气态水。

1）固态水

在常压下,当温度低于 0℃时,孔隙中的水冻结呈固态,往往以细小分散的冰晶粒存在或富集为冰夹层、冰透镜体等形式存在。因此,固态水就是以冰的形态存在于土孔隙中的水。土的性质由于水的冻结和融化会发生很大变化。固态水在土中起胶结作用,提高了土的强度。但解冻后土的强度往往低于结冰前的强度,这是因为从液态水转为固态水时,体积膨胀导致土的孔隙增大,解冻后土的结构会比结冰前变得疏松。因此,土中水-冰的相变对土的性质影响很大。

2）液态水

根据水分子的活动能力,土孔隙中的液态水又可分为结合水、毛细水和重力水。

重力水又称自由水,是土孔隙中不受土粒表面静电引力影响,在重力作用下自由运动的水。即由高水头处流向低水头处,并对土粒有浮力作用。重力水能传递静水压力,具有溶解可溶盐的能力。

毛细水是土中受毛细力作用保持在自由水面以上的水。毛细作用是在固、液、气三相交界面处由于固体表面对水的吸力和水的表面张力共同作用的结果。毛细水受重力作用,同时也受毛细力的作用。毛细水主要存在于粉细砂和粉质细粒土中。粗大的孔隙中,毛细力不足以克服重力,难以形成毛细水。

结合水是指由于静电引力作用吸附在土粒表面的水。孔隙中的水与土粒表面接触时,由于细小土粒表面带电,水化离子或极性水分子被吸附于土粒周围形成一层水膜。结合水中的水分子越靠近土粒表面,被吸引得越牢固,排列得越紧密整齐,活动性越小。随着距离增大,吸引力减弱,水分子的活动性增大。根据水分子被土粒表面吸引的牢固程度及其活动能力,又可将结合水分为强结合水和弱结合水(图 2-7)。

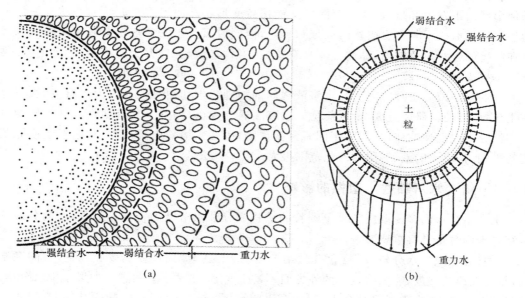

图 2-7　结合水与重力水

结合水受重力影响可以忽略,其物理力学性质不同于一般液态水。强结合水又称吸着水,是紧靠土粒表面被牢固吸附的结合水,属似固态水。由于受土粒表面的强大吸引力作用,水分子完全失去自由活动能力,紧密而整齐地排列着,因而强结合水具有固体的特性。强结合水的密度远大于一般液态水的密度,且越靠近土粒表面密度越大,不能传递静水压力,具有极大的黏滞性、弹性、抗剪强度,具有抵抗外力的能力,没有溶解能力,具有过冷现象(即在 0℃ 以下不发生冻结)。

弱结合水又称薄膜水,是在强结合水外层形成的结合水膜,属固-液过渡态水。由于颗粒表面对水分子的静电引力作用减弱,水分子虽仍能呈定向排列,但其定向程度和与土粒表面联结的牢固程度明显小于强结合水。弱结合水虽然不能自由流动,但可从水膜较厚处缓慢迁移到水膜较薄处,也可从一个土粒的周围迁移到另一个土粒的周围。弱结合水的密度较强结合水小,但仍大于一般液态水,也具有较高的黏滞性、弹性、抗剪强度。弱结合水的水膜厚度是影响细粒土物理力学性质的重要因素。

3) 气态水

气态水是以水汽形式存在于土孔隙中的水。气态水属于土的气相,是土中气体的一个组成部分。在一定的温度和压力条件下,土中的气态水与液态水保持着动态平衡;当条件发生变化后,气态水与液态水会相互转化。气态水可以从气压高处向气压低处迁移,也可在土粒表面凝结成液态水。气态水的迁移和转化可使土中水和气体的分布状况发生变化,从而影响土的性质。

2.5 黏性土的塑性及稠度状态

黏性土具有塑性,是其区别于砂性土的重要特征。黏性土的塑性是指土受力后可塑成任何形状而不发生开裂,在外力解除后又能保持变形状态而不恢复原状的性质。黏性土的塑性本质上取决于其黏土矿物的成分和含量,但同时又与土的含水量有着密切的关系。只有在一定的含水量范围内,黏性土才具有塑性,当含水量超出(大于或小于)这个范围,黏性土就不再表现出塑性。

土的塑性跟黏土颗粒表面与水溶液之间的物理化学作用有关。因为像石英、长石等非黏土矿物,即使被研磨成 $2\mu m$ 的微粒与水溶液混合成土,仍然不具有塑性。黏土矿物对土的塑性起着决定性的作用,但对于同一黏土矿物,因受水溶液电解质类型、阳离子成分及浓度的影响,相应土的液、塑限的变化范围很大。

2.5.1 结合水对黏性土塑性的影响

土中结合水的多少取决于黏土颗粒的矿物成分和水溶液的特性。另外,土的分散性也对结合水的含量具有重要影响。

当黏性土中的水分较少,只含有强结合水时,土是干燥的,颗粒彼此靠近,粒间联结牢固,具有较高的强度,能抵抗较大的外力而不发生变形,此时土呈固态。如果土中水分增多,除强结合水外,还出现了弱结合水,则结合水膜增厚,土变得湿润,粒间联结削弱,但仍能抵抗一定的外力而不致变形,此时土呈半固态。当土中弱结合水继续增多,结合水膜增厚,土变得潮湿,粒间联结进一步削弱时,在外力作用下土容易发生变形,但不易破裂,土处于可塑状态。当土中含水量继续增大,出现自由水时,土粒间失去联结能力,在重力作用下即可流动,此时土处于流动状态。

由于土中所含水量的不同,黏性土可处于不同的物理状态:固态、半固态、可塑状态和流动状态。我们把这些状态称为黏性土的稠度状态。

2.5.2　界限含水量

把黏性土从半固态转变为可塑状态和从可塑状态转变为流动状态的含水量,即用于界定黏性土塑性范围两个端点的含水量,称为土的界限含水量,即塑限和液限,亦称 Atterberg 界限。界限含水量是黏性土物理性质的基本指标,通过试验测定。

1) 塑限 w_p

黏性土的塑限 w_p 是土的可塑状态与半固体状态的界限含水量,即黏性土可塑状态的下限含水量。

塑限的测定可采用滚搓法或液塑限联合测定法。测定塑限的基本原理是利用土的塑性的定义,按土受力变形后是否发生开裂来确定界限含水量。

2) 液限 w_L

黏性土的液限 w_L 是土的可塑状态与流动状态的界限含水量,即黏性土可塑状态的上限含水量。

液限的测定可采用液限仪法或液塑限联合测定法。测定液限的基本原理是利用土的塑性的定义,按土受力变形后能否保持变形状态来确定界限含水量;当含水量超过液限含水量时,土将开始发生流动。

需要注意的是,国内外采用的液限仪分为锥式液限仪(又称为瓦氏液限仪)和碟式液限仪(又称为卡氏液限仪)。这两种液限仪的试验成果有一定的差异。

2.5.3　黏性土的状态

根据土的界限含水量以及土的含水量,可计算得到黏性土的两个最重要的物理指标:塑性指数和液性指数。

1) 塑性指数 I_p

塑性指数 I_p 定义为土的液限与塑限之差,习惯上用不带％的数值表示。

塑性指数是黏性土区别于其他土类及黏性土亚类划分的重要分类指标。塑性指数的大小反映了黏性土塑性的高低,也综合地反映了土的物质组成和性质。

2) 液性指数 I_L

液性指数 I_L 按式(2-1)定义:

$$I_L = \frac{w - w_P}{w_L - w_P} \tag{2-1}$$

液性指数是黏性土稠度状态的判定指标。当土的含水量低于塑限 w_L 时,液性指数 I_L 小于 0,土样处于坚硬状态;当土的含水量处于塑限 w_P 与液限 w_L 之间时,液性指数 I_L 介于 0～1 范围内,土样处于塑性状态;当土的含水量高于液限时,液性指数 I_L 大于 1,土样处于流动状态。为了便于判断,在工程实践中将黏性土的状态根据液性指数 I_L 划分为坚硬、硬塑、可塑、软塑和流塑 5 个等级,见表 2-1。

表 2-1 黏性土的状态分类

液 性 指 数 I_L	状 态	液 性 指 数 I_L	状 态
$I_L \leqslant 0$	坚 硬	$0.75 < I_L \leqslant 1$	软 塑
$0 < I_L \leqslant 0.25$	硬 塑	$I_L > 1$	流 塑
$0.25 < I_L \leqslant 0.75$	可 塑		

黏性土的稠度状态反映了黏性土是否处于可塑状态及其塑性的程度,与黏性土的力学性质密切相关。由于液限 w_L 和塑限 w_P 都是根据重塑土样测定的,故界限含水量不能反映出土的原状结构的影响。实际工程中,保持原状结构的土,由于存在结构强度,即使天然含水量 w 高于液限 w_L,土也不一定呈流动状态。但若此时原状结构被完全扰动,导致结构强度丧失,则土将呈现流动状态。

2.6 土中气体

非饱和土的孔隙,一部分被水充填,一部分被气体充填。土中气体便是土的气相。土中气体的成分和状态对非饱和土的性质具有较大的影响。

土中气体的成分以 CO_2、O_2 及 N_2 为主。但与大气成分相比,主要的差异在于 CO_2、O_2 及 N_2 的含量不同。当土中气体与大气连通时,土中的气体与大气之间发生交换,导致它们的成分趋于一致。但土粒对不同气体成分的吸附能力是有差异的,其吸附强度按照由强到弱的顺序依次为 CO_2、N_2、O_2、H_2。当土浸湿时,吸附的气体被水膜被排挤而逸入孔隙中,从而导致土中不同气体成分的含量与大气有较大的差别。一般土中的 CO_2 含量比空气中高得多,而 O_2 和 N_2 的含量通常比空气中少。土中的生物化学作用和化学作用常形成沼气、硫化氢、二氧化碳等气体。原先溶于地下水中的气体,由于温度和压力的改变而逸出,也成为土中气体的来源之一。土孔隙中的气态水,也是土中气体的组成部分。

土中气体的状态按其是否被土粒所吸附,可分为吸附状态和游离状态;按其所充填的孔隙是否与大气相连通,可分为连通状态和密闭状态。

土中吸附气体的数量与土粒大小、矿物成分、腐殖质的含量及孔隙特性等有关。土的分散性越高,则吸附气体越多。铁的氧化物、腐殖质及其他有机质等都具有很强的吸附气体的能力。如果土中孔隙极小,孔隙中只有吸附气体;孔隙稍大一些,则有吸附气体和游离气体同时存在。吸附气体与游离气体中的气体分子处于动态平衡。

连通气体存在于潜水面以上的包气带的土孔隙中。由于与大气相连通,连通气体常与大气处于动态平衡,并随温度、气压、降水、刮风等外界条件的变化而变化。连通气体对土的工程性质的影响不大,当土受到外力作用时,气体很快从孔隙中被挤出。密闭气体是由连通气体转变而成的,在潜水面变动带、毛细带以及位于包气带中的悬挂毛细带内最为常见。形成密闭气体的原因是土中孔隙的大小不一致,液态水进入孔隙的难易程度不同,导致土中一部分气体在潜水面上升时被水包围封闭。存在于土孔隙中的密闭气体对土的工程性质影响较大,密闭气体往往不易排除,尤其是处于吸附状态的密闭气体更不易移动。在压力作用下密闭气体可被压缩或溶解于水中,而当压力减小时,气体又会恢复原状或重新游离出来。密闭气体的存在使土的透水性降低,不易压实,并使土受压变形时表现出弹性变形的特征。

复习思考题

1. 请描述硅氧四面体和氢氧化铝八面体的结构特征。
2. 什么是黏土矿物的结构单位层?分别说明蒙脱石、伊利石和高岭石矿物的结构单位层特征。
3. 蒙脱石和伊利石结构单位层均为 2:1 型,为什么伊利石结构单位层之间的联结比蒙脱石强?
4. 请描述列依斯实验及现象。
5. 为什么黏土矿物会显示负电性?
6. 什么是黏土颗粒表面的双电层?
7. 黏土颗粒表面的扩散层厚度受哪些因素影响?并说明如何影响。
8. 什么是离子交换作用?离子交换作用服从什么规律?
9. 在工程实践中,如何利用离子交换作用的基本规律为工程服务?
10. 请说明黏性土的塑性及其与结合水之间的关系。
11. 除了黏土矿物的类型和含量,还有哪些因素影响土的塑性?说说明如何影响?

第3章 土的结构与构造

土的结构是指组成土的固体颗粒的大小、形状和表面特征,颗粒的排列组合和数量关系,以及颗粒间的联结形式和孔隙特征。而土的构造则指在土体中结构相对均一的结构单元体的大小、形状、排列与组合特征。土的结构描述的是固体颗粒及粒间孔隙的空间排列特征,土的构造是针对土中结构单元体的排列和相互关系。

土的结构和构造是固体物质在土中的存在形式,是在土的形成过程中形成的,属于土的基本地质特征,它决定了土的工程性质和变化趋势的内在联系。研究土的工程性质及其变化规律,不仅要研究土的物质成分,还需要关注土的结构和构造特征,特别是土的结构。因为,即使成分相同的土,土的结构不同,其性质会存在明显的差异。例如,同一种砂,处于结构松散或结构紧密的不同状态,其工程性质差别非常大;有些原状结构的黏性土受扰动后,尽管土的物质成分总体上并未发生什么变化,但其强度却产生显著下降。这说明土的结构是影响土的工程性质的重要因素。

土的结构形成以后并不是一成不变的,会在自然因素和人为影响下按不同的趋势发生变化。在研究土的工程性质时,或在工程实践中,要关注这些外在因素变化(如施工扰动)对土的结构和工程性质的影响。

3.1 土的结构特征

3.1.1 土粒大小与形状

土是由各类岩石经风化、搬运和堆积而成的。不同类型的岩石,在不同的风化营力作用下,经过不同的外动力搬运,在不同的地质环境中堆积形成的土,其粒径大小极为悬殊。可以想象,大小悬殊的颗粒组成的土,其结构及工程性质必然存在很大的差异。因此,要研究土的结构,首先应研究组成土的骨架的颗粒大小。

土粒的大小与母岩的成分、化学稳定性和风化程度密切相关。较粗大的颗粒一般为物理风化的产物,因此多为原生矿物,如石英、长石和云母等。随着风化程度加深和颗粒变小,化学风化逐渐占主导,会产生一些次生矿物,如高岭石、蒙脱石等。一般情况下,砾石颗粒由岩屑组成,砂粒常见石英、长石、云母等原生矿物,粉粒组主要由石英、方解石、高岭石等构成,而黏粒组仅见黏土矿物和有机质。

土粒的大小通常用颗粒的直径来表示。但土粒的形状一般是不规则的,且细土粒的大小只有微米级,甚至更小,故很难直接测量土粒的大小,只能采用筛分法或沉降分析法间接地定量描述土粒的大小。对于粗粒土,可采用最小筛孔孔径或与细土粒在静水中具有相同沉降速度的等代圆球体直径表示土粒的大小,称为土的粒径。

天然土的粒径大小相差悬殊,从大于几十厘米的漂石,到小于几微米的胶粒。实际工程中,没有必要测定每一个土颗粒的粒径,鉴于天然土的粒径一般是连续变化的,人们将大小相近、性质类似的土粒合并为组,并把这种按土粒粒径大小和工程性质归并、划分的组别称为粒组。

粒组间的分界线,即粒组的界限粒径虽然是人为规定的,但界限粒径并非随意确定。在确定时,要使界限粒径与粒组土性的变化相对应,并按一定的比例递减关系确定粒组的界限值。例如《土的工程分类标准》(GB/T 50145—2007)将砾粒与砂粒、砂粒与粉粒、粉粒与黏粒的界限粒径分别定为 2mm、0.075mm 和 0.005mm,参详第 5 章表 5-1。

按表 5-1 所划分的粒组能够反映各粒组的工程地质特性。粒径大于 2mm 的颗粒组成的土,无黏聚力和毛细现象,透水性好;粒径介于 $0.075 \sim 2$mm 的颗粒组成的砂土,无黏聚力,但有毛细现象,透水性较好;粒径小于 0.005mm 的黏粒为准胶体和胶体颗粒,具有胶体特性,表现出特有的塑性和胀缩性,透水性极差;粒径介于 $0.005 \sim 0.075$mm 的粉粒组则属于砂粒组与黏粒组之间的过渡粒组,不具有胶体特征(这一点与砂粒相近),但毛细现象突出,粒间具有一定的黏结力,透水性也差。

土粒的形状在很大程度上会影响到颗粒之间的接触条件,进而会在土的强度和土的压缩性方面表现出来。颗粒的磨圆度在很多情形下决定了粒间孔隙的大小和特点,从而影响土的透水性和毛细力。土粒的形状同样与母岩的岩性、矿物成分有关,也取决于搬运的动力介质和搬运的距离。如由软弱岩石形成的粗大颗粒在搬运过程中易于被磨损;而由硬质岩形成的砾粒,在相同搬运条件下可以较长时间内保持原有的棱角和形状。但无论形成颗粒的岩石的物理性质如何,只要经过长时期(长距离)搬运,都可以具有较高的磨圆度。如经过长期搬运的风积砂,往往具有较其他成因的砂更高的磨圆度。黏粒多呈片状、棒状或棱角状,由于颗粒细小,在搬运过程中其形状不易相互磨蚀;而且黏土颗粒表面有一层结合水膜,固体颗粒之间不能直接接触,因此黏粒形状对土的性质没有直接影响。

3.1.2　土的级配

把土中各粒组的相对含量(各粒组的质量占土粒总质量的百分比)称为土的颗粒级配,简称土的级配。由于土中颗粒粒径的变化一般是渐变的,土的级配即反映了主要颗粒的粒径范围。土的级配将直接影响土的密实度、土颗粒间相互嵌锁和咬合的方式与程度,最终影响到土的力学性质。正是由于土的级配差异将使土的工程性质产生质的差异,故可用土的级配作为土的分类指标。

土的级配的表示方法有表格法、分布曲线法和累计曲线法。累计曲线图法是土的级配的最常用表示方法。

在半对数坐标纸上,以颗粒粒径为横坐标(由于土粒粒径的值域范围较广,达几个数量级,故采用对数坐标表示),以小于某粒径的颗粒质量百分数为纵坐标,绘制颗粒大小分布曲线,称为土的级配曲线,如图 3-1。

由土的颗粒级配曲线可求得各粒组的质量百分数和大于各粒组界限粒径的质量百分数。通过级配曲线,可以确定土的类型,比较不同土的粒组成分特点,确定土的两个级配指

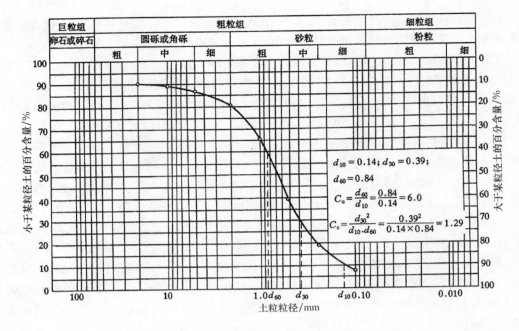

图 3-1　某种土的级配曲线

标,判定土的级配状况和一些土的工程性质。利用土的级配曲线,很容易确定累计百分数为 10%、30% 和 60% 的颗粒粒径(分别记为 d_{10},d_{30} 和 d_{60}),进而按式(3-1)和式(3-2)计算土的两个级配指标:不均匀系数 C_u 和曲率系数 C_c。

不均匀系数

$$C_u = \frac{d_{60}}{d_{10}} \tag{3-1}$$

曲率系数

$$C_c = \frac{d_{30}^2}{d_{60} d_{10}} \tag{3-2}$$

式中,d_{10}、d_{30}、d_{80} 分别相当于累计百分含量为 10%、30% 和 60% 的粒径,d_{10} 称为有效粒径;d_{60} 称为限制粒径。

土的级配良好包含两方面的因素:其一是土的粒径变化范围广,即粒度大小要不均匀;其二是各种粒径的颗粒都要保证一定的含量,不要出现某些粒径范围含量特别多或某些粒径范围的颗粒缺失等现象。同时满足这两方面条件的土,在压力(包括自重压力)作用下容易压密实,土的相对密度容易提高,故属级配良好土;反之则属级配不良土。

利用土的级配指标可对粗粒土的级配状况进行定量评价。不均匀系数 C_u 反映土的粒径变化范围的大小。C_u 值小,颗粒级配曲线形状陡峭,表明土的粒径变化范围小,大部分土颗粒的大小相近、甚至均匀,这种土不易压密,即相对密度不易提高,故属级配不良。C_u 值大,颗粒级配曲线形状平缓,表明土的粒径变化范围广。但 C_u 值大只是级配良好的必要条件。因为 C_u 值仅取决于 d_{60} 和 d_{10},C_u 值大只能保证这两者的粒径相差悬殊,而不能保证其中间粒径的含量和分布情况。如 C_u 值过大,甚至可能会出现中间粒径缺失的情况,土的级配不连续,也属不良级配。曲率系数 C_c 反映土中介于 d_{60} 与 d_{10} 之间的中间粒径的含量情况,在颗粒级配曲线图上,表现为曲线的凹面朝向和弯曲程度。因此,必须同时考虑不均匀系数 C_u 和曲率系数 C_c 评价土的级配状况。根据《土的工程分类标准》(GB/T 50145—2007)的有关规定:同时满足不均匀系数 $C_u \geq 5$、曲率系数 $C_c = 1 \sim 3$ 的土属级配良好土;不能同时满足这两个条件,即 $C_u < 5$,或者 $C_c < 1$ 或 $C_c > 3$ 的土,均属级配不良土。

3.1.3 土粒的排列

土颗粒的排列是指土中基本结构单元在空间的相对位置和分布规律,它反映了土颗粒排列的疏密程度和几何轴的定向性。土的基本结构单元是指具有一定的轮廓界限、受外力时起独立作用的结构单元。基本结构单元可以是单个砾粒或砂粒,称为单粒;也可以是由若干黏土矿物颗粒以面-面接触等形式聚合而成的集合体,称为聚粒。

土粒堆积的疏密程度在土力学上用土的密度来表示,其定义为单位体积土的质量。土的体积包括了土粒体积和粒间孔隙体积,二者的比例关系在土力学中常用孔隙比来表示,也可以用来描述土粒排列的疏密程度。土的质量包括固体颗粒质量和孔隙中水的质量,而后者是变化的。为了消除土中水分含量变化的影响,通常采用干密度来表示土粒堆积的疏密程度。土中颗粒排列的疏密程度主要取决于其堆积条件和沉积后所经受的自然和人为荷载历史。

土中的不等维颗粒,有时由于环境因素和动力作用的方向性,其几何轴显示一定程度的定向排列。如河床中的扁平状砾石,其长轴常与水流方向垂直,其扁平面的倾斜方向一般与水流方向相反。片状黏土矿物颗粒在静水环境中沉积而无其他干扰时,结构单元层面往往与层理方向一致。在黏土形成后,上覆土层重力作用会使下伏土体中随机排列的片状颗粒转向与重力作用垂直的方向。片状颗粒定向化的结果,导致土体的力学性质表现出各向异性,在颗粒定向方向上强度降低。

3.1.4 土粒间的联结特征

在自然界中,成分、大小、形状不同的土粒不是简单地堆积在一起,而是在复杂的物理-化学作用下彼此联系在一起的,颗粒之间具有一定的联结强度。土粒间的联结是土颗粒之间相互作用的表现,是土的重要结构特征之一,称为结构联结。结构联结的强度取决于颗粒间的相互作用性质,相互作用性质不同,联结的牢固程度以及在外力作用下的表现也会明显不同,因而对土的工程性质具有很大影响。

在土中存在几种性质、形成条件和强度各不相同的联结类型:凝聚联结、过渡联结、胶结联结和接触联结。

1) 凝聚联结

凝聚联结在细分散沉积(黏土、粉质黏土、泥炭等)中普遍存在,颗粒接触部位的结构联结是靠分子引力、静电引力和磁力形成的。凝聚联结的特点是粒间存在着均衡的结合水膜(图 3-2(a))。

凝聚联结是通过结合水膜使相互邻近的土颗粒联结起来,联结力的强弱取决于结合水膜的厚薄,但联结强度一般不高。其重要特征是具有可逆性,即这种联结破坏后会重新恢复。在低于极限值的荷载作用下,具有凝聚联结的孔隙介质(如黏土)表现出典型的可塑性,虽会发生不可逆的变形,但整体并没有受到破坏。

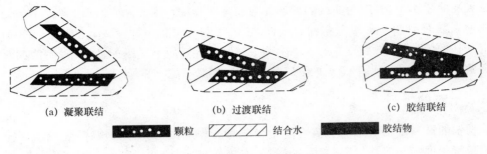

(a) 凝聚联结　　　　　(b) 过渡联结　　　　　(c) 胶结联结

::: 颗粒　　/////// 结合水　　███ 胶结物

图 3-2　土粒间的主要联结类型

2）过渡联结

在细颗粒土脱水和固结条件下，颗粒表面的水膜会变薄以至缺失，颗粒彼此靠拢而形成以离子-静电引力为主的较为牢固的联结，属于过渡联结（图 3-2（b））。在细粒土脱水过程中，毛细力（负压）在促使颗粒靠拢的过程中发挥了重要作用，可在颗粒接触部位形成很大的附加压力。因此，有时也称这种主要靠毛细负压使颗粒靠近暂时性结合在一起的联结为毛细水联结。

这种联结的一个重要特征是其对水的不稳定性，在卸除荷载或湿度增大时发生水化，可退化为凝聚联结；另一方面，当进一步提高外部压力和温度，则会使联结的面积逐步扩大，甚至导致其向胶结联结转换，从而失去对水的敏感性。因此这种联结在特定条件下可以转化为凝聚联结或胶结联结，故称之为过渡联结。

3）胶结联结

胶结联结是指通过胶结物使土颗粒联结起来的联结方式。胶结物通常是晶质或非晶质相从水溶液中析出的结果，如一些可溶盐的结晶或氧化物。胶结物靠化学作用与颗粒表面共生，在颗粒表面产生坚固的胶结桥。处于长期压力作用下，土颗粒直接接触处的矿物重结晶作用，使土颗粒胶结在一起。胶结联结可分为接触式胶结、接触-基底式胶结、基底式胶结等胶结形式。

胶结作用的一个基本条件是胶结物质与细颗粒表面间的化学亲和性。具有胶结联结的土强度高，常表现为脆性破坏特征。盐渍土、黄土等含盐量较高的土以及冻土（冰晶胶结）具有胶结联结。但是这类联结抗水稳定性差，易溶盐胶结物遇水后会导致土结构迅速破坏，而冰晶联结对温度非常敏感。黏性土的固化黏聚力主要由胶结联结构成，由于是在漫长的地质年代中逐渐形成的，当它因土结构扰动而破坏后不能在短时间内得到恢复。

4）接触联结

粗颗粒土的颗粒粗大，一般由原生矿物颗粒组成，粒间基本无联结。如卵石、砾石及粗砂等，由于颗粒粗大，土颗粒的自重远大于毛细力和其他各种粒间力，土粒间仅保持接触关系，粒间联结力几乎可忽略不计。故粗颗粒之间的联结被称无联结，有时也称接触联结。

3.1.5　土的灵敏性和触变性

1. 土的灵敏性

土的灵敏性是指土的原状结构受扰动后其工程性质降低的特性，有时也称为土的结构性。

饱和黏性土的灵敏性可用灵敏度 S_t 进行定量评价。土的灵敏度定义为原状土的无侧限抗压强度与相同含水量条件下重塑土的无侧限抗压强度的比值。即

$$S_t = \frac{q_u}{q_u'} \tag{3-3}$$

式中　S_t——土的灵敏度；

　　　q_u——原状土的无侧限抗压强度，kPa；

　　　q_u'——与原状土含水量相同的重塑土的无侧限抗压强度，kPa。

2. 土的触变性

土的触变性是指黏性土（尤其是软土）一经扰动后，土的原状结构遭到破坏，强度显著降低甚至呈黏滞流动状态，而当扰动停止后，土的强度能随时间逐渐得到一定程度恢复的特性。

土的触变性的实质是土的粒间联结在外力作用下被破坏，导致土粒间相互分散成流动状态；当外力去除后，其粒间联结随着静置时间得到一定程度的恢复。

3.1.6　土的结构类型

土的结构类型与土的颗粒大小、土的级配、粒间联结形式及成因类型密切相关。因为粗粒土和细粒土的基本结构很不相同，可先归纳为粗粒土的结构和细粒土的结构两种结构类型，然后在此基础上根据土的结构特征进行细分。

1）粗粒土的结构

纯粗粒土（如卵石、砾石、粗砂等）一般呈现为单粒结构，这是粗粒土的基本结构类型（见图 3-3）。由于颗粒较粗大，比表面积小，颗粒之间几乎没有联结力，粒间相互作用的影响较之重力作用可忽略不计，因此是重力作用下堆积而成的散粒状结构。因颗粒排列方式的不同，结构疏密程度也不同，可分为松散结构和紧密结构。

(a) 松散结构　　　　　　　　　　(b) 紧密结构

图 3-3　单粒结构

含细粒的粗粒土，结构将显得比较复杂。当粗粒土中含有黏粒时，黏粒常吸附在砂粒或粉粒的表面形成具有黏粒外膜的颗粒，使粗粒之间不能直接接触，其粒间联结的性质也将发生变化。当粗粒土中含有一定量的细粒时，则形成以粗粒为骨架、以细粒为充填物的各种复杂结构。如在卵石或碎石类土中，由于粗细颗粒含量不同，可见不同的结构形态：①粗颗粒含量高，在土体中彼此接触，而细粒充填于粗粒孔隙之中，则称之为粗石状结构

（图 3-4（a））；②粗粒含量少，被细粒包围而不能彼此直接接触，这种结构形态称为假斑状结构（图 3-4（b））。

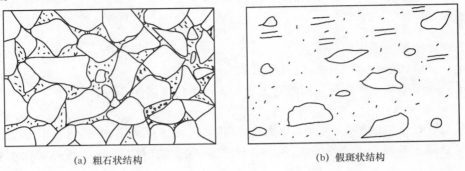

（a）粗石状结构　　　　　　　　　　　　　　（b）假斑状结构

图 3-4　卵（碎）石类土的结构形态

　　2）细粒土的结构

　　细粒土包括黏性土和粉土。由于粉土实质上是从砂土过渡到黏性土的中间类型，这里主要介绍黏性土的结构类型。黏性土的结构属微观结构，典型的结构有蜂窝结构和絮凝结构。

　　蜂窝结构是部分黏性土或粉土在土粒沉积过程中形成的一种结构（图 3-5（a））。黏土矿物之间大多以面-边或面-面彼此接触，粒间作用力大于土粒的自重，土粒不再下沉，从而排列成类似蜂窝状的链状体。从土的断面上看孔隙密集，貌似蜂窝。具有蜂窝结构的土，孔隙率大，含水量通常超过液限，结构不稳定，土的灵敏度高。

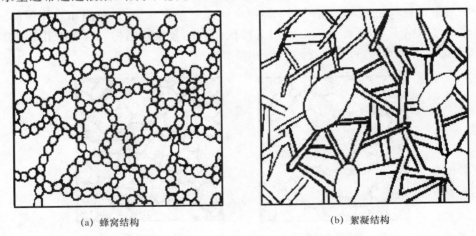

（a）蜂窝结构　　　　　　　　　　　　　　　（b）絮凝结构

图 3-5　细粒土的结构形态

　　絮凝结构是部分黏性土在黏粒凝聚过程中形成的一种结构（图 3-5（b））。黏土矿物之间以面-边或边-边接触为主，颗粒呈随机排列，定向性较差。具有絮凝结构的土，性质较均匀，但孔隙率较大，对扰动较敏感，多具有触变性。

　　自然形成的土，其结构要复杂得多。一种土并不仅仅是以单一的结构类型存在，而往往是以几种结构类型的过渡形式存在。

3.2　土的构造特征

　　土的构造是指结构相对均一的结构单元体的形态与组合关系特征。在土体中,结构单元体是由界面围限的。从外观上看,这些界面的存在导致土体的不连续性,也正是由于这些宏观上的界面存在才使土的构造特征表现出来。

　　在绝大部分天然土体中存在着层面。土体的层面形成于土的沉积过程中,原生的层面就是当时土体的沉积表面,它的存在代表着沉积间断,甚至经历过侵蚀,把成分、结构不同的部分分离开来,从而形成土体中普遍存在的层状构造。层面一般比较平直,呈水平或微倾斜状延伸,上下层面彼此平行或近于平行,因此在土体的层状构造中又可以进一步细分为平行层状构造、交错层状构造和透镜体构造。由于土体在形成过程中连续沉积的延续时间长短不一,使土体中土的单层厚度不同。如果土体由厚度较大且岩性(成分、结构)不同的土层反复交替出现,称为互层状构造;如果由厚度较大与厚度较小的单层组成,称为夹层构造;如果土体或其中一部分全由厚度很小的单层组成,则称为纹层构造,这种构造见于沉积环境边缘相的黏性土、粉土等细粒沉积物中。

　　在黏性土中,除原生构造外,还常见多种意义的次生构造。在土体的上部,由于生物活动和人类生产作业以及地表水入渗,使土的成分和结构在垂直方向上发生变化,形成一种独特的构造。在表土层,生物残骸腐烂、分解、聚积,产生许多高分散度的腐殖质,常形成一种酸性、氧化环境;此层及以下一定深度范围内则属于地下水垂直循环带,土中一些碱金属和碱土金属,甚至铁、锰均可被溶解,随水下渗,使土中这些物质明显降低;由此再往下,生物活动逐渐衰弱、消失,又转化为碱性、还原环境,下渗水携带的溶解物质即沉淀在此带中。因此,在自然界的土体中,常存在这种三层状构造:顶部腐殖质集聚,往往呈灰色或灰黑色;中间淋滤作用明显,具有比原土体更浅一些的色调;再往下,受沉淀作用的影响,常常有结核(钙质或铁锰质的)存在。

3.3　土的孔隙特征

　　土是孔隙介质,在土的结构基本单元(颗粒或聚粒)之间存在着大小不一的孔隙,孔隙是土的重要结构特征,是除固体结构单元之外人们研究土的结构的另一个重要侧面。

　　根据孔隙的成因和存在的部位,可将土中孔隙划分为如下类型:

　　颗粒间的孔隙——砂土和卵砾土中;

　　聚粒间的孔隙——常见于黏性土中,存在于矿物颗粒的聚粒之间;

　　颗粒-聚粒间的孔隙——黄土类土所特有的大孔隙;

　　颗粒内的孔隙——矿物组分内部的孔隙;

　　聚粒内的孔隙——存在于聚粒内部原始颗粒之间的孔隙。

　　天然成因的土往往同时具有几种类型的孔隙,如黏性土既有聚粒间和聚粒内的孔隙,也有粒间和粒内的孔隙。

土中孔隙按大小可以划分为粗大的、细小的、细微的和超微的孔隙,见表3-1。一般情况下,颗粒越大,则组成的孔隙越大,反之亦然。颗粒均匀程度高,则粒间孔隙越大;颗粒越不均匀,由于细小颗粒可以充填大孔隙中,孔隙会变得越小。结构疏松的土,其中的孔隙比结构紧密的土要大。

表 3-1   土的孔隙大小分类表

孔隙名称	孔隙大小	孔隙类型	孔隙中水的特征	代表性土类
粗大孔隙	>1mm	粒间的	重力水	粗碎屑土
细小孔隙	$1\sim0.01$mm	粒间和聚粒间的	毛细水上升快,但上升高度不大,重力水	砂土、黄土
细微孔隙	$10\sim0.1\mu m$	聚粒内和颗粒内的,部分聚粒间的	毛细水上升慢,但高度大,基本无重力水	黏性土
超微孔隙	$<0.1\mu m$	聚粒内和颗粒内的	孔隙结合水,无重力水和毛细水	黏性土

土中孔隙的数量,通常用孔隙度和孔隙比来表征。对于粗颗粒土,由于颗粒排列不同,可以呈现出最疏松(对应于最大的孔隙度或孔隙比)和最紧密(对应于最小的孔隙度或孔隙比)两种极限状态。从理论上讲,颗粒土的孔隙比越小则越密实,但这没有考虑到颗粒级配的因素。颗粒级配不同的土,即使具有相同的孔隙比,所处的密实状态也可能不同。为了同时考虑孔隙比和级配的影响,可采用相对密度(相对密实度)来表征颗粒土的密实度,相应的评价方法参详第12章"砂土和粉土地基的岩土工程评价"。

需要指出的是,在土体中不仅存在孔隙,还发育有各种裂隙。这些裂隙有的是原生的,有的是次生的。最常见的裂隙有胀缩裂隙、卸荷裂隙以及黄土中的垂直裂隙等,在一些老土层中甚至存在构造裂隙。

裂隙的存在破坏了土体的完整性和连续性,使土体呈现各向异性特征。在很多情况下,裂隙往往控制着土体的工程特性(渗透性和抗剪强度等),甚至影响土体的稳定性。

复习思考题

1. 何谓土的结构?它与土的构造有什么不同?
2. 土粒的大小与哪些因素有关?
3. 粒组是如何划分的?界限粒径的确定应遵循什么原则?
4. 何谓土的级配?如何定义颗粒土级配良好或级配不良?
5. 土粒间有哪几种联结类型?各种联结的强弱及其本质如何?
6. 简述土的灵敏性和触变性。
7. 请说明粗粒土的结构类型及其特征。
8. 请详细说明天然黏土层中存在的三层状构造特征。
9. 请列出土中的孔隙类型及大小分类。
10. 土中孔隙的大小和数量表征了土的疏密状态,但为什么不能简单地应用孔隙比或孔隙度来评价颗粒土的密实度?

第4章 土的工程性质

在土体工程研究和工程实践中,土的性质可分为土的物理性质、物理-化学性质、水理性质和力学性质。本书的任务不是全面论述土的这些性质,而是重点介绍与人类工程建设活动密切相关的土的工程性质,大致包括土的渗透性、变形特性、强度特性和土的应力应变关系等。土的变形和强度等力学性质又有静、动力学性质之分,但动力学性质会在《土动力学》课程中专门介绍,这里仅介绍土在静荷载作用下的力学性质。

土作为散粒体的集合,特别是无黏性土,粒间联结非常脆弱,在外部荷载作用下,或者受动水压力的影响,都会发生较大变形,甚至破坏。对于细颗粒土,特别是含有较多蒙脱石、伊利石等矿物的黏性土,含水量的变化对其变形影响很大,进而影响边坡工程及相关建筑物的安全。另外,土还具有流变特性,在荷载及其他条件保持不变的情况下,土的强度和变形还会随着时间而变化。一般情况下,土在外部荷载作用下,可以承受一定的压力和剪力,具有一定的抗压强度和抗剪强度。但由于粒间联结都比较弱,土不能承受拉力,在工程实践中应忽略土的抗拉强度,避免土中出现拉应力。

4.1 土的变形特性

4.1.1 土的可压缩性

1. 土的压缩变形机理

土的压缩性是指土在压力作用下体积缩小的特性,在单向固结试验中表现为竖向压缩变形。在一般工程压力范围内,土粒和土中水的压缩量可以忽略不计。因此,土的压缩主要是土中孔隙体积的缩小。对于非饱和土,孔隙体积的缩小主要由孔隙中气体体积的压缩而造成;对于饱和土,孔隙体积的缩小主要由孔隙中的水被排出而造成。随着土中孔隙体积的压缩,土粒位置调整,重新排列,相互挤紧,整个土的体积不断缩小,这就是土的压缩变形机理。土的压缩理论不考虑时间因素,这是压缩理论与固结理论的主要差别之一。

根据土的压缩变形机理,可用孔隙比的变化来描述土的压缩变形。在单向固结试验中,土的压缩变形只能沿着竖向进行。因此,土的竖向压缩变形量与孔隙比的变化量成正比。只要能测定土的竖向压缩变形量,就可以通过计算求得土的孔隙比的变化量。若将建筑物基底下压缩层范围内各层土的竖向压缩变形量累加起来,即为基础的总沉降量。这就是分层总和法计算基础沉降量的基本原理。

土的压缩变形可以发生在不同的情形中。如果土的周围受到限制,在受压过程中土不能或基本不能发生侧向膨胀,只能发生单向压缩,称为无侧胀压缩或单向压缩。对于基础深埋的建筑物来说,地基土的压缩就比较接近无侧胀压缩,这与室内单向固结实验的情形相同。但当土体受压时周围没有或基本没有侧向限制,则在发生压缩变形的同时,土体还会发生侧向膨胀变形,称为有侧胀压缩。基础浅埋的建筑物地基的压缩变形更接近于有侧胀压缩。但由于土体的粒间联结一般较弱,室内实验必须将试件(土样)限制在容器(环刀)内进行,所以室内压缩实验是在无侧胀的条件下进行的。实际工程中对于有侧胀变形的情形,在使用室内压缩试验指标时应注意这一特点,进行必要的转换。

2. 常规压缩试验指标

土的压缩变形是在外部压力下发生的,随着压力的增大,压缩变形逐步增大,同时伴随着孔隙比的减小。根据实验结果,以压力 p 为横坐标,以孔隙比 e 为纵坐标,可绘制土的压缩曲线(e-p 曲线),如图 4-1 所示。

不同的土由于其物质组成、结构特征等的不同,其压缩性必然有高低之分,其压缩曲线的形状就有所不同。对于粗颗粒土,粒间为接触联结,联结强度较弱,在外部压力下压缩量小,而且压缩过程短,在压缩曲线上,表现为起始阶段比较陡,而后几乎为水平延伸;而黏性土的压缩则不相同,由于粒间有结合水膜存在,孔隙比一般比较大,因此压缩量比较大,持续时间也比较长,在压缩曲线上表现为先陡后缓,比较圆滑。在 e-p 曲线上,e 是土样达到压缩稳定或超孔隙水压力基本消散时

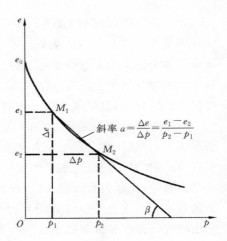

图 4-1　土的压缩曲线(e-p 曲线)

的孔隙比;对于 p 的理解,若从应力的可量测性角度看当属总应力,但从与孔隙比的对应关系看其数值大小相当于有效应力。这就是为什么可用固结试验的压缩性指标计算的沉降量作为最终沉降量的原因。

压缩曲线是土在压力作用下压缩变形的特征曲线。由于土的压缩性不同,所以得到的压缩曲线也存在差异,可根据压缩曲线确定相关指标参数来衡量土的可压缩性的高低。利用 e-p 曲线,可计算下列土的压缩性指标。

压缩系数

$$a = \frac{\Delta e}{\Delta p} = \frac{e_1 - e_2}{p_2 - p_1} \tag{4-1}$$

压缩模量

$$E_s = \frac{\Delta p}{\Delta e / (1 + e_1)} = \frac{1 + e_1}{a} \tag{4-2}$$

体积压缩系数

$$m_v = \frac{a}{1 + e_1} = \frac{1}{E_s} \tag{4-3}$$

式中　a——压缩系数,MPa^{-1};

　　　Δe——孔隙比减小量;

　　　Δp——竖向应力增量,MPa;

p_1,p_2——计算压力段竖向应力的初值、终值，MPa；

e_1,e_2——对应于 p_1,p_2 的孔隙比；

E_s——压缩模量，MPa；

m_v——体积压缩系数，MPa^{-1}。

上述三个土的压缩性指标均为 e-p 曲线上的割线指标，即取值对应于 e-p 曲线上某一压力段。压力段的选择不同，则土的压缩性指标就具有不同的数值。因此，在给出土的压缩系数、压缩模量或土的体积压缩系数时应当说明这些压缩性指标所对应的压力段。当采用压缩系数或压缩模量进行沉降计算时，压缩试验最大压力应大于土的有效自重压力与附加压力之和，压力段的初始值应取土的有效自重压力，压力段的最终值应取土的有效自重压力与附加压力之和。

压缩系数 a 是表征土的压缩性的重要指标。在相同压力变化范围内，压缩系数越大，表示土的压缩性越高。由于土的压缩系数与压力段有关，因此当要比较不同土的压缩性高低时，应采用相同压力段的压缩性指标进行对比。地基土的压缩性可按 p_1 为 0.1MPa 和 p_2 为 0.2MPa 时对应的压缩系数值 a_{1-2}，按下列规定进行划分：$a_{1-2}<0.1$MPa^{-1}，低压缩性土；$0.1\leqslant a_{1-2}<0.5$MPa^{-1}，为中压缩性土；$a_{1-2}\geqslant 0.5$MPa^{-1}，为高压缩性土。

3. 高压固结试验指标

由于土不是弹性体，在压力作用下其压缩变形大部分是不可恢复的塑性变形，而卸载后可恢复的弹性变形一般只占其中一小部分。在进行高压固结实验时，逐级加荷至试样变形稳定，将测试结果绘制在单对数坐标纸上，可以得到高压固结压缩曲线，即 e-$\lg p$ 曲线（图4-2）。然后逐级卸荷至零，土样体积回弹增大，可得回弹曲线。卸荷过程中会发现土样虽有回弹，但却不能恢复到原有的体积。等土样回弹变形稳定后再重新加载，可以得到再压缩曲线。即使再加载等级与卸载等级一致，再压缩曲线也不会沿回弹曲线发展（图4-3）。由土的压缩-回弹-再压缩曲线，可计算得到土的先期固结压力、压缩指数、回弹指数等压缩性指标。

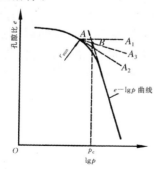

图 4-2 土的 e-$\lg p$ 曲线
（确定先期固结压力的卡萨格兰德法）

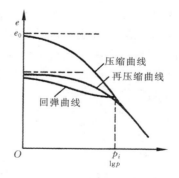

图 4-3 土的回弹-再压缩曲线

先期固结压力 p_c，又称前期固结压力，是指土在历史上所受到的最大固结压力。该值可依据高压固结实验的 e-$\lg p$ 曲线确定。图 4-2 给出了确定先期固结压力的卡萨格兰德（A. Casagrande）法：图中 A 点为 e-$\lg p$ 曲线的最小曲率半径点，A_1 为过 A 点的水平线，A_2 为过 A 点的切线，A_3 为 $\angle A_1AA_2$ 的平分线，A_3 与 e-$\lg p$ 曲线直线段的延长线相交于 B 点，B 点对应的压力即为先期固结压力 p_c。

超固结比 OCR 定义为土的先期固结压力与其有效自重压力的比值。利用超固结比可以判定土层的应力状态和压密状态。正常固结土的 OCR 等于 1,超固结土的 OCR 大于 1,欠固结土的 OCR 小于 1。

压缩指数 C_c 是当竖向有效压应力超过先期固结压力后,孔隙比减小量与竖向有效压应力常用对数值增量的比值,即 e-$\lg p$ 曲线直线段的斜率。即

$$C_c = \frac{\Delta e}{\lg(p_2/p_1)} = \frac{e_1 - e_2}{\lg p_2 - \lg p_1} \tag{4-4}$$

回弹指数 C_s 可根据进行了回弹再压缩的高压固结试验的 e-$\lg p$ 曲线(图 4-3)确定。回弹指数 C_s 为 e-$\lg p$ 曲线回弹圈的平均斜率。

在进行地基沉降计算时,如需考虑土的应力历史,应按不同的固结状态(正常固结、欠固结、超固结),采用先期固结压力 p_c、压缩指数 C_c、回弹指数 C_s 等指标进行沉降计算。

4.1.2　土的固结特性

饱和土在压力作用下,在孔隙体积逐渐缩小的同时,伴随着孔隙中的水被逐渐排出、超孔隙水压力逐渐消散和有效应力逐渐增长的全过程称为土的固结。饱和土的固结是一个同时进行着排水、压缩和应力转移的过程,土的透水性决定着这一过程的持续时间。

土的固结理论是研究土在固结过程中排水、压缩、超孔隙水压力及有效应力等随时间变化的理论。渗透性好的饱和无黏性土(如碎石类土、砂土)其压缩过程在短时间内就可以结束,一般认为在外荷载施加完毕时,其固结变形已基本完成。因此,工程实践中,一般无需考虑无黏性土的固结问题。对于黏性土、部分粉土和有机土,由于其渗透性差,完成固结所需的时间较长。如对于深厚软黏土层,其固结变形需要几年甚至几十年时间才能完成。因此,固结理论的研究对象主要是饱和黏性土。

1925 年,Terzaghi 建立了饱和土的单向固结微分方程,并得出一定初始条件和边界条件下的解析解。这是黏性土固结的基本理论,迄今仍被广泛应用。在工程实践中,固结理论是进行饱和软土地基上建筑物沉降分析和大规模堆载条件下地基沉降计算的理论基础。固结沉降的时间速率取决于土的固结系数,一维(垂直)固结系数可通过固结试验结果评定。按整理固结试验数据时所采用的坐标不同,确定竖向固结系数的方法常分为时间对数法和时间平方根法。

时间对数法利用主固结完成 50% 的时间 t_{50} 来计算竖向固结系数 c_v。

$$c_v = \frac{0.197 H_{dr}^2}{t_{50}} \tag{4-5}$$

式中,H_{dr} 为排水距离,在固结试验中双面排水条件下等于试样高度的一半。

时间平方根法采用完成主固结 90% 的时间 t_{50} 来计算竖向固结系数 c_v。

$$c_v = \frac{0.848 H_{dr}^2}{t_{90}} \tag{4-6}$$

土的固结系数是反映土固结快慢的一个重要指标。固结系数与固结过程中孔隙水压力消散的速率成正比。固结系数越大,在其他条件相同的情况下,土内孔隙水排出速率越快。但是,土的固结系数是一个与施加的应力水平相关的量,不是一个常量。正常情况下,随着

应力水平增加,固结系数会有所降低。对于超固结土,当施加的应力水平小于先期固结压力 p_c 时,固结系数最高;当应力接近 p_c 时,固结系数会降低很多;如果施加应力超过 p_c,固结系数会进一步降低。

饱和土的固结包括主固结(渗透固结)和次固结两部分。次固结(又称次压缩)是指土中有效应力维持不变的情况下体积仍随时间而产生缓慢压缩的过程。通常假定次固结是在主固结完成以后才发生的,次固结速率由土骨架的蠕变速率所决定。按现行规范,沉降计算时一般只计算主固结沉降,通过经验系数修正来考虑次固结沉降。但对于厚层高压缩性软土、有机质土和泥炭土,次固结沉降在总沉降量中可能占相当的比例,必要时应计算次固结沉降量。

一般而言,土的压缩性高低,压缩变形量大小取决于土的物质成分、结构构造,同时还与荷载大小和加荷方式密切相关。就物质成分而言,黏性土主要由黏土矿物构成,而黏土矿物亲水性强、结合水膜厚、孔隙比大,所以在相同荷载作用下,黏性土的压缩变形量就比颗粒土大,而且固结变形持续时间长。土的压缩性与土的原始状态下的密实度关系密切,密实度高,压缩性就小。对于结构性强的黏性土,在天然结构没有破坏前,压缩变形小;一旦结构破坏,在相同荷载增量下压缩量会急剧增大。加荷越大,土的压缩量越大,而且卸载时会引起土的回弹。另外,对于颗粒土,振动荷载下容易密实,且产生更大的变形量。

4.1.3　土的干缩与湿胀

在自然界中,我们会发现这样的现象:长期干旱,土地会产生裂纹(称为干缩裂缝),这是由于土的干缩造成的;一场透雨过后,这些裂缝会自然愈合,这是湿胀在起作用。实验室内也可以观察到,在土缓慢干燥过程中量测饱和土的体积,会发现土样体积与含水量变化的关系,如图 4-4 所示。在高含水量范围内,两者的关系曲线为一条与坐标轴成 45° 的直线,表明土体积的收缩量等于失去水的体积,土样仍保持饱和状态,称为正常干缩。只要在干燥过程中气体的体积不发生变化,含有少量空气的不饱和土也会出现正常干缩。如果继续干燥,干缩曲线的斜率会发生变化,从缩限开始空气进入孔隙中,土的体积收缩量小于失去水的体积,干缩变缓慢。再继续干燥,将引起土的结构的变化,由于结构变化引起的土体积的收缩称为残余干缩。

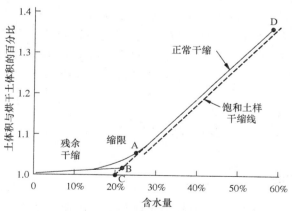

图 4-4　黏性土的干缩曲线

土在干燥过程中,土样的含水量减少使土体发生收缩的力是毛细力,在土体内表现为负的孔隙水压力(吸力)。当吸力超过土粒间的阻力,就会使土颗粒靠近,孔隙减小,土体发生收缩,但土仍维持饱和。随着土粒间距离减小,粒间阻力就会增大,当毛细吸力无法超过阻力时,土体体积就不再收缩,失去的水就由空气取代。阻止土粒靠近的阻力包括土粒或结合水膜的接触压力和粒间的斥力。

当土体干燥时,在土体表面由于干缩产生的拉应力而产生裂缝。在土体深处,土体在上覆压力下只能发生竖向收缩。但更一般的情况是土体产生三向收缩。当干燥不均匀时,则土体的收缩也会不均匀,会在土体内黏聚力低的地方出现裂隙。黏性土中出现裂隙对土的渗透性和稳定性产生很大的影响,水会沿裂隙快速地渗入,影响土体的稳定性。

当土体浸水变湿时,随着含水量增大,会使土的孔隙水压力增加,毛细吸力减小甚至消失,使土粒间的有效应力减小,使土的体积发生膨胀,即出现湿胀的现象。但是,干土再浸水湿润时,由于孔隙中的空气难以被水排走,而且土粒间的相互作用力是不可逆的,因此湿胀量与干缩量是不相等的。土体经过多次干-湿循环,土体浸润后的含水量逐步减少,如图 4-5 所示。

在土体浸水过程中,如果体积膨胀受到约束,土体中就会出现膨胀力。对于膨胀土,这种膨胀力有时会超过上覆荷载,使支撑于其上的建筑物上抬。地基土的不均匀湿胀隆起,会对建筑物上部结构产生很大的负面影响,甚至使上部结构开裂破坏。因此,在膨胀土地基上,建筑基础埋置深度应大于大气影响深度。

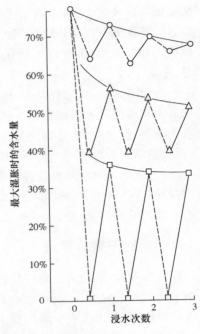

图 4-5 反复干湿过程中
土体含水量的变化

一般来讲,黏性土的干缩和湿胀特性与黏性土的塑性性质是一致的。黏性土的塑性越大,胀缩性也越强。影响胀缩性的因素包括黏性土的矿物成分、土的结构、初始含水率和围压等。如砂粒及粉粒含量高的土,含水量一般比较低,其胀缩量比较小;而蒙脱石、蛭石等含量高的土,一般含有很高的初始含水量,其胀缩量很大,而且是可逆的。土的胀缩性也受土的结构和构造的影响,主要表现在颗粒无定向排列的胀缩量小。对于定向排列的黏性土,垂直定向的收缩大于平行定向的收缩。但一般土的矿物成分对胀缩性影响远大于土的结构和构造。

4.2 土的强度和土的应力应变关系

4.2.1 土的抗剪强度

由于土体作为散粒集合体,基本不具备抗拉强度。即使黏性土,其粒间联结也比较弱。因此,我们一般忽略土体的抗拉强度。在工程实践中,土体主要承受的是压力和剪力,而在压力作用下产生的土体破坏也是由于土体内剪应力的发展超过其抗剪强度所致。换句话说,压力作用下土体的破坏也是受土的抗剪强度控制的。因此,土体的抗剪性能是决定土体稳定的重要工程性质。

土的抗剪强度是指土抵抗剪切破坏的极限能力,即土在外力作用下抵抗剪应力而保持自身不被剪切破坏的最大能力,是土的重要力学指标。土的抗剪强度由土粒间的结构联结力和摩擦阻力两部分组成。对于不同的土,这两种力的本质和对抗剪强度的贡献存在很大的差别。就粗粒土而言,颗粒间的结构联结力主要是嵌锁阻力,它随土的密度提高而增大;砂土(特别是粉细砂)中一般存在毛细水,会出现毛细吸力联结,这种联结力会随含水量的变化而变化,甚至消失。但总体而言,粗粒土的结构联结力比较弱,对土的抗剪强度贡献不大。粗粒土的抗剪强度主要由粒间摩擦力组成,并随法向压力的增大而增强。黏性土则不同,其结构联结力比颗粒土强,是抗剪强度的重要组成部分;而其颗粒间摩擦力的实质是结合水的黏滞阻力,会随着含水量的增加而降低。

1. 莫尔-库仑定律

基于上述分析可知,土的抗剪强度由粒间联结力和摩阻力两部分构成。在土力学中,把粒间联结力称为黏聚力,摩阻力与法向压力有关。基于室内剪切试验结果,若以抗剪强度为纵坐标,以法向应力为横坐标,可以作出抗剪强度-法向应力曲线,即土的抗剪强度曲线,如图 4-6 所示。

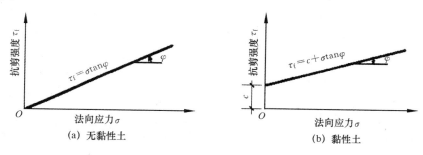

图 4-6　土的抗剪强度曲线

对于粗颗粒土,抗剪强度曲线是一条通过原点的直线(见图 4-6(a)),可用式(4-7)表达。

$$\tau_f = \sigma\tan\varphi \qquad (4-7)$$

对于黏性土,抗剪强度曲线是一条不通过原点的直线,直线与纵坐标有一截距 c(图 4-6(b)),其方程式可由式(4-8)表达。

$$\tau_f = c + \sigma\tan\varphi \qquad (4-8)$$

式中　τ_f——土的抗剪强度,kPa;

σ——剪切破坏面上的法向应力,kPa;

c——黏聚力,kPa;

φ——内摩擦角,°。

上述土的抗剪强度方程式被称为莫尔-库仑定律,它表明土的抗剪强度由黏聚力 c 和内摩擦力 $\sigma\tan\varphi$ 组成,且与法向应力呈正比关系。其中的黏聚力 c 和内摩擦角 φ 并称为土的抗剪强度指标。

土的抗剪强度有两种表达方法。一种是以总应力 σ 表示剪切破坏面上的法向应力,称为抗剪强度总应力法，相应的强度指标 c、φ 称为总应力强度指标；另一种则根据有效应力原理，以有效应力 σ' 表示剪切破坏面上的法向应力，相应的强度指标 c'、φ' 称为有效应力强度指标。由有效应力强度指标表述的莫尔-库仑定律为

$$\tau_f = c' + \sigma' \tan\varphi' \tag{4-9}$$

式中　τ_f——土的抗剪强度，kPa；

　　　σ'——剪切破坏面上的有效法向应力，kPa；

　　　c'——有效黏聚力，kPa；

　　　φ'——有效内摩擦角，°。

　　2. 抗剪强度的测试方法

　　土的抗剪强度指标可通过室内试验或原位测试测定，但测得的土的抗剪强度指标并不是固定的。除了与土本身的特性，如土的种类、性状及应力历史等因素有关外，还与下列因素有关：①试验条件，包括试验方法、排水条件（受剪前固结状况和受剪时排水状况）、剪切速率、应力水平等；②破坏标准，包括按剪切位移的大小分别采用峰值强度、折减后的峰值强度、残余强度等；③土样质量，如土天然结构的扰动程度。

　　通过室内试验测定土的抗剪强度指标的常用方法有直接剪切试验、三轴剪切试验和无侧限抗压强度试验。

　　1）直接剪切试验

　　直接剪切试验，简称直剪试验，只能控制加荷速率，不能控制排水条件，土样的排水状况主要取决于土类。按试验中土样是否固结及剪切速度的快慢，直剪试验分为快剪、固结快剪和慢剪三种。

　　直剪试验存在以下几方面的不足。

　　（1）剪切面上的剪应力和剪应变不明确，分布复杂且不均匀，土样剪切破坏时先从边缘开始，在边缘发生应力集中现象。

　　（2）主应力大小不明确，且在剪切过程中主应力轴发生旋转，故对直剪试验无法进行应力路径等理论分析。

　　（3）土样剪切面是人为限定的，不能保证剪切破坏沿土样最薄弱的面，且剪切面在剪切过程中逐渐缩小和扰动。

　　（4）直剪试验既不能控制排水条件，也不能量测孔隙水压力，故不能测定有效应力强度指标，且进行快剪时，土样仍有可能排水；而进行慢剪时，土样的排水情况并不清楚。

　　虽然直剪试验存在一些明显的缺点，但也具有实验仪器构造简单、试验操作方便等优点，且又积累了大量的工程实践经验，故在一定条件下仍在工程上得到应用。

　　2）三轴剪切试验

　　三轴剪切试验，简称三轴试验，可以有效地控制土样的固结和排水条件，而且在不排水条件下可以方便地量测剪切过程中土样的孔隙水压力。因此，三轴剪切试验是测定土的抗剪强度指标的一种较为完善的测试方法。按试验中土样是否固结或排水，常规三轴剪切试验方法又分为如下三种。

　　（1）不固结不排水（UU）试验。不固结不排水试验是指试样在不排水条件下施加周围压力后，立即快速增大轴向压力至试样破坏的试验。整个试验过程中自始至终关闭排水阀门，不允许排水。不固结不排水试验只能测定土的总应力强度指标，且只有一个强度指标，

即土的不排水强度 c_u。

（2）固结不排水（CU）试验。固结不排水试验是指试样先在周围压力下进行固结，然后在不排水条件下快速增大轴向压力到试样破坏。施加周围压力时打开排水阀门，允许排水固结，待固结稳定后关闭排水阀门至试验结束。该试验过程中可量测土样中的孔隙水压力。采用固结不排水试验不仅能测定土的总应力强度指标 c_{cu}、φ_{cu}，通过量测孔隙水压力可同时测定土的有效应力强度指标 c'、φ'。

（3）固结排水（CD）试验。固结排水试验是指试样先在周围压力下进行固结，然后在排水条件下缓慢增大轴向压力至试样破坏的试验。整个试验过程中都允许排水，自始至终打开排水阀门。固结排水试验所测定的强度指标称为土的排水强度指标 c_d、φ_d，其数值与有效应力强度指标比较接近。

常规三轴剪切试验的固结过程是三向等应力固结，剪切过程中周围压力不变，只增大轴向压力。若在固结或剪切时采用特定的应力比可进行一些特种试验，如 K_0 固结不排水试验和特定应力比固结不排水试验等。

三轴试验的优点表现在：①能较为严格地控制排水条件并可量测土样中孔隙水压力的变化，从而可测定土的总应力强度指标和有效应力强度指标；②试验中应力状态较明确，主应力方向保持不变，便于进行理论分析，如应力路径分析（包括总应力路径和有效应力路径）等；③剪应力的施加是通过改变主应力的差值使土样中产生破坏，破坏面发生在土样最弱处；④三轴剪切试验除了测定土的抗剪强度指标外，由于试验结果同时还反映土的应力应变关系，还可用以测定土的其他力学性质指标，甚至包括土的非线性特性指标。

3）无侧限抗压强度试验

无侧限抗压强度试验是三轴剪切实验的特例，即围压 $\sigma_3 = 0$ 时的三轴不排水剪切试验。试验时将圆柱形土样放在无侧限抗压试验仪中，在不加任何侧向压力的情况下施加垂直压力，直至使土样剪切破坏为止。剪切破坏时试样所能承受的最大轴向压力称为土的无侧限抗压强度 q_u。

无侧限抗压强度试验的结果只能作一个极限应力圆（$\sigma_1 = q_u$，$\sigma_3 = 0$）。由于饱和黏性土在不排水条件下的强度包络线为一水平线，因此，无侧限抗压强度试验所得的极限应力圆的水平切线就是强度包络线。极限应力圆的半径就是土的不排水抗剪强度，即不排水抗剪强度 c_u 等于无侧限抗压强度 q_u 的½。通过分别测定原状土和重塑土的无侧限抗压强度可以评定土的灵敏度 S_t。

除了上述室内抗剪强度测试方法外，还可以采用原位测试的方法，如十字板剪切试验、现场直接剪切试验，直接或间接地获得土的抗剪强度指标。

3. 土的强度特征

粗粒土的粒间联结极弱，$c \approx 0$。因此，在一般情况下，可以认为粗粒土的抗剪强度是由粒间摩阻力形成的。而内摩擦角主要取决于密实度，密实度越高，内摩擦角越大，反之亦然。根据粗粒土的密实状态，内摩擦角的变化范围一般在 $26° \sim 50°$。

黏性土具有一定的、不可忽略的粒间联结强度，即使法向应力 $\sigma = 0$ 或者内摩擦角 $\varphi = 0°$ 时，黏性土的抗剪强度还等于其黏聚力 c。黏聚力 c 与黏性土的联结结构类型和含水量有关，但一般为数十千帕，对于老黏性土可以高达数百千帕，但不会超过 1MPa。黏性土的内摩擦角取决于结合水膜厚度，主要与含水量有关，一般不会超过 $30°$。

在一般情况下,超固结黏性土比正常固结的黏性土具有更高的强度。他们的差异除了与超固结比、黏性土的类型和剪切时的排水条件有关外,剪切变形量也是重要的影响因素。对于超固结土及一些结构性比较强的黏性土,刚开始剪切时,剪应力随剪应变增长,并在应变不大时就达到最大值,即出现峰值强度;而后,随着剪应变的发展,强度逐步降低,最后达到一个稳定值,即残余强度(如图 4-7)。对于一定的超固结土,峰值强度是恒定的,它取决于土的成分和结构特征。土的残余强度可以采用重复剪切试验或大变形剪切试验求得。在沿同一剪切面的多次重复剪切过程中,土的结构联结遭到破坏,剪切面处土的微观结构也会相应变化,使土的强度不断降低,最终达到最小值。

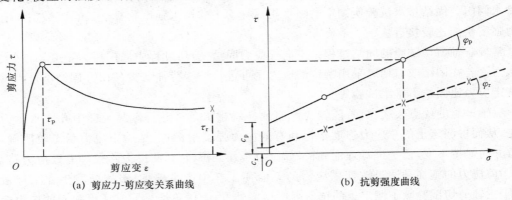

(a) 剪应力-剪应变关系曲线　　　　　(b) 抗剪强度曲线

图 4-7　超固结黏性土的抗剪强度

对于饱和土,温度也是影响土强度的一个因素。温度变化会使土的孔隙比变化,进而引起有效应力变化。图 4-8 显示,在含水量不变的情况下,土的强度随着温度升高而降低。

4. 土的强度的影响因素

从前面的介绍我们了解到,土的强度受一系列因素的影响。归纳起来,主要影响因素包括如下方面。

1) 土的物质成分

对于黏性土而言,其抗剪强度受矿物成分类型和含量的影响非常大。黏土矿物含量越高,土粒吸附水的能力就越强。当含水量增大时,结合水膜就越厚,土的抗剪强度指标越低,则土的抗剪强度随之降低;相反,当含水量减小时,结合水膜变薄,粒间联结增强,

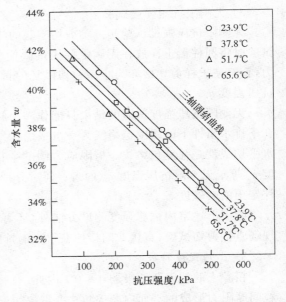

图 4-8　温度对高岭石无侧限抗压强度的影响

土的抗剪强度增大。对于粗颗粒土,颗粒矿物成分对抗剪强度的影响要小得多。但含水量的变化对其强度有一定的影响,如砂土在饱和状态下的内摩擦角总是比非饱或干燥状态下低。

盐类结晶联结的土在干燥状态下或含水量很低时下,具有比较高的抗剪强度;但当含水

量升高甚至饱和时,在盐类溶解后,强度会急剧下降。湿陷性黄土就具有这样的特征。

2) 土的结构特征

对于黏性土来讲,黏土矿物表面被结合水膜包围,颗粒并不相互接触,水膜越厚(孔隙比越大),土的抗剪强度越低。降低黏性土的孔隙度,使土粒靠得更近,粒间联结增强,则可提高土的强度。这可很好地解释为什么通过排水固结法可以提高饱和黏性土的强度。

对于粗粒土,密实度对强度具有至关重要的影响。另外,颗粒大小、形状和表面特征(粗糙度)等都会影响土的强度。颗粒越小,粒间咬合力越小,土的强度就越低。颗粒形状不规则、表面越粗糙,相同条件下土的强度越大。

3) 围压(法向应力)的大小

从莫尔-库仑定律可知,法向应力是土的抗剪强度的主要影响因素之一,法向应力越大,强度越高,且假定抗剪强度曲线($\tau \sigma$ 关系曲线)是一条直线。但无论从直剪试验还是三轴试验的结果来看,$\tau \sigma$ 关系或者摩尔圆强度包线都呈现非线性特征,土的抗剪强度指标会随压力的变化而变化,往往表现为内摩擦角随着法向应力的增大而减小。颗粒土的剪胀特性也会受围压的影响,如低围压下表现出剪胀的密砂,在高围压下可能不会发生剪胀。

4) 剪切速率与排水条件

如前文所述,直剪试验分为快剪、慢剪和固结快剪,常规三轴试验分为不固结不排水试验、固结排水试验和固结不排水试验,可知剪切速率和排水条件对土的抗剪强度的影响是相互关联的。同一种土,虽然其成分、结构等物质基础不变,但如果剪切速率不同,则排水程度就不同,得到的抗剪强度也会存在明显的差异。

对于黏性土,快剪时,由于土的孔隙度和含水量不发生变化,土中就会产生超孔隙水压力,使有效应力降低,因此土的强度降低。相反,慢剪时,孔隙水来得及排出,就不会产生超孔压,抗剪强度就比较高。

对于颗粒比较大的粗砂或碎石土,由于透水性极好,一般速率范围内,剪切速率对其抗剪强度几乎没有影响。但对于粉细砂,就不能忽略剪切速率对抗剪强度的影响。

5. 抗剪强度指标的选取

土的强度特性很复杂,又会受到各种因素的影响。即使对于同一种土,其抗剪强度指标不仅与试验方法、试验条件等有关,而且还受诸如土的各向异性、应力历史、蠕变等的影响。实际工程问题中,土所处的应力状态不是一成不变的,用实验室的常规试验条件很难去模拟现场条件。因此,有必要根据实际工程中现场土体的工作状况,合理选择抗剪强度试验方法,以确定抗剪强度指标。

首先,要根据工程问题的性质确定分析方法,是采用总应力法还是有效应力法,然后选择抗剪强度指标的试验方法。一般认为,由三轴固结不排水试验确定的有效应力强度指标宜用于分析土体的长期稳定性,如土坡的长期稳定性分析、估计挡土结构物的长期土压力、位于软土地基上结构物的地基长期稳定分析等。对于饱和软黏土层,厚度比较大,排水条件又不好,建筑物或路堤填筑工期短,加载速率快的这类短期稳定性分析问题,则宜采用不固结不排水试验的强度指标,以总应力法进行分析。对于在施工期已经基本完成固结的黏性土地基,如果在使用期可能遇到突然荷载,则应采用固结快剪强度指标。此外,在选择土的抗剪强度指标时还应结合工程经验。

4.2.2 土的应力应变关系特征

土的应力应变关系,又称为本构关系,是反映土的力学性状的数学表达式,其一般表达形式为应力-应变-强度-时间之间的多维关系。作为自然界的产物,土的成因、成分、结构差异很大,其应力应变关系十分复杂,除了时间因素外,还会受到温度、湿度等的影响。

土的应力应变关系特征主要表现在非线性、弹塑性、剪胀(缩)性和流变性,主要影响因素包括应力水平、应力路径和应力历史。

1. 土的应力应变关系的非线性特征

土的宏观变形主要不是土粒本身的变形,而是土粒间孔隙的变化和颗粒位置的调整。因此,这样在不同应力水平下,由相同应力增量引起的土的应变增量就不会相同,表现出土的应力应变关系的非线性特征。图 4-9 表示土的常规三轴压缩试验的结果,其中实线表示密砂或超固结黏性土,虚线表示松砂或正常固结黏性土。从图 4-9(a)中可以看出,正常固结黏性土和松砂的剪应力随应变增加而增大,但增加的速率越来越慢,最后趋于稳定;而在密砂和超固结黏性土的试验曲线中,开始时剪应力随应变增加而增大,达到峰值后,应力随应变增加而减小,最后也会趋于稳定。在塑性理论中,前者表现为土的应变硬化特征,后者表现为土的应变软化特征。

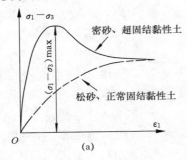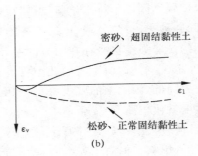

图 4-9　土的三轴压缩试验曲线

2. 土的剪胀性

从图 4-9(b)可以发现,在三轴压缩试验中,对于密砂或超固结黏土,偏应力 $\sigma_1 - \sigma_3$ 的增加引起了轴应变 ε_1 的增大,除了初始阶段试样出现少量体积压缩外,随后发生了明显的体胀。而对于松砂或正常固结黏土,则始终发生体缩。研究表明,松砂在剪切过程中孔隙比减小,密砂则相反。这种由剪应力引起的体积变化称为土的剪胀性,既包括了剪胀,也包括剪缩。

3. 土体变形的弹塑性

由于土体(土试样)是土颗粒的集合体,存在粒间孔隙,在各向等压或等比压缩时,孔隙总是减小的,可发生较大的体积压缩,这种体积压缩大部分是不可恢复的。在加载后卸载到原应力状态时,土一般不会恢复到原来的应变状态;如图 4-10 所示,体应力 p 卸荷到零时,仍保留了一部分体应变 ε_v 不能恢复。

可见土的应变包括可恢复(弹性)和不可恢复(塑性)变形两个部分。一般土在加载过程中,弹性和塑性变形几乎是同时发

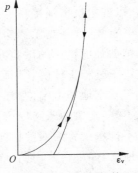

图 4-10　各向等压和等比
压缩试验曲线

生的,没有明显的屈服点。因此,土的应力应变关系表现出弹塑性特征,说明土属于弹塑性材料。土在应力循环过程中的另一个特性是存在滞回圈,如图 4-11 所示。在卸载初期应力应变曲线陡降,当减小到一定偏应力时,卸载曲线变缓;再加载,曲线开始陡,随后变缓,形成一个滞回圈;越接近破坏应力时,这一现象越明显。

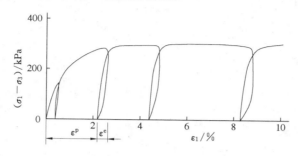

图 4-11　循环加载的三轴试验滞回曲线

4. 土的应力应变的各向异性

由于土在沉积过程中土粒的定向排列,以及在随后的固结过程中,由上覆重力引起的土体在不同方向上(主要是竖直方向与水平方向上)的物理力学性质不同的特性,称为土的各向异性。土的各向异性主要表现在横观各向同性,即在水平面内的各个方向上土的性质基本相同,但竖向与水平向上土的性质不同。

土的各向异性可分为初始各向异性和诱发各向异性。由自然沉积和固结造成的各向异性属于初始各向异性;诱发各向异性则是指土粒受到一定的应力应变后,因其空间位置发生变化,从而造成土的空间结构的改变,使之具有依赖方向性的应力应变关系。

5. 土的流变性

对于黏性土,其应力-应变-强度关系与时间有关,这包含土的固结(前已述)和土的流变性两个方面。土的流变性可以表现为土的蠕变和应力松弛两种现象。土的蠕变是指在应力状态不变的条件下,土的应变随时间逐渐增长的现象;应力松弛则指在维持应变不变时,土中应力随时间逐渐减小的现象。图 4-12 所示为土的蠕变和应力松弛特征。图 4-12(a)显示土的蠕变特性与应力水平有关,在某一常偏应力下,土的应变随时间不断增长,当应力较小时,应变会逐渐趋于稳定;但当应力水平较高时,则应变会在相对稳定一段时间后又加速,最后达到蠕变破坏。图 4-12(b)显示,不管应变大小如何,当维持应变水平不变,应力随时间会逐步减小。

根据最终达到蠕变破坏的蠕变曲线(图 4-12(a)),可将蠕变过程划分为三个阶段:①初始段,蠕变速率逐步减小,又称为减速蠕变阶段;②中间段,剪切蠕变速率为定值,称为稳定蠕变阶段;③第三阶段,蠕变速率加速,直至破坏,称为加速蠕变阶段。试验研究结果发现,只有施加的应力水平达到一定值时,土才会发展到蠕变破坏,可将该应力水平称为蠕变极限应力,与之相对应的土的抗剪强度称为土的长期强度。蠕变破坏时的应力远低于土的峰值强度。因此,从土体长期稳定性角度,在进行相关工程设计时所采用的土的强度参数应低于室内试验确定的值。

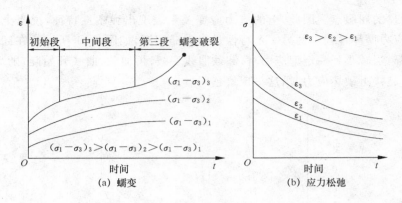

图 4-12　黏性土的蠕变与应力松弛特征

6. 土的应力应变的主要影响因素

1）应力水平

所谓应力水平,这里指围压绝对值的大小。图 4-13 为中密砂在不同围压下的三轴压缩曲线。从图中可以看出,随着围压 σ_3 的增大,砂土的强度和刚度都明显提高,应力应变曲线的形状也发生变化。在高围压下,即使密砂,其应力应变关系曲线也与松砂相似,不再表现出剪胀性,也没有应变软化的现象。

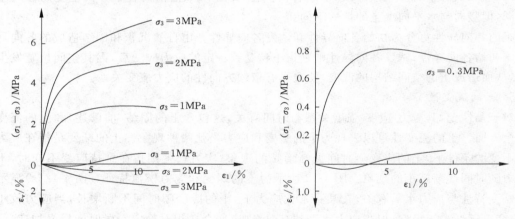

图 4-13　中密砂在不同围压下的三轴试验曲线

土的变形模量随着围压增大而提高的现象称为土的压硬性。由于土的散粒体特征,提供围压约束对于土的强度和刚度至关重要,这也是土区别于其他材料的重要特性之一。土在三轴试验中的初始模量 E_i 与围压 σ_3 之间的关系可采用简布(Janbu)1963 年提出的关系式(4-10)表示。

$$E_i = K p_a \left(\frac{\sigma_3}{p_a} \right)^n \tag{4-10}$$

式中　K 和 n——试验常数;

　　　p_a——大气压。

2）应力路径

应力路径对土的应力应变关系的影响,表现在三轴试验中,即使应力状态的起点和终点相同,但由于应力路径不同,其应力应变关系出现明显的差异。如图 4-14 所示是一种松砂

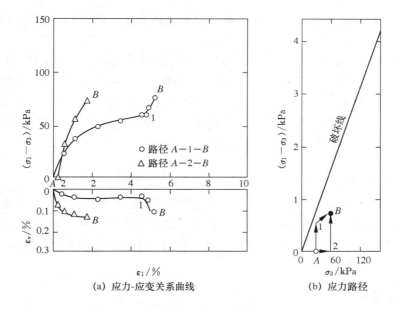

图 4-14　松砂沿不同应力路径的应力应变关系

沿两种应力路径的三轴试验结果。尽管两种应力路径的起点和终点相同,但路径 1 是 A—1—B,路径 2 是 A—2—B。从图中可以看出,路径 1 发生了比路径 2 大得多的轴向应变 ε_1。其原因在于路径 1 中的点 1 接近破坏线,故产生了较大的轴向应变。

3）应力历史

应力历史既包括天然土在过去地质年代中经历的固结和地质作用,也包括土在工程施工、建筑设施运营中受到的应力过程。对于黏性土一般指土的固结历史。如果土在其历史上受到过的最大先期固结压力大于目前承受的固结压力,那么它就属于超固结土;如果现在承受的固结压力就是其历史上经历的最大固结压力,那它就是正常固结土。超固结土往往表现出应变软化特征,而正常固结土表现为硬化特征(图 4-9)。

4.3　土的渗透性

广义上,渗透是指流体(液体和气体)在岩土体空隙中传输;狭义上,地下水在岩土空隙中的运动称为渗透,亦称渗流。土的渗透性即指土体允许地下水透过的能力。《水文地质学》用渗透系数定量表述岩土的渗透能力,达西(Darcy)定律是描述地下水渗流运动的基本原理。

4.3.1　达西定律

达西定律可表述为地下水的渗透流速与水力梯度成正比。即

$$v=ki \tag{4-11}$$

式中　v——渗流速度,m/s;

　　　k——渗透系数,m/s;

　　　i——水力梯度,即沿流程单位长度上的水头损失(水头差)。

达西公式中的渗流速度是以渗流流量除以土的截面积(不只是孔隙截面积)得到,因而是假想的平均速度,并不是实际水质点的流速。

达西定律有一定的适用范围,一般适用于砂土、粉砂等土类的渗流运动。一些黏土中的渗流由于受到结合水的黏滞阻力,在水力梯度很小时,黏土中不发生渗流,或渗流速度与水力梯度呈明显的非线性关系。只有当水力梯度大于某一数值时,克服了结合水的黏滞阻力后,才能产生渗流,且渗流速度与水力梯度近似于线性关系。黏土中开始产生渗流时的水力梯度称为黏土的起始水力梯度,其渗流定律可表示为

$$v = k(i - i_b) \tag{4-12}$$

式中,i_b 为黏土的起始水力梯度。

砾石、卵石等粗颗粒土,只有在较小的水力梯度下(此时流速也较小),渗流速度才与水力梯度呈线性关系;而当水力梯度增大时,水的渗流速度也相应增大,当流速大于某一数值(称为临界流速 v_{cr})时,水流呈紊流状态,渗流速度则与水力梯度呈非线性关系,达西定律不再适用。

4.3.2　渗透系数

从达西定律表达式可知,其物理意义为当水力梯度等于 1 时的渗流速度。渗透系数是综合反映土的渗透能力的定量指标,是有关渗流计算的基本参数。

渗透系数取决于孔隙的性质(孔隙的大小、形状、含量、分布及连通情况等)和流体的性质(运动黏滞系数和密度)两方面。水温变化对水的黏滞度有显著的影响,但一般地下水的水温变化不大,密度随温度变化更小,因此通常把渗透系数仅看作是与岩土介质有关的性能参数。

颗粒大小、形状和级配等直接影响孔隙的大小、形状和含量。黏土矿物的成分、含量和水的化学性质将直接影响结合水膜的厚度,而结合水黏滞阻力的大小间接改变了孔隙的性质。颗粒排列的紧密程度及土中是否存在密闭气体将影响孔隙的大小、形状及连通状况;土中的细小层理,如黏土中夹有薄层粉砂,将对土的渗透性产生极大的影响,并使其表现出非常明显的各向异性。

渗透系数可通过室内渗透试验或现场试验测定。室内渗透试验方法可分为常水头渗透试验和变水头(实际是降水头)渗透试验。常水头渗透试验适用于粗粒土,渗透系数的计算公式直接采用达西定律。变水头渗透试验适用于细粒土,渗透系数的计算公式通过积分推导得到。表 4-1 给出了不同土类渗透系数的范围值。

表 4-1　　　　　　　　　　　　　　**渗透系数 k 的数量级范围**

土类	砾石	砾砂	粗砂	中砂	细砂	粉砂	粉土	粉质黏土	黏土
渗透系数 k /($cm \cdot s^{-1}$)	大于 10^{-1}	10^{-1}	10^{-2}	10^{-2}	10^{-3}	$10^{-3} \sim 10^{-4}$	$10^{-4} \sim 10^{-5}$	$10^{-5} \sim 10^{-7}$	小于 10^{-7}

注:本表引自《岩土工程手册》。

对于透水性很低的软土,可通过固结试验测定竖向固结系数和体积压缩系数后,利用式(4-13)计算土的渗透系数。

$$k = c_V m_V \gamma_w \tag{4-13}$$

式中　k——土的渗透系数，m/s；

　　　c_V——竖向固结系数，cm^2/s；

　　　m_V——体积压缩系数，MPa^{-1}；

　　　γ_w——水的重度，kN/m^3。

　　室内渗透试验的结果很难准确地与现场土体的实际情况保持一致。尤其在土质不均匀的条件下，测试结果与实际土体的渗透性出入往往非常大。有条件的情况下或对于重要工程，应通过现场试验测定渗透系数。现场试验包括抽水试验、注水试验、压水试验及渗水试验等。

4.3.3　渗透力和渗透破坏

　　水在土中渗流时，受到土颗粒的阻力作用，可引起水头损失。根据作用力与反作用力定律，渗流流过土时必然会对土颗粒施加一种渗流作用力。渗流发生时单位体积土中土颗粒受到的渗流作用力称为渗透力，又称动水力。渗透力可表示为

$$j = \gamma_w i \tag{4-14}$$

式中，j 为渗透力，kN/m^3，是一种体积力，量纲与 γ_w 相同，大小与水力梯度成正比，方向与渗流的流线方向一致。

　　渗透力在工程实践中具有重要意义。在分析评价土体发生渗流的稳定性问题时，就需考虑渗透力的作用。在渗透力作用下发生的土颗粒流失或局部土体移动的现象，包括流土和管涌，称为渗透变形。由流土、流砂、管涌等引起的危害工程安全的土体破坏称为渗透破坏。

　　流土是指在渗透力作用下，土体表面渗流逸出处的土颗粒处于悬浮状态而随地下水一起流失的现象。流土现象只发生于表面渗流逸出处，而不发生于土体内部。

　　流砂是指在渗透力作用下土颗粒间的有效应力为零，颗粒群产生悬浮、流动的现象。流砂发生与否取决于土的性质和水力条件两方面。流砂主要发生在细砂、粉砂及部分粉土中，粗颗粒土和一般黏土中不易发生。发生流砂的水力条件是土中的渗透力等于或大于土的有效重度，即 $\gamma_w i \geqslant \gamma'$。渗透力等于土的有效重度时的水力梯度，即开始发生流砂现象时的水力梯度称为临界水力梯度。

$$i_{cr} = \frac{\gamma'}{\gamma_w} = \frac{G_s - 1}{1 + e} \tag{4-15}$$

式中　i_{cr}——临界水力梯度；

　　　γ'——土的有效重度，kN/m^3；

　　　γ_w——水的重度，kN/m^3；

　　　G_s——土粒相对密度（土粒比重）；

　　　e——土的孔隙比。

　　当渗流的水力梯度大于等于临界水力梯度时，则会发生流砂。理论上，土的临界水力梯度越小，越容易发生流砂；反之，则不易发生流砂。临界水力梯度与土的土粒大小、土的结构（粒间联结、密实状态等）有关，是反映土抵抗渗透力性质的参数。

　　管涌是指在渗透力作用下，土中的细颗粒在粗颗粒形成的孔隙中随水移动或流失，随着孔隙的不断扩大，最终在土内形成管状通道的现象。管涌现象可发生于渗流逸出处，也可能

发生于土体内部。管涌可仅发生在局部范围,也可能逐步扩大,最后导致土体失稳破坏,如汛期防洪大堤常发生由于管涌引起的破坏。发生管涌的临界水力梯度远小于发生流砂的临界水力梯度。管涌临界水力梯度与土的颗粒大小及级配状况有着密切关系。

复习思考题

1. 试述土的压缩变形机理。
2. 什么是土的可压缩性,它的影响因素有哪些?这些因素与土的压缩变形是什么关系?
3. 什么是土的胀缩性?主要影响因素是什么?土的干缩与湿胀是可逆的吗?
4. 土的抗剪强度由哪两部分组成?其本质是什么?
5. 为什么超固结黏性土比正常固结黏性土具有更高的抗剪强度?
6. 为什么结构性强的黏性土的残余强度远低于峰值强度?
7. 土的强度的影响因素有哪些?又是如何影响土的强度的?
8. 请说明土的剪胀性。
9. 请说明应力路径如何影响土的应力-应变关系。
10. 请分别说明流土、流砂和管涌现象,指出它们之间的区别。

第5章　土的工程分类

5.1　概述

　　土是在自然界中经历了漫长而复杂的地质历史过程而逐渐形成的。由于所经历的自然历史过程(起源、风化、搬运、堆积等)不同,因而不同的土(体)各自具有物质成分、结构与构造上的特点,从而也决定了各自在工程地质性质上的差异。

　　面对如此纷繁复杂、工程性质又各不相同的土(体),为了更好地服务于不同行业、不同类型建筑物对土体的特定要求,以便合理确定针对性的研究内容和研究方法,正确评价土体的工程地质性状,恰当地选择岩土改良的技术方案,就必须在充分认识和综合分析土的个性的基础上寻找其共性,以进行合理的土的工程分类。

　　如何对一个客观事物作出好的分类?首先要根据研究目的(或分类目的)制定正确的分类原则,选择适当的分类依据,然后需广泛而深入地研究分类对象的共性和个性以及二者之间的内在联系。对于土的工程分类,也必须按照这样的原则和程序进行。

　　人类对土的认识也有一个由浅入深、由局部到全貌的过程,土的工程分类也是随着这一认识过程逐步走向完善的。随着人类工程建设实践的发展,目前已经出现了大量的、各种类型的土的工程地质分类。从分类依据来讲,有成因分类,也有依据土的工程地质性质的各种分类;从分类范围来讲,有的只是针对某一部分土进行划分,有的包括了全部土;从适用范围来讲,有的只适用于某一类建筑物或某一建设领域(如房屋建筑、水工建筑物等),有的则适用范围广泛。

　　这就是土的工程分类的现状。对同一研究对象——土,由于主观服务对象不同,研究目的不同,不同领域的人们制定的土的分类也就存在差异。但是,尽管存在一些分歧,人们在大的分类原则上还是一致的。我们在学习、研究和使用土的工程分类标准时,应从这些分类原则上去把握整个分类体系,并兼顾不同领域的工程实践需求,体会不同分类体系在分类标识设置、分类指标量化方面的差异。

5.2　土的成因类型

　　在自然界中,岩石经内外动力地质作用而破碎,风化成土;土经各种地质营力搬运、沉积、成岩作用,又转化为岩石。在整个地质历史长河中,岩—土转化、土—岩转化无时无刻不在进行。土可以看作是这一转化过程中某一阶段的产物。除了火山灰及部分人工填土外,土的组成物质均来源于岩石的风化产物。土是这些风化产物经各种外动力地质作用(如流水、重力、风力、冰川作用等)搬运后,在适宜的环境中沉积下来的,或未经搬运残留在原地的碎散堆积物。

根据土的地质成因,土可划分为残积土、坡积土、洪积土、冲积土、湖积土、冰积土和风积土等。但在漫长地质年代中,在某一区域,地质作用往往并不是单一的,不同成因的堆积物按时间顺序交替沉积,从而造成土的成因类型复杂化。工程建设所涉及到的土,主要有以下几种基本成因类型。

1. 残积土

残积土是岩石完全风化后残留在原地的松散堆积物,见图5-1。

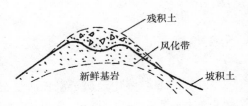

图 5-1 残积土层剖面

残积土在形成初期,上部的颗粒较细、下部颗粒粗大,但由于后期雨水或雪水的淋滤作用,细小碎屑被带走,形成杂乱的粗颗粒堆积物。土颗粒的粗细取决于母岩的岩性,可以是粗大的岩块,也可能是细小的碎屑。由于未经过搬运,其颗粒具有明显的棱角状,不具分选性,也无层理。

残积土的物质成分与母岩的岩性密切相关,也与风化作用有关。物理风化作用形成的残积土主要由母岩碎屑或矿物组成;化学风化作用形成的残积土除含母岩成分外,还含有一些次生矿物。如花岗岩残积土中,长石常分解成黏土矿物,石英常破碎成砂;而石灰岩残积土则往往形成为红黏土。

残积土的厚度取决于它的残积条件。在山丘顶部常被侵蚀而厚度较小,山谷低洼处则厚度较大,山坡上往往是粗大的岩块。由于山区原始地形变化较大和岩石风化程度的差异,往往在很小的范围内,土的厚度变化很大。残积土具有较大的孔隙度,一般透水性较强。

2. 坡积土

坡积土是山坡上方的风化碎屑物质在流水或重力作用下搬运到斜坡下方或山麓处堆积形成的堆积物,见图5-2。

坡积土的颗粒一般具有棱角,但由于经过一段距离的搬运,往往成为亚角形;由于未经过良好的分选作用,细小或粗大的碎块往往夹杂在一起。在重力和流水的作用下,比较粗大的颗粒一般堆积在紧靠斜坡的部位,而细小的颗粒则分布在离开斜坡稍远的地方。坡积土的物质成分多种多样,与高处的岩性组成有直接关系。坡积土中一般见不到层理,但偶尔也有局部的不太清晰的层理。新近堆积

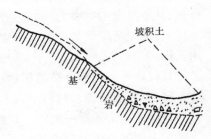

图 5-2 坡积土层剖面

的坡积土常常具有垂直的孔隙,结构比较疏松,一般具有较高的压缩性,在水中易崩解。坡积土的厚度变化较大,从几厘米到一二十米。在斜坡较陡的地段厚度较薄,在坡脚地段堆积较厚。一般当斜坡的坡度愈陡,坡脚处坡积土的范围愈大。坡积土中的地下水一般属于潜水。

3. 洪积土

洪积土又称洪积物,是山区高处风化崩解的碎屑物质由暂时性洪流携带至沟口或沟口外平缓地带堆积形成的堆积物。从形态上呈扇状,所以又称洪积扇,多个洪积扇彼此相连,

形成洪积扇群,见图 5-3。

图 5-3　洪积扇群

图 5-4 为洪积扇的地质剖面。可见洪积土的颗粒具有一定的分选性,离山区沟口较近的地方,洪积土的颗粒粗大,碎块多呈亚角形;离山口较远的地方,洪积土的颗粒逐渐变细,颗粒形状由亚角形逐渐变成亚圆形或圆形;在离山口更远的地方,洪积土中则往往发育黏性土等细颗粒土。由于每次暂时性水流的搬运能力不同,在粗大颗粒的孔隙中往往填充了细小颗粒,而在细小颗粒层中有时会出现粗大的颗粒,粗细颗粒间没有明显的分界线。洪积土具有比较明显的层理,离山区近的地方,层理紊乱,往往表现为交错层理;离山区远的地方,层理逐渐清晰,一般表现为水平层理或湍流层的交错层理。

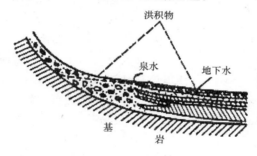

图 5-4　洪积土层剖面

洪积土的厚度通常是离山区近的地方厚度大,远的地方厚度小,在小范围内的厚度变化不大。洪积土中的地下水一般属于潜水,由山口前缘向洪积平原补给。近山区前缘带的地势较高,潜水埋藏深;离山区较远地带的地势较低,潜水埋藏浅;局部低洼地段,潜水可能溢出地表。

4．冲积土

冲积土是碎屑物质经河流搬运后,在河流两岸地势较平缓地带或河口地带沉积形成的土,见图 5-5。根据其成因条件,冲积土又可分为山区河谷冲积土、平原河谷冲积土和三角洲冲积土。

1）山区河谷冲积土

山区河谷冲积土主要由卵石、碎石等粗颗粒组成,分选性较差,颗粒大小不同的砾石相互混杂,组成水平排列的透镜体或不规则的夹层,厚度一般不大。但由

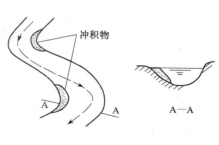

图 5-5　冲积土

于河流侧向侵蚀,也会带来细小颗粒,特别是当河流两旁有许多冲沟时,冲沟所带来的细小颗粒往往和河流冲积的粗大颗粒交错堆积在一起。

2)平原河谷冲积土

河流上游的冲积土一般颗粒粗大,向下游逐渐变细。冲积层一般呈条带状,常具有水平层理。在每一个亚层中,土的成分比较均匀,具有很好的分选性。冲积土的颗粒形状一般为亚圆形或圆形,搬运的距离愈长,颗粒的浑圆度越好。平原河谷冲积土中的地下水一般为潜水,通常由高阶地补给低阶地,由河漫滩补给河水。

平原河谷冲积土可进一步分为河床冲积土、河漫滩冲积土、牛轭湖冲积土和阶地冲积土。河床冲积土多由磨圆度较好的漂石、卵石、圆砾和各种砂土组成,以透镜体、斜层理和交错层理为主。河漫滩冲积土主要成分为细砂、粉土和黏性土,与下伏河床冲积土构成上细下粗的二元结构,表现为斜层理和交错层理。牛轭湖由河流截弯取直形成,其冲积土是河流沉积物与湖泊、沼泽沉积物的复合体。底部常为河床冲积土,上部常以河漫滩冲积土的细砂或黏性土,顶部为湖泊以至沼泽沉积的淤泥、泥炭等。阶地冲积土系河流下切后由河漫滩堆积物演变而成,上部以黏性土、粉土和砂土为主,下部为卵石、圆砾层,构成二元结构。

3)三角洲冲积土

三角洲冲积土是经河流搬运的大量细小碎屑物质在河流入海或入湖处沉积形成的土。三角洲冲积土形成于河流与海洋或湖泊相互作用的复杂沉积环境,是多种沉积相共存且成分复杂的沉积复合体。三角洲冲积土一般分为三部分:①顶积层,顶积层是三角洲的陆上沉积部分,为冲积、湖泊堆积、沼泽堆积的交互沉积,以砂土、粉土为主,夹黏土、淤泥和泥炭等,具明显的水平层理或交错层理;②前积层,前积层是水下三角洲斜坡部分的堆积,为河、海(湖)交互沉积,以粉砂、粉土为主,具薄斜层理和波状层理,分选性较好,常见黏土夹层;③底积层,底积层是三角洲前缘斜坡的坡脚及前方的海(湖)底沉积物,系由河流搬运来的黏粒悬浮物、胶体沉积而成,以淤泥和黏土为主,具水平层理,河口入海处的三角洲的底积层富含海相生物化石。

三角洲冲积土的厚度大、分布面积广,土中的颗粒较细小且含量大,常有淤泥分布,土呈饱和状态。三角洲冲积土的顶部经过长期的压实和干燥,多形成所谓"硬壳层"。三角洲冲积土中的地下水一般为潜水,埋藏比较浅。

5. 湖泊堆积土

湖泊堆积土是由于湖泊地质作用,包括物理作用、化学作用或生物化学作用,在湖盆内沉积形成的土。

与其他陆相沉积土相比,湖泊堆积土一般颗粒细小,分选性和磨圆度均较好。以水平层理为主,层理比较清晰、规则,可见很薄的水平层理。原始产状自湖岸向湖心略微倾斜,厚度较稳定。一般湖岸沉积物的颗粒相对较粗,常具斜层理,厚度较小;湖心沉积物的颗粒较细,具水平层理,厚度较大。湖泊堆积土中淤泥和泥炭分布广,湖相黏土常具淤泥的特性,灵敏度很高。

湖泊堆积土可分为淡水湖堆积土和咸水湖堆积土。淡水湖堆积土以碎屑沉积为主,也有化学沉积和生物化学沉积,含碳酸盐、铁质、锰质、铝质、磷质等化学沉积物和泥炭、淤泥、硅藻土等生物化学沉积物,一般不含易溶盐类矿物。咸水湖堆积土含有大量易溶盐类矿物,包括碳酸盐、硫酸盐和卤盐等化学沉积物,不含生物沉积,缺乏有机质。

6. 沼泽堆积土

沼泽堆积土是在地表水聚集或地下水出露的洼地内，由植物死亡后腐烂分解的残杂物与泥砂物质混合堆积形成的土。

沼泽堆积土的主要成分为泥炭等有机生成物，呈黑褐或深褐色，有时也含有少量黏土和细砂，具水平层理。泥炭的性质和含水量关系密切，干燥压密的泥炭较坚硬，湿的泥炭压缩性较高。泥炭是尚未完全分解的有机物，需考虑今后继续分解的可能性。

7. 滨海堆积土

滨海堆积土是在海洋中靠近海岸的、海水深度不超过 20m 的、经常受海潮涨落作用影响的狭长地带堆积的土。

滨海堆积土的分选性较好，颗粒大小由陆地向海洋方向自粗而细有规律地变化。由于海浪不断地冲蚀，颗粒形状滚成了圆形，磨圆度极好。滨海堆积土的分布宽度与海域的原始地形、波浪及岸流动力大小等有关，其宽度最大可达数千米。滨海堆积土由于经常受波浪的作用，化学作用和生物化学作用一般不太容易进行，主要是风化碎屑物的机械堆积作用。滨海堆积土的堆积条件可分为：①陡岸堆积，由陆岸悬崖上崩塌的岩块和海浪冲来的卵石、圆砾等组成，以粗大颗粒为主。若陡岸下海水较深，则往往有淤泥和砂砾的混合堆积物；②海滩堆积，堆积物一般较有规律，靠陆地边缘以卵石、圆砾、粗砂为主，往海域方向逐渐变为较细的颗粒，由砂、淤泥混砂等渐变为淤泥；③泻湖堆积，一般以淤泥堆积为主，也有化学堆积作用。

8. 冰积土

冰积土是由于冰川活动或冰川融化后的冰下水活动堆积而成的土。冰积土根据其成因条件，可分为冰碛堆积土、冰水堆积土和冰碛湖堆积土。

1）冰碛堆积土

冰碛堆积土是冰川所携带的碎屑物在冰川融化后直接堆积而成、未经流水的冲刷或搬运的土。冰碛堆积土无分选性，杂乱而不具层理，粒度相差十分悬殊，巨大的岩块和细小的砂、砾混合堆积在一起，具有极大的不均匀性。

2）冰水堆积土

冰水堆积土是由冰川局部融化后的冰下水所携带的碎屑物沉积而成。冰水堆积土以砂粒为主，夹杂少量砾石、黏土，有一定分选性，砾石有一定磨圆度，具斜层理。冰水堆积层通常是良好的含水层。

3）冰碛湖堆积土

冰碛湖堆积土是由冰水搬运的物质在冰碛湖中沉积、形成的土。冰碛湖堆积土具有粗细颗粒交替沉积的特征，夏季沉积浅色的砂层，冬季沉积深色的黏土层，其层理极薄。

冰积土的厚度不稳定，取决于冰川的形态和规模。一般山区冰积土的厚度不大，且不会连成一片。

9. 风积土

风积土是岩石的风化碎屑物质经风力搬运至异地降落堆积形成的土。风积土的分选性良好，是陆相沉积土中分选性最好的土类之一。风积土中常见的为风积砂和风积黄土。

1）风积砂

各种成因的砂，再经过风力的搬运，均可形成风积砂。风积砂的来源很广，也可由岩石受到吹蚀作用而直接形成。风积砂常具弧形斜层理。

2）风积黄土

各种成因的粉土颗粒,经过风的吹扬、搬运到比砂更远的地方堆积而成。风积黄土一般不具层理,具有大孔性和垂直节理。

10. 人工填土

人工填土是由于人类活动所堆填的土。人工填土根据其物质组成或堆填方式可分为素填土、杂填土、冲填土和压实填土等4类。

（1）素填土。素填土由碎石土、砂土、粉土及黏性土等一种或几种土料组成的填土。

（2）杂填土。杂填土含有大量建筑垃圾、工业废料或生活垃圾等杂物的填土。

（3）冲填土。冲填土由水力冲填泥砂而形成的填土。

（4）压实填土。压实填土按一定标准控制土料成分、密度和含水量,经分层压实或夯实而成的填土。

素填土、杂填土和冲填土通常是由于人类活动所弃置而随意堆填的土,统称为人工弃填土。压实填土则是根据工程需要而特意处理堆填的土。

5.3　土的工程分类原则和方法

土的工程分类的目的是为了满足工程建设的需要,根据土的工程性质,将土按种属关系划分为各种类别。土的分类与工程勘察、设计、施工等各个环节密切相关,其作用可体现在下列几方面:

（1）根据土的类别可大致判断土的基本工程特性;

（2）根据土的类别可合理确定不同土的研究内容和方法;

（3）当土的工程性质不能满足工程要求时,可根据该类土的特性并结合工程要求选择适当的改良和治理措施。

5.3.1　土的工程分类的主要原则

（1）以地质年代和地质成因为基础的原则。土是长期地质作用的产物,土的物质成分、结构与地质年代和地质成因有着密切的内在联系,特定的地质年代和成因条件形成特定类型的土,即地质年代和地质成因与土的工程特性存在内在关联性。

（2）以工程性质差异性为前提的原则。应综合考虑土的各种主要工程特性,用影响土的工程特性的核心要素作为分类的依据,应使所划分的不同土类别之间,在其主要工程特性方面具有显著的质和量的差别。

（3）以工程性质为依据的原则。土的工程分类的目的是为工程建设服务。工程性质指标是土的工程特性的定量标志,以土的工程特性作为分类依据才能便于指导人们根据土类判断土的基本工程性质,确定研究方法,指导工程实践。

（4）分类指标便于准确测定的原则。土的分类指标应既能综合反映土的基本工程特性,又要便于准确测定。为了减少误差,应尽可能采用定量指标。指标的测定方法应合理可行,不致引起过大的人为误差。

5.3.2　土的分类方法

1. 通用分类和专门分类

工程上土的分类方法,若按其适用的工程领域范围,可分为通用分类和专门分类。

通用分类是适用于工程建设各行业的土的工程分类体系。如国家标准《土的工程分类标准》(GB/T 50145—2007)中土的分类方法,就是工程用土的通用分类体系,在工程建设各行业通用。

专门分类又称部门分类或行业分类,是工程建设各行业在土的通用分类基础上,根据各自的专业特点和专门需要而制定的土的工程分类体系。我国的建工、铁路、公路、水利等部门都有各自的土的工程分类体系,如国家标准《岩土工程勘察规范(2009 年版)》(GB 50021—2001)中土的分类方法,是适用于地基土勘察评价的专门分类体系。

2. 全面分类和局部分类

土的工程分类方法,若按所需划分的对象,即土类种属层次的不同,可分为全面分类和局部分类。

全面分类又称一般分类,分类对象是较大区域范围内工程建设所涉及到的全部土类。该方法是根据土的各种主要工程地质特征和工程特性所采用的一种综合性分类,分类结果包括所有类型的土。这种分类方法应用的工程范围较广,是土的工程分类的基础。《土的工程分类标准》(GB/T 50145—2007)和《公路土工试验规程》(JTG E40—2007)中土的工程分类的总体系属全面分类。

局部分类的分类对象是特定的一部分土,它是根据土的某一个或几个特征指标对部分土进行详细的专门划分,如按土的压缩性、密实度或状态、灵敏度等指标对土进行的分类。在实际应用中,局部分类通常作为全面分类的补充。

5.4　土的分类依据和分类指标

5.4.1　土粒大小及级配指标

土粒大小是粗颗粒土分类的最基本依据。按土粒大小进行土的分类时,确定分类界限有两种方法,一种是将各粒组的含量作为土的分类界限,另一种是将累计粒组含量(大于某粒径的颗粒含量)作为土的分类界限。

评价土的级配状况主要是对粗粒土。土的级配良好包含两方面的因素,一是土的粒径变化范围要广,即粒度大小要不均匀;二是各种粒径的颗粒都要保证一定的含量,不要出现某些粒径范围含量特别多或某些粒径范围的颗粒缺失等现象。同时满足这两方面条件的土,在压力(包括自重压力)作用下容易压密实,土的相对密度容易提高,故属级配良好土;反之,则属级配不良土。

利用土的级配指标可对粗粒土的级配状况进行定量评价。不均匀系数 C_u 反映土的粒径变化范围的大小。C_u 值小,颗粒级配曲线形状陡峭,表明土的粒径变化范围小,大部分土颗粒的大小相近、甚至均匀,这种土不易压密,即相对密度不易提高,故属级配不良。C_u 值大,颗粒级配曲线形状平缓,表明土的粒径变化范围广。但C_u值大只是级配良好的必要条件。因为C_u值仅取决于d_{60}和d_{10},C_u值大只能保证这两者的粒径相差悬殊,而不能保证其中间粒径的含量情况。如C_u值过大,甚至可能会出现中间粒径缺失的情况,称为不连续级配,也属级配不良。曲率系数C_c反映土中介于d_{60}与d_{10}之间的中间粒径的含量情况。因此,必须同时考虑不均匀系数C_u和曲率系数C_c来评价土的级配状况。

5.4.2 土的塑性指标

土的塑性指标包括土的液限、塑限和塑性指数,是细粒土分类的最基本依据。土的塑性本质上取决于其黏土矿物的成分和含量,但同时又与土的含水量有着密切的关系。只有在一定的含水量范围内土才具有塑性,当含水量超出(大于或小于)这个范围,土受力后不再表现出塑性。土的液限和塑限含水量均为试验指标,需通过试验来测定。根据土的塑性界限含水量,可通过计算得到细粒土最重要的土分类指标,即塑性指数。

直接用塑性指数划分土类,其优点是非常简易方便,但有时也可能存在不合理现象。塑性指数是液限与塑限的差值。当一个土样的液限和塑限都很大,而另一个土样两者都较小时,单一地采用塑性指数分类,只要液、塑限的差值相等,将会把这两种土归为同一类。但这两种土的性质未必相近,甚至出入很大。因此,需要引入新的分类指标。

卡萨格兰德(Casagrande)于 1940 年提出的塑性图很好地解决了这个问题。塑性图是一种关于细粒土的分类方法,见图 5-6。

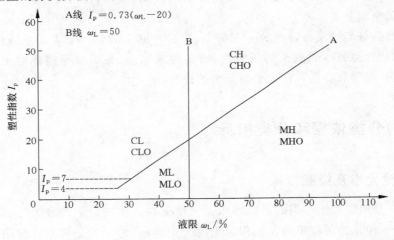

图 5-6　塑性图

注:液限 w_L 是采用碟式液限仪测定的液限含水率,或者为质量 76g、锥角 30°的液限仪锥尖入土深度 17mm 对应的含水率;图中虚线之间的区域为黏土-粉土的过渡区

用塑性图进行土分类的基本划分标准是:位于 A 线以上区域为黏土,代号为 C;A 线以下区域为粉土,代号为 M;位于 B 线左侧区域为低塑性土,代号为 L;位于 B 线右侧区域为高塑性土,代号为 H。例如,位于 A 线以上、B 线右侧的代号为 CH 的土,即为高塑性黏土;其他例同。代号 O 表示为有机质土。塑性图是根据大量数据统计后编制绘成的,现已成为国际上普遍采用的细粒土分类方法。各国在应用塑性图进行土分类时,往往根据各自土的特点,对塑性图作些补充规定(包括添加辅助线),但整体架构并不发生变化。

5.4.3　土中有机质含量指标

土中是否存在有机质及有机质的含量是划分无机土和有机土以及进一步细分有机土的依据。因为有机质的存在对细粒土的工程特性有重要影响。

土中有机质可采用目测、手摸或嗅感等方法判别。当上述简易方法不能判定时，可将土样放入 105℃～110℃ 的烘箱中烘烤，若烘烤 24h 后土样的液限小于烘烤前土样液限的 ¾，则该土样为有机质土。测定土中有机质的含量，可采用有机质含量试验或灼失量试验。

5.5　我国土的工程分类

在我国，除了《土的工程分类标准》(GB/T 50145—2007)中规定的土的通用分类外，港口、水利、铁路等各行业均在各自的规范体系中对工程用土进行了分类。这些部门分类大多雷同，仅在进一步细分时存在些许差异。因此，这里仅介绍最常用的、最具代表性的土的工程分类体系。

5.5.1　《土的工程分类标准》中土的分类

《土的工程分类标准》(GB/T 50145—2007)是土的通用分类，也是全面分类，包括工程勘察与地基评价、堤坝填料和地基处理等所涉及的所有土类。分类依据为土的颗粒组成及其特征、土的塑性指标(液限、塑限和塑性指数)和土中有机质含量。

在《土的工程分类标准》(GB/T 50145—2007)中，土的粒组按表 5-1 的粒径范围和界限划分。按不同粒组的相对含量可将土首先划分为巨粒类土、粗粒类土和细粒类土。巨粒类土再按粒组划分；粗粒类土按粒组、级配和细粒土含量划分；细粒类土按塑性图(图 5-6)、所含粗粒类别及有机质含量划分。

表 5-1　　　　　　　　　　　　　　粒组划分

粒组	颗粒名称		粒径 d 的范围/mm
巨粒	漂石(块石)		$d>200$
	卵石(碎石)		$60<d\leqslant200$
粗粒	砾粒	粗砾	$20<d\leqslant60$
		中砾	$5<d\leqslant20$
		细砾	$2<d\leqslant5$
	砂粒	粗砂	$0.5<d\leqslant2$
		中砂	$0.25<d\leqslant0.5$
		细砂	$0.075<d\leqslant0.25$
细粒	粉粒		$0.005<d\leqslant0.075$
	黏粒		$d\leqslant0.005$

在《土的工程分类标准》(GB/T 50145—2007)中,每种土类都有一个特定的土类代号,土类代号由1~3个基本代号组合构成。当土类代号为1个基本代号时,该代号即表示土的名称;当土类代号由两个基本代号构成时,第1个基本代号表示土的主成分,第2个基本代号表示土的副成分、或土的级配情况、或土的液限高低;当土类代号由3个基本代号构成时,第1个基本代号表示土的主成分,第2个基本代号表示土的液限高低,第3个基本代号表示土中所含次要成分。基本代号见表5-2。

表 5-2　　　　　　　　　　　　　　　土工程分类的基本代号

名　称	基本代号	名　称	基本代号
漂石(块石)	B	有机质土	O
卵石(碎石)	Cb	级配良好	W
砾	G	级配不良	P
砂	S	高液限	H
粉土	M	低液限	L
黏土	C		
细粒土(C 和 M 合称)	F		
混合土	Sl		

1) 巨粒类土

巨粒组(粒径大于 60mm)、含量超过 15% 的土称为巨粒类土。巨粒类土可按其粒组的相对含量进一步划分为 6 种土类,见表5-3。

表 5-3　　　　　　　　　　　　　　　巨粒类土的分类

土 类	粒组含量		土代号	土 名
巨粒土	巨粒含量>75%	漂石含量>卵石含量	B	漂石(块石)
		漂石含量≤卵石含量	Cb	卵石(碎石)
混合巨粒土	50%<巨粒含量≤75%	漂石含量>卵石含量	BSl	混合土漂石(块石)
		漂石含量≤卵石含量	CbSl	混合土卵石(碎石)
巨粒混合土	15%<巨粒含量≤50%	漂石含量>卵石含量	SlB	漂石(块石)混合土
		漂石含量≤卵石含量	SlCb	卵石(碎石)混合土

注:① 巨粒混合土可根据所含粗粒或细粒的含量进一步细分;
　　② 对巨粒组质量少于总质量的 15% 的土,可扣除巨粒,按粗粒土或细粒土的相应规定分类定名;
　　③ 当散布在土内的巨粒,其体积对土的总体性状有影响时,可不扣除巨粒,按粗粒土或细粒土的相应规定分类定名,并应予以注明。

2) 粗粒类土

粗粒组(粒径大于 0.075mm)、含量超过 50% 的土称为粗粒类土。其中砾粒组含量大于砂粒组的土称为砾类土;砾粒组含量不大于砂粒组的土称为砂类土。再根据粗粒组级配和细粒组含量进一步分类,共划分为 10 种土类,见表5-4。

表 5-4　　　　　　　　　　　　　　　　粗粒类土的分类

粗粒土	粒组含量				代号	土　名
粗粒含量 >50%	砾类土:砾粒组含量 >砂粒组含量	砾(细粒含量<5%)		$C_u>5$,$C_c=1\sim3$	GW	级配良好砾
				级配:不满足上述要求	GP	级配不良砾
		含细粒土砾　(5%≤细粒含量<15%)			GF	含细粒土砾
		细粒土质砾(15%≤细粒含量 <50%)	细粒中粉粒含量≤50%		GC	黏土质砾
			细粒中粉土含量>50%		GM	粉土质砾
	砂类土:砾粒组含量 ≤砂粒组含量	砂(细粒含量<5%)		$C_u>5$,$C_c=1\sim3$	SW	级配良好砂
				级配:不满足上述要求	SP	级配不良砂
		含细粒土砂　(5%≤细粒含量<15%)			SF	含细粒土砂
		细粒土质砂(15%≤细粒含量 <50%)	细粒中粉粒含量≤50%		SC	黏土质砂
			细粒中粉土含量>50%		SM	粉土质砂

注:① 表中级配良好指粗粒组的级配指标不均匀系数 $C_u\geqslant5$,且曲率系数 $C_c=1\sim3$,级配不良指粗粒组的级配指标
　　 不满足该要求;

　　 ② 表中 M 或 C 根据细粒土的分类表确定。

3) 细粒类土

细粒组的含量不小于 50% 的土称为细粒类土,其中粗粒组含量不超过 25% 的土称为细粒土;粗粒含量超过 25% 但不超过 50% 的土称为含粗粒细粒土;当其中有机质含量大于等于 5% 且小于 10% 的土称为有机质土。根据细粒土在塑性图(图 5-6)中的位置,按表 5-5 进行分类。

表 5-5　　　　　　　　　　　　　　　　细粒土的分类

在塑性图中的位置		土类代号	土　名
位于塑性图 A 线以上且 $I_P\geqslant7$	B 线右侧(包括 B 线)	CH	高液限黏土
	B 线左侧	CL	低液限黏土
位于塑性图 A 线以下或 $I_P<4$	B 线右侧(包括 B 线)	MH	高液限粉土
	B 线左侧	ML	低液限粉土

土分类时,正好位于塑性图 A 线上定名为黏土;在图 5-6 的塑性图上,$4\leqslant I_P<7$ 的虚线之间的范围为黏土-粉土的过渡区域,代号 CL-ML;含粗粒细粒土,应在表 5-5 细粒土分类基础上,当粗粒中砾类含量大于砂粒含量,称为含砾粒的细粒土,在细粒土代号后加 G;当粗粒中砾类含量不大于砂粒含量,称为含砂粒的细粒土,在细粒土代号后加 S;对于有机质土,首先以表 5-5 的细粒土分类为基础,在细粒土代号后加"O"。

5.5.2　《岩土工程勘察规范》和《建筑地基基础设计规范》中土的分类

该标准采用实用主义的做法,按照前述土的工程分类原则,以工程勘察和地基评价为服

务对象,首先根据地质年代,把晚更新世 Q_3 及其以前沉积的土定为老沉积土,把第四纪全新世中近期沉积的土定为新近沉积土。然后根据地质成因,可划分为残积土、坡积土、洪积土、冲积土、淤积土、冰积土和风积土等,以及根据有机质含量 W_u,把土分为无机土($W_u<5\%$)、有机质土($5\%\leqslant W_u\leqslant10\%$)、泥炭质土($10\%<W_u\leqslant60\%$)和泥炭($W_u>60\%$)。

该标准在土的粒度成分划分上与国标《土的工程分类标准》(GB/T 50145—2007)保持一致,但在定名上采取了更加简便易行、通俗易懂的做法。根据粒组及其含量,把土划分为碎石土、砂土、粉土和黏性土 4 大类,各大类土再进一步分为若干亚类。

1)碎石土

粒径大于 2mm 的颗粒质量超过总质量 50% 的土定名为碎石土。碎石土按粒组含量和颗粒形状分为 3 组,共 6 个亚类,见表 5-6。

表 5-6　　碎石土分类

土的名称	颗粒形状	颗粒级配
漂 石	圆形及亚圆形为主	粒径大于 200mm 的颗粒质量超过总质量 50%
块 石	棱角形为主	
卵 石	圆形及亚圆形为主	粒径大于 20mm 的颗粒质量超过总质量 50%
碎 石	棱角形为主	
圆 砾	圆形及亚圆形为主	粒径大于 2mm 的颗粒质量超过总质量 50%
角 砾	棱角形为主	

注:定名时应根据颗粒级配由大到小以最先符合者确定

2)砂土

粒径大于 2mm 的颗粒质量不超过总质量的 50%,且粒径大于 0.075mm 的颗粒质量超过总质量 50% 的土定名为砂土。砂土可按粒组含量分为 5 个亚类,见表 5-7。

表 5-7　　砂土分类

土的名称	颗 粒 级 配
砾 砂	粒径大于 2mm 的颗粒质量占总质量 25%~50%
粗 砂	粒径大于 0.5mm 的颗粒质量超过总质量 50%
中 砂	粒径大于 0.25mm 的颗粒质量超过总质量 50%
细 砂	粒径大于 0.075mm 的颗粒质量超过总质量 85%
粉 砂	粒径大于 0.075mm 的颗粒质量超过总质量 50%

注:定名时应根据颗粒级配由大到小以最先符合者确定

3)粉土

粒径大于 0.075mm 的颗粒质量不超过总质量的 50%,且塑性指数等于或小于 10 的土定名为粉土。该标准并未对粉土的亚类划分做出规定,一些行业标准按黏粒含量和塑性指数再把粉土分为砂质粉土和黏质粉土。

4)黏性土

塑性指数大于 10 的土定名为黏性土。黏性土根据塑性指数可进一步分为粉质黏土和黏土。塑性指数大于 10 且小于或等于 17 的土定名为粉质黏土,塑性指数大于 17 的土定名为黏土。

为了满足工程勘察工作的需要,除了上述按颗粒级配或塑性指数定名外,该标准规定土的综合定名还应符合下列规定:

(1) 对特殊成因和年代的土类应结合其成因和年代特征定名;

(2) 对特殊性土,应结合颗粒级配或塑性指数定名;

(3) 对混合土,应冠以主要含有的土类定名;

(4) 对同一土层中相间呈韵律沉积,当薄层与厚层的厚度比大于⅓时,宜定为"互层";厚度比为⅒~⅓时,宜定为"夹层",厚度比小于⅒的土层,且多次出现时,宜定为"夹薄层";

(5) 当土层厚度大于 0.5m 时,宜单独分层。

该标准虽为国标,但在土的分类上更多地体现了工程勘察的行业特点。除了上述关于土的普遍分类外,为了满足工程勘察关于土物理状态的描述和地基的分析评价,还做出了一系列土的局部分类,如以动力触探原位测试成果作为分类指标,划分碎石土、砂土的密实状态;分别以孔隙比和含水量作为分类指标,划分粉土的密实状态和湿度状态;以液性指数为分类指标,划分黏性土的稠度状态。这些内容以及特殊土的分类将在后续相关章节叙述。

5.6 国外土的工程分类(以美国为例)

本节介绍美国材料与试验协会(American Society for Testing and Materials,ASTM)颁布的基于土的统一分类体系(United Soil Classification System)的工程用土分类标准(Standard Practice for Classification of soils for Engineering Purposes,ASTM D2487-06)。土的统一分类体系是在 A. Casagrade 1940 年建立的土的机场分类体系的基础上,经修改、补充发展而成的。该分类方法以粒组及其含量、颗粒级配、塑性指数和液限(塑性图)为主要分类依据,同时考虑了土中有机质含量。

在 ASTM D2487—06 分类标准中,粒组划分见表 5-8。从表中可以看出粒组的界限粒径与我国《土的工程分类标准》(GB/T 50145—2007)存在着较大差异。

表 5-8   粒组划分

颗粒名称		粒径 d 的范围/mm
漂石		$d>300$
卵石		$75<d\leqslant300$
砾	粗砾	$19<d\leqslant75$
	细砾	$4.75<d\leqslant19$
砂	粗砂	$2<d\leqslant4.75$
	中砂	$0.425<d\leqslant2$
	细砂	$0.075<d\leqslant0.425$
细粒		$d\leqslant0.075$

注:细粒包括粉粒和黏粒,粒径均小于 0.075mm,但粉粒为非塑性或低塑性颗粒,分类时,其塑性指数小于 4 或者在塑性土上落在 A 线下方;黏粒为塑性颗粒,分类时,其塑性指数等于或大于 4,或者在塑性土上落在 A 线上方

ASTM D2487—06 分类体系将土分为 3 大类:粗粒土、细粒土和重有机质土。土的分类体系和命名见表 5-9。

表 5-9　　　　　　　　　　　《工程用土的分类》(ASTM D2487-06)

土的分类指标体系				土的分类	
				代号	土名
粗粒(大于 0.075 mm 的颗粒超过全重的 50%)	砾石(超过 50% 的粗粒粒径大于 4.75 mm)	净砾石(细粒含量< 5%)[A]	$C_u>4$ 且 $C_c=1\sim3$	GW	级配良好砾[B]
			不同时满足 GW 条件	GP	级配不良砾[B]
		含细粒土砾石(细粒含量> 12%)[A]	细粒属于 ML 或 MH	GM	粉质砾[B,C,D]
			细粒属于 CL 或 CH	GC	黏质砾[B,C,D]
	砂土(超过 50% 的粗粒粒径小于 4.75 mm)	净砂土(细粒含量< 5%)[E]	$C_u>6$ 且 $C_c=1\sim3$	SW	级配良好砂[F]
			不满足 SW 条件	SP	级配不良砂[F]
		含细粒砂土(细粒含量> 12%)[E]	细粒属于 ML 或 MH	SM	粉质砂[C,D,G]
			细粒属于 CL 或 CH	SC	黏质砂[C,D,G]
粗粒(大于 0.075 mm 的颗粒不超过全重的 50%)	液限小于 50 的细粒土(粉粒和黏粒)	无机	$I_p>7$ 和落在 A 线上或高于 A 线	CL	低液限黏土[H,I]
			$I_p<4$ 或落在 A 线之下	ML	粉土[H,I]
		有机	$\dfrac{W_{L-ovened}}{W_L}<0.75$	OL	有机质黏土或粉土[H,I,J]
	液限大于 50 的细粒土(粉粒和黏粒)	无机	I_p 落在 A 线上或高于 A 线	CH	高液限黏土[H,I]
			I_p 落在 A 线之下	MH	粉土[H,I]
		有机	$\dfrac{W_{L-ovened}}{W_L}<0.75$	OH	有机质黏土或粉土[H,I,K]
重有机质土		颜色深暗,有机质气味,主要由有机物质组成		Pt	泥炭

注:A. 如果含有 5%~12% 的细粒,则应赋与双代号:含粉粒良好级配砾用 GW-GM;含黏粒良好级配砾用 GW-GC;含粉粒不良级配砾用 GP-GM;含黏粒不良级配砾用 GP-GC;

　　B. 如果含有不少于 15% 的砂粒,在土名前加"含砂";

　　C. 如果细粒属于 CL-ML,则土名用双代号 GC-GM 或 SC-SM;

　　D. 如果细粒是有机质,则在土名前加"含有机质";

　　E. 如果含有 5%~12% 的细粒,则应赋与双代号:含粉粒良好级配砂用 SW-SM;含黏粒良好级配砂用 SW-SC;含粉粒不良级配砂用 SP-SM;含黏粒不良级配砂用 SP-SC;

　　F. 如果含有不少于 15% 的砾粒,在土名前加"含砾";

　　G. 如果落在塑性图的阴影线区域,则为粉质黏土,代号 CL-ML;

　　H. 如果大于 0.075 mm 颗粒含量为 15%~29%,以砂为主,土名前加"含砂",以砾为主则加"含砾";

　　I. 如果大于 0.075 mm 颗粒含量大于等于 30%,以砂为主,土名前加"砂质",以砾为主则加"砾质";

　　J. $I_p\geqslant4$ 和落在 A 线上或高于 A 线,为有机质黏土;$I_p<4$ 或落在 A 线之下,为有机质粉土;

　　K. I_p 落在 A 线上或高于 A 线,为有机质黏土;I_p 落在 A 线之下,为有机质粉土。

在进行土的工程分类之前,对于通过 75mm 筛的土样,利用室内试验确定相关试验指标(作为分类指标)。对于粗粒土,应进行筛分试验,确定各粒组含量,然后绘制颗分曲线,计算不均匀系数和曲率系数;对于细粒土,应测定液塑限含水率,计算塑性指数,借助塑性图确定试样在其中的位置;对于从颜色、气味等判断可能为有机质土的细粒土,还应测定烘干(110±5℃)后土样的液限。如果土中含有漂石和卵石的土,在命名时在土名前加上"含漂石、含卵石或含漂石卵石"字样即可。

在表 5-9 中,粗粒土的分类主要依据粒度成分和颗粒级配。表 5-9 中符号与表 5-2 中的含义一致,G 和 S 分别代表砾石和砂土,G 与 S 后的字母 W、P、M 和 C 分别表示级配良好、级配不好、含粉土及含黏土。细粒土的分类则主要根据液限和塑性指数,然后借助塑性图(图 5-7)把土划分为粉土和黏土,代号分别用 M 和 C;用字母 O 表示有机质,用 Pt 表示像泥炭那样的高有机质土。

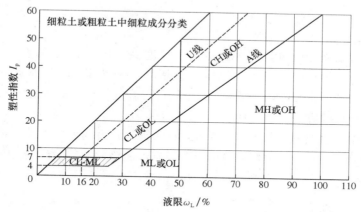

A 线:$I_P=4$(到 $w_L=25.5$)接斜线 $I_P=0.73(w_L-20)$
U 线:$w_L=16$(到 $I_P=7$)接斜线 $I_P=0.9(w_L-8)$

图 5-7　塑性图(ASTM D2487-06)

在图 5-7 的塑性图中,A 线以上为黏性土 C,A 线以下为粉性土 M 或有机质土 O。习惯上,我们把 $w_L=50$ 的线称为 B 线。B 线左侧为低液限土(低塑性土),用 L 表示;B 线右侧为高液限土(高塑性土),用 H 表示。图中 $I_P=4$ 与 $I_P=7$ 之间的阴影部分为低液限细颗粒土的过渡区域(CL-ML)。当根据液限和塑性指数在塑性图上确定的位置非常接近 A 线或 B 线,除了按上述分类方法给土样命名外,土样代号可采用组合符号。如低液限黏土靠近 B 线,可用"CL/CH"表示。图中"U"线是根据大量土的分类经验确定的,大致给出了天然土的"上界"。当根据试验结果(细粒土的液限和塑性指数)在塑性图上确定的位置在此线上方或左侧时,很有可能这个结果是错误的,应仔细核对。

复习思考题

1. 人们为什么要进行土的工程分类?
2. 在进行土的工程分类时,应坚持的分类原则有哪些?
3. 在进行土的全面分类或通用分类时,采用了哪些分类指标?
4. 给你一张细粒土的塑性图,你如何介绍它?
5. 根据《岩土工程勘察规范(2009 年版)》(GB 50021—2001),如何定名粉土和黏性土?

第6章 岩土工程勘察基本知识

根据人类进行工程建设的实践总结,岩土工程包括岩土工程勘察(包含测绘和调查)、岩土工程设计、岩土工程治理、岩土工程检验和监测、岩土工程监理等,涉及工程建设的全过程。岩土工程勘察是后续工程的基础,为设计、治理、监测工程师提供关于目标项目的工程地质条件和定量设计验算的岩土参数。

岩土工程勘察是指根据建设工程的要求,查明、评价建设场地的地质环境特征和岩土工程条件,分析、预测工程建设对地质环境的影响与发展趋势,编制勘察成果文件的活动。

6.1 岩土工程勘察分级

由于建设工程在规模、荷载、使用要求及涉及的地质环境等方面存在很大差别,勘察工作就不应千篇一律,而应区别对待。一座核电站与一幢普通建筑的重要性不可同日而语;在崇山峻岭中修筑高速公路面临的地质环境复杂程度远高于平原地区。这样的例子多不胜举。很自然,应该对建设工程的岩土工程勘察进行分级。

按照我国建筑、交通等领域的有关技术规定,岩土工程勘察可根据建设工程的重要性、场地的复杂程度和地基的复杂程度划分为3个等级。岩土工程勘察等级反映了一项建设工程勘察项目的重要性和复杂性,是勘察项目管理、确定勘察工作量和技术要求的重要依据。

岩土工程勘察等级的划分步骤是先将建设项目的工程重要性等级、场地复杂性等级和地基复杂性等级各分为3级,然后根据三者的不同组合确定建设项目的岩土工程勘察等级。

1. 工程重要性等级划分

根据工程的规模和特征以及由于岩土工程问题造成工程破坏或影响正常使用的后果严重程度,工程重要性可分为3个等级。

(1)一级工程:重要工程,后果很严重;

(2)二级工程:一般工程,后果严重;

(3)三级工程:次要工程,后果不严重。

对于工程重要性,由于涉及房屋建筑、地下洞室、线路、发电厂及其他工业建筑、废弃物处理工程等不同类型的建设工程,很难提出具体划分标准,上述划分标准仅是原则性的规定。

2. 场地等级划分

根据工程建设项目拟建场地的复杂程度,可按下列规定分为3个等级。

(1)符合下列条件之一者为一级场地,亦称复杂场地:①对建筑抗震危险的地段;②不良地质作用强烈发育;③地质环境已经或可能受到强烈破坏;④地形地貌复杂;⑤有影响工程的多层地下水、岩溶裂隙水或其他水文地质条件复杂,需专门研究的场地。

（2）符合下列条件之一者为二级场地,亦称中等复杂场地:①对建筑抗震不利的地段;②不良地质作用一般发育;③地质环境已经或可能受到一般破坏;④地形地貌较复杂;⑤基础位于地下水位以下的场地。

（3）符合下列条件者为三级场地,亦称简单场地:①抗震设防烈度等于或小于 6 度,或对建筑抗震有利的地段;②不良地质作用不发育;③地质环境基本未受破坏;④地形地貌简单;⑤地下水对工程无影响。

根据国家标准《建筑抗震设计规范》（GB 50011—2010）的规定,对建筑抗震有利的地段是指稳定基岩,坚硬土,场地开阔、平坦,密实、均匀的中硬土等;对建筑抗震不利的地段是指软弱土,液化土,条状突出的山嘴,高耸孤立的山丘,非岩质的陡坡,河岸和边坡的边缘,平面分布上成因、岩性、状态明显不均匀的土层,如古河道、疏松的断层破碎带、暗埋的塘浜沟谷和半填半挖地基;对建筑抗震危险的地段是指地震时可能发生滑坡、崩塌、地陷、地裂、泥石流等及发震断裂带上可能发生地表位错的部位。

不良地质作用强烈发育是指泥石流沟谷、崩塌、滑坡、土洞、塌陷、岸边冲刷、地下水强烈潜蚀等极不稳定的场地,这些不良地质作用直接威胁着工程安全。

地质环境这里特指与工程建设有关的由于人为因素和自然因素引起的地下采空、地面沉降、地裂缝、水土污染、水位上升等。地质环境受到强烈破坏是指现存的或不远的将来可预测到的地质环境对工程的安全已构成直接威胁,如浅层采空、地面沉降盆地的边缘地带、横跨地裂缝、因蓄水而沼泽化等。

3. 地基等级划分

根据拟建场地建（构）筑物地基的复杂程度,可将地基复杂性按下列规定分为 3 个等级。

（1）符合下列条件之一者为一级地基,亦称复杂地基:①发育岩土种类多,很不均匀,性质变化大,需特殊处理;②存在严重湿陷、膨胀、盐渍、污染的特殊性岩土,以及其他情况复杂、需作专门处理的岩土。

（2）符合下列条件之一者为二级地基,亦称中等复杂地基:①发育岩土种类较多,不均匀,性质变化较大;②发育除严重湿陷、膨胀、盐渍、污染等特殊性岩土外的其他特殊性岩土。

（3）符合下列条件者为三级地基,亦称简单地基:①岩土种类单一,均匀,性质变化不大;②无特殊性岩土。

严重湿陷、膨胀的特殊性岩土是指自重湿陷性土、三级非自重湿陷性土、三级膨胀性土等。多年冻土由于勘察经验不多,应列为一级地基。同一场地上存在多种强烈程度不同的特殊性岩土,也应列为一级地基。

4. 岩土工程勘察等级划分

根据工程重要性等级、场地复杂程度等级和地基复杂程度等级,将岩土工程勘察等级分为甲级、乙级和丙级。划分标准如下:

（1）甲级:在工程重要性、场地复杂程度和地基复杂程度等级中,有一项或多项为一级的;

（2）乙级:除勘察等级为甲级和丙级以外的勘察项目;

（3）丙级:工程重要性、场地复杂程度和地基复杂程度等级均为三级的。

6.2 岩土工程勘察阶段划分

一个工程项目的不同建设阶段,譬如规划、设计和施工阶段,对岩土工程勘察的详尽程度和岩土工程评价的内容与深度有着不同的要求。因此,勘察工作宜分阶段进行,这是根据工程建设的实际情况和勘察工作的经验提出的。分阶段进行岩土工程勘察也便于明确对应工程建设不同阶段的勘察目的和任务。

尽管不同行业对勘察阶段的划分不尽一致,名称也不一定相同,但是各行业均遵循了分阶段勘察的原则,并对各个勘察阶段的勘察技术要求、勘察工作量布置及提交的勘察成果等提出了明确的规定。根据一般工程建设周期中项目论证与规划、初步设计、施工图设计等不同阶段的划分,相应的勘察阶段通常可分为可行性研究勘察、初步勘察、详细勘察和施工勘察。

1)可行性研究勘察

可行性研究勘察的目的是为可行性论证及场址选择与规划提供依据,该阶段的主要任务是对一个或若干个候选场地的稳定性和适宜性做出评价。

可行性研究勘察在手段上主要采用资料收集和资料分析,以及通过现场踏勘对关键内容进行考察。此阶段重点在于了解候选场地的地质构造、地层、岩性、地下水和不良地质作用等工程地质条件。对于资料缺乏地区,可进行工程地质测绘和少量的勘探工作。

2)初步勘察

初步勘察的目的是为项目的初步设计提供依据。对于房屋建筑,其主要任务是对拟建场地内建筑地段的稳定性做出评价,为确定建筑总平面布置、主要建筑物地基基础方案及对不良地质作用的防治方案等提供必要的资料。

在可行性研究勘察基础上,初步勘察一般采用工程地质测绘和一定数量的勘探测试工作,初步查明以下与初步设计有关的工程地质条件:

(1)拟建场地的主要岩土层分布、成因类型、岩性及其物理力学性质;对于复杂场地,必要时应做工程地质分区或分段,以便于初步设计确定总平面布置和基础类型选择;

(2)不良地质作用的成因、分布范围、危险性以及发展趋势和规律,提出防治措施的建议;

(3)地下水类型、埋藏条件、补给径流排泄条件、动态特征,对其侵蚀性做出评价;

(4)场地地震效应及构造断裂对场地稳定性的影响。

3)详细勘察

详细勘察的目的是为施工图设计和施工提供依据,对于房屋建筑,其主要任务是对建筑地基的构成、均匀性和力学特性做出评价,为地基基础设计、地基处理、不良地质作用防治、施工方法的选择等提供必要的资料。

本阶段勘察工作是在可行性研究勘察和初步勘察成果基础上进行的,针对建筑地段(位置)的地质和地基问题,以勘探、原位测试和室内试验为主,提供施工图设计和不良地质现象治理所需的岩土工程设计参数和依据。

4)施工勘察

施工勘察是在施工期间根据设计、施工需要而进行的勘察,并不是所有工程建设项目都

需要施工勘察。在工程实践中,出现以下情况时应进行施工勘察:

（1）开挖基槽（工程施工）后,发现地质（地基）条件与勘察报告不符;

（2）对于重要建设项目的复杂场地（地基）,施工中揭露出异常的工程地质条件;

（3）地基中岩溶、土洞发育,施工中出现失稳等现象;或者因施工影响可能引起超过预期后果的其他不良地质现象。

岩土工程勘察的工作深度应满足设计要求,并与设计阶段相适应,既不能超前,也不能将本属于本阶段的勘察任务推迟到下一阶段进行。但是,由于不同行业工程规模、自身特点和对勘察要求各不相同,场地和地基的复杂程度差别很大,地区工程经验的成熟程度也不一致,因此,岩土工程勘察严格要求每个工程项目都划分勘察阶段既不实际,也无必要。

一般情况下,投资巨大的大型工程建设项目、对公共安全有重要影响的建设项目以及新建铁路或公路等长距离、涉及范围广的建设项目,应严格按上述要求分阶段进行勘察;场地较小、条件简单且无特殊要求的小型工程,或研究程度和工程经验充分的地区的一般建设项目可合并勘察阶段。在各勘察阶段中,详细勘察是施工图设计前必须进行的主要勘察阶段,应严格按相应的岩土工程勘察规范的要求进行。

6.3　岩土工程评价准则

1. 定性和定量评价

岩土工程评价包括定性评价和定量评价,分别适用于不同的评价对象。

1）定性评价

定性评价是岩土工程评价的基础。对于一些岩土工程问题,尽管已经尝试引用模糊数学和概率论的一些理论,但仍不适用于或很难进行定量评价。这些内容包括工程选址与场地的适宜性评价;地基的均匀性评价;建筑材料的适宜性评价;不良地质作用的风险性评估;地层剖面及岩土性质的定性描述等。

2）定量评价

岩土工程定量评价往往在定性评价基础上进行。需进行定量评价的岩土工程问题包括地基、边坡、挡土结构或不良地质现象的稳定性评价;地基承载力和变形（沉降）评价;岩土体的强度和变形参数;土压力、土中应力分布;岩土体、地下水与地基基础的共同作用等。这些内容往往需要通过定量计算获得定量化的结果。

2. 极限状态法与容许应力法

1）极限状态法

基于对岩土体性质、承载能力及变形规律等的认识,并结合工程经验,人们在岩土工程设计计算和评价时,往往设定若干岩土体的破坏机制或变形规律。极限状态就是这些机制下荷载与抗力的临界状态。当荷载增大或抗力减小,超出岩土体某一机制下的极限状态,就会发生破坏或使建（构）筑物失去应有的功能。在进行岩土工程评价时,可根据工程重要性等级、工程地质条件和地区经验,采用极限状态法进行。

在工程实践中,对一个具体的评价对象,既要考虑岩土体中可能存在的各种破坏机制,还要考虑因为岩土体的过大变形而使其上的建（构）筑物发生严重损坏的可能性或使建（构）

筑物的功能丧失。因此,在采用极限状态法进行岩土工程评价时,应考虑以下两类极限状态:

(1)强度极限状态。强度极限状态指岩土体内形成某种破坏机制,或由于岩土体变形而在其上部结构中形成某种破坏机制;

(2)功能极限状态。功能极限状态指岩土体变形过大引起建(构)筑物功能失效的状态。

极限状态法属于概率设计的范畴。按照岩土工程可靠度设计理论,由于天然成因的岩土体自身的空间变异性、设计理论的不完善及人为误差等,任何一个工程设计客观上都存在发生上述两类极限状态的概率,称为失效概率。岩土工程设计的目标是在建(构)筑物施工和运营期间,使这两类极限状态发生的概率小到可以接受的程度。

在进行设计时,应考虑岩土体的空间变异性和设计参量测定中存在的各种误差。设计中所使用的参量——包括荷载(或称作用)和抗力,以及与荷载和抗力有关的岩土体参数——均作为随机变量,服从一定的概率分布,包含不确定性。具体设计计算时,可以通过各个随机变量的概率分析,采用二截距法计算失效概率或可靠度,也可以像目前通行的做法,根据各参量的不确定性,在设计表达式中引入考虑不确定因素的分项系数。

2)容许应力法

容许应力法设计方法是按岩土体(材料)承受的应力不大于有关标准给定的岩土体(材料)的容许应力的原则来进行设计的方法。在特定荷载条件(荷载或荷载组合)下,按有关岩土力学理论计算可得岩土体承受的应力;岩土体的极限强度除以有关标准规定的安全系数即为岩土体的容许应力。

设计中所使用的参量包括荷载和抗力,以及与荷载和抗力有关的岩土体参数的设计值均以定值表示。在对岩土工程问题进行定量评价时,采用规范给定的经验安全系数来表示有一定的安全储备。该方法历史悠久,使用简单,接受面广。但其缺点也非常明显,所规定的单一安全系数过于笼统,概念不清。

我国的岩土工程设计正处于从容许应力法向极限状态法的一个转换期,部分行业新颁布的标准采用了极限状态法进行设计,而其他行业(包括建筑行业),仍采用容许应力法。

目前,以美欧国家为代表的有关岩土工程设计标准体系已完成从容许应力法向极限状态法的转换。

6.4 岩土工程勘察的主要环节和工作内容

为了实现岩土工程勘察的目的,勘察活动需要遵循合理的程序。这些程序涵盖了岩土工程勘察的基本逻辑和主要工作内容,大致可以划分为3个部分:①钻探与取样,现场测试;②室内试验,结果分析与岩土参数选取;③岩土工程评价、设计和成果报告的编制。

1. 勘察纲要的编制

勘察纲要是在具体勘察工作实施前,由勘察单位编制的、用于指导勘察工作的书面文件。勘察纲要的核心内容是勘察方案,即勘察工作的布置及其技术要求。勘察工作的布置是勘察能否满足工程设计、施工要求的基础和前提。

　　在具体勘察工作开始前,一般由建设单位会同设计单位提出勘察任务委托书,说明工程概况、设计阶段、对勘察的技术要求等。委托单位应提供勘察工作所必需的各种图表资料,如场地地形图、建筑物总平面布置图及建筑物结构类型和荷载情况表等。勘察单位以此为依据,搜集拟建场地邻近已有的地质、地震、岩土、水文、气象以及当地的建筑经验等资料。由该勘察项目的工程负责人编写的勘察纲要,经审核批准后,作为勘察工作的指导文件。

　　勘察纲要的内容取决于工程重要性、设计阶段和场地的工程地质条件等,应包括以下几个方面:

　　(1) 工程名称、工程地点及工程概况;

　　(2) 建设单位和设计单位;

　　(3) 勘察等级、勘察阶段及勘察目的;

　　(4) 对已有岩土工程资料和经验的分析;

　　(5) 勘察应执行的规范、规程和标准;

　　(6) 勘察工作布置,包括勘察方法、工作量及技术要求;

　　(7) 资料整理及勘察报告编写的内容要求;

　　(8) 勘察工作进行中可能遇到的问题及对策;

　　(9) 相关附件,包括勘探试验点平面布置图、勘察技术要求表和勘察工作进度表等。

　　2. 工程地质测绘和调查

　　工程地质测绘是指采用搜集资料、调查访问、现场踏勘、工程测量、遥感解译等方法,查明场地的工程地质要素,并绘制相应的工程地质图件的工作。广义的工程地质测绘除现场测绘外,还包括调查访问和遥感解译等工作。狭义的工程地质测绘主要指野外地质测量工作。

　　工程地质调查泛指搜集资料、调查访问、现场踏勘等各项工作。

　　遥感解译是指对航空照片、卫星照片及热红外等遥感影像资料的解译。利用遥感技术可在很大程度上减少野外工程地质测绘的工作量。但利用遥感影像资料解译进行工程地质测绘时,对于解译成果需得到实地检验,并对室内解译难以获得的资料进行野外补充。

　　工程地质测绘是以标准的地形图或地质图作为底图,运用地质学的原理和方法,通过野外现场观察、量测和描绘,分析与工程建设相关的各种地质要素和岩土工程资料,为初步评价场地的工程地质条件和场地的稳定性、场地工程地质分区以及后期勘察工作的合理布置等提供依据。

　　工程地质测绘和调查偏重于调查出露地表的工程地质要素及通过踏勘、访问来搜集资料。一般在可行性研究勘察阶段或者在初步勘察阶段,对于地形地貌、工程地质条件较复杂的场地,应进行工程地质测绘和调查。对地质条件简单的场地,可用调查代替工程地质测绘。

　　在可行性研究阶段,搜集资料宜包括航空相片、卫星相片的解译结果。而在详细勘察阶段,也可对某些专门地质问题(如滑坡、断裂等)进行必要的补充调查。

　　工程地质测绘和调查的内容应与工程建设面临的实际问题相联系,一般包括如下内容:

　　(1) 查明地形地貌特征及其与地层、构造、不良地质作用的关系,划分地貌单元;

　　(2) 查明岩土的年代、成因、性质、厚度和分布;对岩层应鉴定其风化程度,对土层应区分新近沉积土及各种特殊性土;

　　(3)查明岩体结构类型、各类结构面(尤其是软弱结构面)的产状和性质以及软弱夹层的特性等,认识新构造活动的形迹及其与地震活动的关系;

　　(4)查明地下水的类型、补给来源、排泄条件,查明含水层的岩性特征、埋藏深度、水位变化、污染情况及其与地表水体的关系;

　　(5)搜集气象、水文、植被、土的标准冻结深度等资料,调查最高洪水位及其发生时间和淹没范围;

　　(6)查明岩溶、土洞、滑坡、崩塌、泥石流、地面沉降、断裂、地裂缝、岸边冲刷等不良地质作用的形成、分布、形态、规模、发育程度及其对工程建设的影响;

　　(7)调查人类活动对场地稳定性的影响,包括人工洞穴、地下采空、大挖大填、抽水排水和水库诱发地震等;

　　(8)调查建筑物的变形和当地工程建设实践经验。

　　3.勘探和取样

　　岩土工程勘探是用于查明地表以下岩土体、地下水及不良地质作用的空间分布和基本特性的技术手段。勘探手段包括槽探、坑探、钻探、触探和物探等多种形式。各种勘探技术适用对象和条件不同,在工程实践中,应根据工程要求和勘探对象,在已有经验基础上合理选择。

　　取样是利用一定的技术手段,采取能满足各种特定质量要求的岩石、土及地下水试样,为岩、土及地下水的室内试验提供试件。

　　取样是在现场勘探过程中实现的。对于绝大多数岩土工程勘察,特别是在详细勘察阶段,勘探和取样是必不可少的工作环节。

　　4.岩土测试

　　岩土测试是指采用一定的技术手段直接测定岩土的物理、化学和力学性质指标,为岩土工程设计提供岩土的工程性质参数。

　　勘察期间进行的岩土测试分为室内试验和原位测试两大类。

　　室内试验是利用现场勘探过程中取得的岩、土、水试样,按照特定的技术规程,通过实验获得试验对象的相关性能指标的测试活动的总称。

　　原位测试是在岩土体所处的位置,基本保持岩土原来的结构、湿度和应力状态的情况下,对岩土体进行的现场测试。

　　岩土测试的目的是为岩土分类、岩土工程分析和评价提供必要的计算参数。

　　5.岩土工程分析评价和成果报告的编制

　　岩土工程分析评价是在收集已有相关资料、工程地质测绘及勘探与测试的基础上,结合工程特点和要求进行的分析和评价工作。岩土工程分析评价应针对特定的岩土工程问题,根据工程地质学、土力学或岩体力学、水文地质学等的相关原理和方法,通过计算分析而做出定量评价。

　　进行岩土工程分析评价前,要充分了解工程的类型、特点、荷载条件和变形控制方面的要求,掌握场地的地质背景、岩土材料的空间分布特性(空间变异性、各向异性)以及随时间的变化趋势,充分考虑当地经验和类似工程的经验。

　　进行岩土工程分析评价,要定性评价与定量评价相结合。岩土体的变形、强度和稳定性等定量评价要在场地适宜性和地质条件定性分析评价的基础上开展。

应根据岩土工程勘察等级有区别地进行岩土工程分析和评价。对于丙级的岩土工程勘察,可根据相邻工程的经验,结合获得的触探或勘探测试资料,根据工程项目需要进行比较简单的分析和评价;对于乙级的岩土工程勘察,需在详细勘察成果基础上,参考相邻工程经验,通过对勘探测试结果的统计分析,提供岩土的强度和变形参数,根据工程项目要求进行必要的岩土工程评价;对于甲级岩土工程勘察,除了一般的分析评价外,应充分了解工程特点和要求,对特定的岩土工程问题进行分析评价。对于工程建设可能面临的一些复杂问题,必要时,应通过现场模型试验,甚至足尺试验获得实测资料,或建议进行施工监测获得反映岩土性状的监测资料,通过专门研究,为工程设计和施工方案调整提供依据。

岩土工程勘察的最终成果反映在提交的岩土工程勘察报告,即在原始资料的基础上进行整理、统计、归纳、分析、评价,提出工程建议,形成系统的为工程建设服务的勘察技术文件。

应根据工程勘察的任务和要求、勘察阶段、工程项目特点和工程地质条件等具体情况,编写岩土工程勘察报告。勘察报告应资料完整,真实准确,结论有据。同时,应根据工程和场地的特点,重点突出,下结论要有明确的工程针对性。岩土工程勘察报告一般包括如下内容:

(1) 拟建设项目的工程概况;

(2) 勘察目的、任务要求和依据的技术标准;

(3) 勘察方法和勘察工作量布置及实际完成情况;

(4) 场地地形地貌、地质构造、地层及其空间分布特征、岩土性质及其均匀性;

(5) 各项岩土性质指标,岩土的强度参数、变形参数、地基承载力的建议值;

(6) 地下水埋藏条件、类型、水位及其变化情况;

(7) 土和水对建筑材料的腐蚀性;

(8) 可能影响工程稳定的不良地质作用和对工程危害的评价;

(9) 场地稳定性和适宜性评价。

根据任务需要,岩土工程勘察报告还应对岩土的利用、整治和改造方面的问题进行分析论证,宜进行不同方案的技术经济比较,提出针对性建议;对于工程施工和使用期间可能发生的岩土工程问题,提供监控和预防措施的建议。

复习思考题

1. 何谓岩土工程勘察? 岩土工程勘察包含哪些工作环节?

2. 岩土工程勘察的等级由哪些因素决定? 怎样划分岩土工程勘察的等级?

3. 岩土工程勘察的阶段划分及各阶段的目的与任务?

4. 何谓极限状态设计法? 何为容许应力法? 两者的区别和特点是什么? 有什么内在联系?

5. 岩土工程勘察报告应包括哪些内容?

第 7 章 勘探和取样

　　岩土工程勘察的目的和任务是指根据建设工程的要求,查明、分析、评价建设场地的地质环境特征和岩土工程条件,为工程建设的全过程提供服务。岩土工程勘探与取样是岩土工程勘察的核心环节,勘探用于查明地表下岩土体、地下水及不良地质作用的基本特性和空间分布;取样是在现场勘探过程中,利用一定的技术手段,采取能满足各种特定质量要求的岩、土及地下水试样,为后续室内试验测定岩、土和地下水性质服务。

　　岩土工程勘探包括钻探、物探、触探等多种类型。

　　综合起来讲,勘探的功能可概括为下列几方面:①查明地表下岩土体(层)、地下水及不良地质作用的空间分布;②查明地表下岩土体(层)的基本特性;③在勘探过程中,为采取岩、土及地下水试样提供条件;④在勘探过程中,为进行原位测试创造条件,或该勘探方法本身就是原位测试方法。

　　但是,并非每一种勘探手段都具备上述各项功能。钻探、槽探等可为取样提供条件,但各种物探方法就不具备这种功能。作为一种勘探方法,应具备查明地表下岩土体的空间分布的基本功能,即能够按照工程要求的岩土分类方法鉴定和区分岩土类别;能够按照工程要求的精度确定岩土类别发生变化的空间位置。只有同时具备这两个要素才能作为一种勘探方法,否则就不属于勘探方法。

7.1　勘探方法与要求

7.1.1　勘探方法及其分类

　　岩土工程勘探的方法多种多样,根据其功能及特点,可分为以下 4 类。

1. 直接的勘探方法

　　这类方法的特点是实现勘探方法基本功能时具有直接性。它包括井探、槽探、坑探、洞探等,可以在探井、探槽、竖井、平洞内直接观察岩土体及其分布;可以直接鉴别、量测岩土层的分层界线位置;可以为采取岩、土、水试样提供条件,尤其是在探井或探槽中可采取高质量的土试样。但井探、槽探、坑探的深度有限,主要适用于覆盖层薄或勘探深度浅的土类,且易受地下水位的影响。竖井和平洞施工的难度大、时间长、成本也比较高,主要适用于坝址、大型边坡、地下工程等大型工程的勘探工作中。

2. 钻探

　　钻探是利用钻探设备在地表以下形成钻孔,并从钻孔中取出岩土进行鉴别和划分地层。

从勘探方法来说,钻探属于半直接的勘探方法,其勘探成果的准确性和可靠性不如直接的勘探方法。钻探具有其他勘探方法无法比拟的优点:①钻探可适用于各种岩土类型;②钻探深度可满足各类工程的需要,且不受地下水位的影响;③除了用于查明地下岩土体的基本特性和空间分布外,还可查明多层地下水的分布情况;④钻孔为多种原位测试提供条件;⑤钻孔中能够采取岩、土及地下水试样。因此,钻探是岩土工程勘察中应用最广泛、最有效的一种勘探方法。

3. 触探

触探是将一定规格的特定形状的金属探头自地面起连续贯入土中,将探头贯入土中的难易程度定量化作为触探指标,根据触探指标的大小和其他相关特征来判定土的类别。由于触探在深度上是自地面起连续贯入的,可根据触探结果确定不同土类的分层界线位置。从勘探方法来说,触探属于间接的勘探方法,即根据土的力学性质及其变化来确定土层的分布。一般情况下,土的工程分类与土的力学性质有着较好的对应关系,因而触探可作为一种勘探方法。

由于在触探过程中能够测定土的力学性质,因此,触探具有勘探和原位测试双重功能。但触探主要适用于土类且不能查明地下水分布,触探过程中无法取样,也无法对土进行观察描述。当采用触探作为勘探手段时,应与钻探等其他勘探方法配合使用。触探按探头贯入方式的不同分为静力触探(压入式)和圆锥动力触探(打入式)两类。

4. 物探

物探是以地下物理场(如电场、磁场、重力场)为基础的勘探方法,全称为地球物理勘探。用于工程方面的物探方法称为工程物探。由于不同地质体物理性质上的差异直接影响特定地下物理场的分布规律,因此结合有关地质资料,通过量测、分析和研究这些物理场,可判断地层的分布和变化情况,认识地质构造、地下埋藏物以及地下水分布规律等。从勘探方法来说,物探也属于间接的勘探方法,即根据地球物理场的变化来间接确定岩土及地下水的分布。

物探具有"透视性",可简单快捷地获得有关地层岩性、地质构造、地下埋藏物的信息,且成本较低、效率较高。有些物探方法还可作为原位测试手段测得岩土层的某些物理力学性质参数。但由于岩土的空间分布与地球物理场的差异并不都具有一一对应关系,物探成果常具多解性,如果不与其他方法配合使用,容易发生误判。因而物探多作为辅助手段配合其他勘探方法使用,或主要在大型工程项目选址论证阶段使用。鉴于物探的特点,在进行工程物探成果判释时,应考虑其多解性,必要时应采用多种方法探测,进行综合判释,并应有一定数量的钻孔验证。

7.1.2　勘探的基本要求

岩土工程勘探方法的选取应符合工程勘察目的和场地(岩土)的特性。为了取得理想的技术经济效果,在参考当地已有岩土工程勘察成果基础上,宜将多种勘探手段配合使用,如钻探加触探、钻探加地球物理勘探等。

当以静力触探、圆锥动力触探作为主要勘探手段时,应与钻探等其他勘探方法配合使用。钻探和触探各有优缺点,也有互补性,两者配合使用能取得良好的效果。触探的力学分层直观而连续,但单纯的触探由于其间接性和多解性容易造成误判。若以触探为主要勘探手段,除非有经验的地区,一般均应有一定数量的钻孔配合。

　　布置勘探工作时,应考虑勘探对工程周边环境的影响,防止对地下管线、地下工程和自然环境的破坏。钻孔、探井和探槽完工后应妥善回填。如不妥善回填,可能造成对自然环境的破坏。这种破坏往往在短期内或局部范围内不易察觉,但可能会引起严重后果。因此,一般情况下钻孔、探井和探槽均应按照一定的技术要求进行回填。

　　当进行钻探、井探、槽探和洞探时,应采取有效措施,确保施工安全。

7.2　钻探

7.2.1　钻探的工艺

　　钻探是利用钻探设备在地表以下形成一直径小、深度大的圆柱状钻孔,并将钻孔中的岩土取至地面进行鉴别、描述和划分地层。钻孔的结构可用孔口、孔底、孔壁、孔深和孔径 5 个要素来说明(图 7-1)。钻孔的顶面称为孔口;底面称为孔底;侧表面称为孔壁;圆柱体的高度称为孔深;直径称为孔径。采用变径钻探时,靠近孔口的最大直径称为开孔孔径,靠近孔底的最小直径称为终孔孔径。

　　钻探的操作过程是利用机械动力或人力(人力仅限于浅部土层钻探)使钻具回转或冲击,破碎孔底岩土,并将岩土带至地面,如此不断加深钻孔,直至达到预计孔深为止。钻探的基本操作工艺包括破碎孔底岩土、提取孔内岩土和保护孔壁 3 个方面。

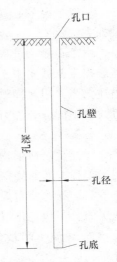

图 7-1　钻孔及其要素

　　1. 破碎孔底岩土

　　钻探首先要利用钻头破碎岩土,才能钻进一定深度。钻进效率的高低取决于岩土的性质、钻头的类型和材料以及操作方法。破碎岩土的方法有回转法、冲击法、振动法等多种。各种破碎方法的选择取决于岩土的类型和性质。

　　2. 提取孔内岩土

　　孔底岩土破碎后,被破碎的土和岩芯、岩粉等仍留在钻孔中。为了鉴定岩土和继续加深钻孔,必须及时提取、清除岩土碎屑。提取孔内岩土的方法有多种:①利用提土器,即螺纹钻头,将附在钻头及其上部的土与钻头一同提出孔外;②利用循环液输出岩粉;③利用抽筒(捞砂筒)将岩粉、岩屑或砂提取出钻孔;④取样时,利用岩芯管取芯器或取土器将岩芯或土样取出。

　　3. 保护孔壁

　　由于钻孔的形成在地下留一孔穴,破坏了原来地层的平衡条件。在松散的砂层或不稳固的地层中,易发生孔壁坍塌;而在高灵敏性的饱和软弱黏土中又易发生缩孔。因此,为了防止孔壁坍塌或发生缩孔,为了隔离含水层以及防止冲洗液漏失等,必须保持孔壁稳定。常用的护壁方法有泥浆护壁和套管护壁。由于泥浆具有胶体化学性质,在孔壁上形成泥皮,可以保护孔壁;同时由于泥浆的密度大,对孔壁的压力远大于水体的静水压力,也起到防止孔壁坍塌或缩孔的作用。套管护壁是在钻探的同时下护孔套管。套管护壁法防止孔口、孔壁坍塌的效果好,但操作麻烦、成本高。

7.2.2　钻探方法的分类与选择

根据钻探过程中破碎孔底岩土的方式不同,钻探方法可分为回转类钻探、冲击类钻探、振动钻探和冲洗钻探 4 类。

1. 回转类钻探

回转类钻探通过钻杆将旋转力矩传递至孔底钻头,同时施加一定的轴向压力实现钻进。产生旋转力矩的动力源可以是人力或机械,轴向压力则依靠钻机的加压系统以及钻具自重。根据钻头的类型和功能,回转类钻探可进一步细分为螺旋钻探、无岩芯钻探和岩芯钻探。

螺旋钻探是在钻进时将螺纹钻头旋入土层之中,提钻时把扰动土样带出地表,供肉眼鉴别及分类检验。钻杆和钻头为空心杆,在钻头上设置底活塞,可通水通气,防止提钻时孔底产生负压,造成缩孔等孔底扰动破坏。该方法主要适用于黏性土地层。

无岩芯钻探是在钻进时对整个孔底切削研磨,使孔底岩土全部被破碎,故称全面钻进。用循环液携带输出岩粉,可不提钻连续钻进,效率高,但只能根据岩粉及钻进感觉判断地层变化。该方法适用于多种土类和岩石地层。

岩芯钻探采用在钻头的刃口底部镶嵌或烧焊硬质合金或金刚石的圆环形钻头,钻进时对孔底作环形切削研磨,破碎孔底环状部分岩土,并用循环液清除输出岩粉,环形中心保留圆柱形岩芯,提取后可供鉴别和试验。岩芯钻头在结构上有单层管和双层管之分。该方法适用于多种土类和岩石。

2. 冲击类钻探

利用钻具自重或重锤,冲击破碎孔底岩土,实现钻进。根据冲击方式和钻头的类型,冲击类钻探可分为冲击钻探和锤击钻探。

冲击钻探利用钻具自重冲击破碎孔底岩土实现钻进,破碎后的岩粉、岩屑由循环液带出地面,也可采用带活门的抽筒提出地面。该方法适用于密实的土类,主要针对卵石、碎石、漂石、块石地层。冲击钻探只能根据岩粉、岩屑和钻进难易感觉判断地层变化,对孔壁、孔底扰动都比较大。当遇到回转类钻探难以奏效的粗颗粒土时,一般冲击钻探是配合回转类钻探使用。

锤击钻探利用重锤将管状钻头(砸石器)击入孔底土层中,提钻后掏出土样可供鉴别。这种钻探方法效率较低。当遇到特殊土层时,一般情况下也是配合回转类钻探使用。

3. 振动钻探

振动钻探通过钻杆将振动器激发的高速振动传递至孔底管状钻头周围的土中,使土的抗剪强度急剧降低,同时在一定轴向压力下使钻头贯入土中。该方法能取得较有代表性的鉴别土样,且钻进效率高,适用于黏性土、粉土、砂土及粒径较小的碎石土。但振动钻探对孔底扰动较大,难以采取高质量的土样。

4. 冲洗钻探

冲洗钻探通过高压射水破坏孔底土层实现钻进,土层被破碎后由水流冲出地面。这是一种简单快速、成本低廉的钻探方法,主要用于砂土、粉土和不太坚硬的黏性土。但冲出地面的粉屑往往是各土层物质的混合物,代表性较差,给土层的判断划分带来一定的困难。

除了上述主要钻探方法外,对浅部土层还可采用小口径麻花钻、小口径勺形钻或洛阳铲等钻探方法。各种钻探方法都有各自的特点和局限性,因此都有一定的适用范围,可根据岩土类别和勘察要求按表 7-1 选用。

表 7-1　　　　　　　　　　钻探方法及其适用范围

钻探方法		钻进地层					勘察要求	
		黏性土	粉土	砂土	碎石土	岩石	直观鉴别、采取不扰动试样	直观鉴别、采取扰动试样
回转	螺旋钻探	++	+	+	—	—	++	++
	无岩芯钻探	++	++	++	+	++	—	—
	岩芯钻探	++	++	++	+	++	++	++
冲击	冲击钻探	—	—	++	++	—	—	—
	锤击钻探	++	++	++	+	—	++	++
振动钻探		++	++	++	+	—	+	+
冲洗钻探		+	++	++	—	—	+	—

注:++表示适用;　+表示部分适用;　—表示不适用

在选择钻探方法时,首先应考虑所选择的钻探方法是否能够有效地钻至所需的深度,并能以一定的精度对穿过的地层鉴定岩土类别和特性,确定其埋藏深度、变层界线和厚度,查明钻进深度范围内地下水的赋存情况;其次要考虑能够满足取样要求,或进行原位测试,避免或减轻对取样段的扰动。

因此,在编制纲要时,不仅要规定孔位、孔深,而且要规定钻探方法,现场钻探应按指定的方法操作,勘察成果报告中也应包括钻探方法的说明。

7.2.3　钻探的技术要求

对于大多数工程项目的岩土工程勘察,钻探都是其基本组成部分,它不仅为工程师提供了能够亲眼鉴别、亲手触摸地表以下岩土样的机会,使准确划分土层分界线成为可能,而且还为原位测试和取样创造了必要的条件。但要想获得高质量的勘探成果,钻探应满足规定的技术要求。

1. 钻孔规格

钻探口径和钻具规格应符合现行国家及行业标准的相关规定。成孔孔径应满足取样、测试和钻进工艺的要求。采取原状土样的钻孔,孔径不得小于 91mm;仅需鉴别地层的钻孔,孔径不宜小于 36mm;在湿陷性黄土中,钻孔孔径不宜小于 150mm。

2. 钻探规定

在进行岩土工程钻探时,应严格控制非连续取芯钻进的回次进尺。在土层中采用螺纹钻头钻进时,应分回次提取扰动土样。回次进尺不宜超过 1.0m;在主要持力层中或重点研究部位,回次进尺不宜超过 0.5m,并应满足鉴别厚度小至 2cm 薄土层的要求。在水下粉土、砂土层中钻进,当土样不易带上地面时,可用对分式取样器或标准贯入器间断取样,其间距不得大于 1.0m。取样段之间可用无岩芯钻进方式通过,亦可采用无泵反循环方式用单层岩芯管回转钻进并连续取芯。在岩层中钻进时,回次进尺不得超过岩芯管长度,在软质岩层中不得超过 2.0m。钻进深度和岩土分层深度的量测精度范围应在±5cm。

对要求鉴别地层和取样的钻孔,均应采用回转方式钻进,取得岩土样品。遇到卵石、碎石、漂石、块石等类地层不适合采用回转钻进时,可改用振动回转方式钻进。对鉴别地层天然湿度的钻孔,在地下水位以上应进行干钻;当必须加水或使用循环液时,应采用双层岩芯管钻进。在湿陷性黄土中应采用螺纹钻头钻进,亦可采用薄壁钻头锤击钻进。操作应符合"分段钻进、逐次缩减、坚持清孔"的原则。

深度超过 100m 的钻孔以及有特殊要求的钻孔(包括定向钻进、跨孔法测量波速),应测斜、防斜,保持钻孔的垂直度或预计的倾斜度与倾斜方向。对垂直孔,每 50m 测量一次垂直度,每深 100m 允许偏差为±2°。定向钻进的钻孔应分段进行孔斜测量(每 25m 测量一次倾角和方位角),倾角和方位角的量测精度范围分别满足±0.1°和±3.0°。钻孔斜度及方位偏差超过规定时,应及时采取纠斜措施。

对可能坍塌的地层应采取钻孔护壁措施。在浅部填土及其他松散土层中可采用套管护壁。在地下水位以下的饱和软黏性土层、粉土层和砂层中宜采用泥浆护壁。在破碎岩层中可视需要采用优质泥浆、水泥浆或化学浆液护壁。冲洗液漏失严重时,应采取充填、封闭等堵漏措施。钻进中应保持孔内水头压力等于或稍大于孔周地下水压,提钻时应能通过钻头向孔底通气通水,防止孔底土层由于负压、管涌而受到扰动破坏。

3. 地下水位量测

初见水位和稳定水位可在钻孔、探井或测压管内直接量测。测量稳定水位的间隔时间按地层岩土的渗透性确定,对砂土和碎石土不得少于 0.5h,对粉土和黏性土不得少于 8h,并宜在勘察结束后统一量测稳定水位。水位量测读数至厘米,精度范围为±2cm。稳定水位是指钻探时的水位经过一定时间恢复到天然状态后的水位。采用泥浆钻进时,为了避免孔内泥浆的影响,需将测水管打入含水层 20cm 方能较准确地测得地下水位。

钻探深度范围内有多个含水层,且要求分层量测水位时,在钻穿第一个含水层并量测稳定水位后,应采用套管隔水,抽干钻孔内存水,变径继续钻进,再对下一个含水层进行水位量测。

4. 钻孔的记录和编录

野外记录应真实及时,按钻进回次逐段填写,严禁事后追记。现场记录不得誊录转抄,误写之处可以划去,在旁边作更正,不得在原处涂抹修改。

钻探成果可用钻孔野外柱状图或分层记录表示。岩土芯样可根据工程要求保存一定期限或长期保存,亦可拍摄岩芯、土芯彩照纳入勘察成果资料。

钻探野外记录是一项重要的基础工作,也是一项有相当难度的技术工作,因此应配备有足够专业知识和经验的人员来承担。野外描述一般以目测、手触鉴别为主,其结果往往因人而异。为实现岩土描述的标准化,如有条件可补充一些标准化、定量化的鉴别方法,将有助于提高钻探记录的客观性和可比性。这类方法包括:使用标准粒度模块区分砂土类别,用孟塞尔(Munsell)色标比色法表示颜色,用微型贯入仪测定土的状态,用点荷载仪判别岩石风化程度和强度等。

7.3 取样技术

7.3.1 土样质量等级

采取岩土试样的目的是用来进行室内试验,测定试样所代表岩土层的物理力学性质参数。如果试样的质量不能保证,即使室内试验的仪器再精密、操作方法再严格,也无法保证试验结果能真实反映原位岩土体的工程性质。因此,试样质量是工程勘察中一个非常重要的问题。要保证试样的质量,从钻探的角度就是尽可能地减小对试样的扰动。

土样质量取决于土样的扰动程度。从取样到试验的过程中,引起土样扰动的因素主要有以下几方面。

1)钻探工艺

不同的钻探方法及其操作工艺对孔底土层有着不同程度的扰动。比如冲击钻探与螺旋钻探相比,冲击钻探对土层的扰动大得多。

2)取土技术

取土技术是保证土样质量的关键技术环节。取土技术包括取土器的类型及其技术规格和取土方法及其操作工艺。

3)应力状态变化

由于原位应力的解除,土样的体积趋于膨胀,引起土样应力释放,结构受到扰动。

4)其他因素

其他因素包括化学变化,如钻孔中泥浆内的化学物质进入土样、土样暴露大气之后的氧化等;运输过程的振动、失水等;储存过程的物理、化学变化(温度、化学、生物作用等);制备土样时的切削扰动。

上述因素中,有些是可以人为控制的,如钻探方法的选择、取土器的技术规格、取土方法及其操作工艺等。所谓"人为控制的"因素是指尽可能地减小、但无法完全消除扰动。而有些因素则是无法避免的,如原位应力的解除等。因此,完全不扰动的土样实际上是不存在的,只是扰动的程度不同。所谓不扰动土样(亦称原状土样)是指尽管原位应力状态已改变,但仍基本保持了土的天然结构、天然密度和天然含水量,且能满足室内试验各项要求的土样。

不是所有的试验都要求使用不扰动土样,不同的试验对土样的扰动程度的要求是不相同的。考虑到获得扰动程度不同的土样的成本差别很大,有必要根据试验目的及试验对土样扰动程度的要求,对土试样划分质量等级。一般地,根据扰动程度将土试样分为 4 个质量等级,见表 7-2。表 7-2 中同时给出了不同质量等级的土样可满足的试验内容。

表 7-2 土试样质量等级

级 别	扰动程度	试验内容
Ⅰ	不扰动	土类定名、含水量试验、密度试验、强度试验、固结试验等
Ⅱ	轻微扰动	土类定名、含水量试验、密度试验等
Ⅲ	显著扰动	土类定名、含水量试验等
Ⅳ	完全扰动	土类定名

表 7-2 给出了土工试验内容(项目)与土试样质量等级的对应关系。从表 7-2 可以看出,强度试验、固结试验等土的力学性质试验,对土试样质量要求最高,相应的土试样质量等级为 I 级(不扰动)。密度试验属于对土样结构扰动较敏感的土的物理性质试验,进行该项试验的土试样质量等级不得低于 II 级(轻微扰动)。土的颗粒分析和液、塑限测试等土类定名试验,其测定过程本身就是对土结构的严重扰动,故该类试验对土试样质量要求最低,相应的土试样质量等级为 IV 级(完全扰动)。对土样扰动程度的划分只是定性的,并没有严格的定量标准。土试样扰动程度的鉴定方法有现场外观检查、测定土样采取率、X 射线无损检验。当然也可以采用室内试验的方法定量评价土样的扰动程度,如根据试样的应力应变关系评定或根据压缩曲线特征定义扰动指数评定等。

一般情况下,在实际工程中不太可能对所取土样的扰动程度作详细研究和定量评价。因此,划分土试样质量等级的指导思想是强调事先的质量控制,即对采取某一等级土试样所必须使用的设备技术条件和操作方法做出严格的规定,并考虑土层特点、操作水平和地区经验来判断所取土样是否达到预期的质量等级。 I 级土样不是所有情况下都能采取到的,有些土层,如饱和松散砂层,即使采用特殊的取样技术也难以取到理想的原状试样。因此,在国内的工程实践中,除地基基础设计等级为甲级的工程外,在工程技术要求允许的情况下可用 II 级土试样进行土的强度和固结试验。但宜先对土样受扰动程度进行抽样鉴定,判定土样用于试验的适宜性,并结合地区工程经验使用试验成果。

7.3.2　取土技术

取土技术包括取样方法、取样工具和操作工艺,是控制和保证土试样质量的基础。取样方法大致上可分为三大类:①探井、探坑或探槽中刻取块状土样;②利用取土器取样;③其他取样方法。不同的取样方法往往采用不同的取样工具,对应于不同的土试样质量等级,且适用于特定的土类。

1. 探井或探槽中刻取块状土样

这种取样方法几乎适用于各种土类,甚至软岩。在工程基坑开挖过程中采取块状土样就属于这种类型。严格按照取样流程和技术规定,所采取的土试样质量等级可达 I 级。取样的方法和要求如下。

探井、探槽中采取的原状土试样宜用盒装。土样容器可采用 $\phi 120mm \times 200mm$ 或 $120mm \times 120mm \times 200mm$、$\phi 150mm \times 200mm$ 或 $150mm \times 150mm \times 200mm$ 等规格。对于含有粗颗粒的非均质土,可按试验设计要求确定尺寸。土样容器宜做成装配式并具有足够刚度,避免土样因自重过大而产生变形。容器应有足够净空,使土试样盛入后四周上下都留 10mm 的间隙。

块状土试样的采取步骤依次为:①整平取样处的表面;②按土样容器净空轮廓,除去四周土体,形成土柱,其大小比容器内腔尺寸小 20mm;③套上容器边框,边框上缘高出土样柱约 10mm,然后浇入热蜡液,蜡液应填满土样与容器之间的空隙至框顶,并与之齐平,待蜡液凝固后,将盖板用螺钉拧上;④挖开土样根部,使之与母体分离,再颠倒过来削去根部多余土料至低于边框约 10mm,再浇满热蜡液,待凝固后拧上底盖板。

2. 利用取土器取样

利用各类取土器取样是岩土工程勘察中最常用、最主要的取样方法。根据取土器入土方式的不同,取样方法可分为贯入方法和回转方法。不同方法采用不同类型的取土器,所适用的土类也有区别。回转型取土器主要用于较硬的黏性土、粉土、砂土及部分碎石土,所采取的土试样质量等级可达Ⅰ级。贯入型取土器中的薄壁取土器主要适用于较软的黏性土,采取的土试样质量等级可达Ⅰ级;贯入型厚壁取土器适用的土类较广泛,在国内的应用仍然很广泛,但所采取的土试样质量等级至多只能达到Ⅱ级。

贯入型取土器的贯入方法,传统上有压入法和锤击法。实际工程用得较多的是重锤少击法。由于锤击法在取样过程中对土样的扰动较大,土样的质量不易控制,因此采取土试样时宜用快速静力连续压入法。

3. 其他取样方法

其他取样方法包括:采用螺纹钻头从地下带出扰动土样,主要适用于黏性土及部分粉土等;采用岩芯钻头提取土芯;在标准贯入试验过程中,利用中空对开的贯入器带出土芯。这类土样由于所受的扰动比较严重,土试样质量等级至多能达到Ⅲ级、甚至只有Ⅳ级。这类土样主要供现场勘探时鉴定、描述土类及其特征,亦可用于土类定名试验。

取土器是取样技术的核心组成部分。在工程勘察实践中,应根据勘探土层的类别,满足土工试验对土试样质量等级的要求,合理选择取样工具的类型和技术规格。表7-3给出了不同等级土样的取样工具及其适用的土类。

表 7-3　　　　　　　　不同等级土样的取样工具与适用土类

土试样质量等级	取样工具和工艺	适用土类										
		黏性土					粉土	砂土				砾砂、碎石土、软岩
		流塑	软塑	可塑	硬塑	坚硬		粉砂	细砂	中砂	粗砂	
Ⅰ	薄壁取土器　固定活塞	++	++	+	-	-	+	-	-	-	-	-
	水压固定活塞	++	++	+	-	-	+	-	-	-	-	-
	自由活塞	-	+	++	+	-	+	+	-	-	-	-
	敞口	+	+	+	-	-	+	+	-	-	-	-
	回转取土器　单动三重管	-	+	++	++	+	++	++	++	-	-	-
	双动三重管	-	-	-	+	++	-	-	-	++	++	+
	探井(槽)中刻取块状土样	++	++	++	++	++	++	++	++	++	++	++
Ⅱ	薄壁取土器　水压固定活塞	++	++	+	-	-	+	+	-	-	-	-
	自由活塞	+	++	++	-	-	+	+	-	-	-	-
	敞口	++	++	++	-	-	+	+	-	-	-	-
	回转取土器　单动三重管	-	+	++	++	+	++	++	++	-	-	-
	双动三重管	-	-	-	+	++	-	-	-	++	++	++
	厚壁敞口取土器	+	+	+	+	+	+	+	+	+	+	-
Ⅲ	厚壁敞口取土器	++	++	++	++	++	++	++	++	++	+	-
	标准贯入器	++	++	++	++	++	++	++	++	++	++	-
	螺纹钻头	++	++	++	++	++	++	-	-	-	-	-
	岩芯钻头	++	++	++	++	++	++	+	+	+	+	++
Ⅳ	标准贯入器	++	++	++	++	++	++	++	++	++	++	-
	螺纹钻头	++	++	++	++	++	++	-	-	-	-	-
	岩芯钻头	++	++	++	++	++	++	+	+	+	+	++

注:① ++表示适用;+表示部分适用;-表示不适用;②采取砂土试样应有防止试样失落的补充措施;③有经验时,可用束节式取土器代替薄壁取土器

7.3.3　取土器的技术参数

取土器的技术参数是影响土样质量的重要因素之一。这些技术参数包括取土器直径、取土器长度、面积比、内间隙比、外间隙比、刃口角度等,如图 7-2 所示。

面积比、内间隙比和外间隙比的定义如下:

面积比 c_a

$$c_a = \frac{D_w^2 - D_e^2}{D_e^2} \times 100\% \qquad (7\text{-}1)$$

内间隙比 c_i

$$c_i = \frac{D_s - D_e}{D_e} \times 100\% \qquad (7\text{-}2)$$

外间隙比 c_0

$$c_0 = \frac{D_w - D_t}{D_t} \times 100\% \qquad (7\text{-}3)$$

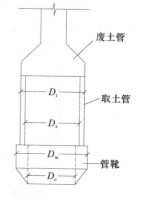

图 7-2　取土器结构示意图

式中,D_w,D_e,D_s 和 D_t 分别为取土器管靴外径(无管靴时,为取土器外径)、取土器管靴内径(刃口内径)、取土筒内径和取土筒外径(参见图 7-2)。从式(7-1)—式(7-3)可知,当 c_a 越大,则表明取土器管靴的外径与内径差距越大,取土过程中排除的土越多,对土样的扰动也越大。c_i 和 c_0 应该取合适的值,不宜过大或过小。贯入型取土器技术参数应符合表 7-4 的规定。回转型取土器技术参数应符合表 7-5 的规定。

表 7-4　　　　　　　　　　　　　　贯入型取土器技术参数

取土器参数	厚壁取土器	薄壁取土器		
		敞口自由活塞	水压固定活塞	固定活塞
面积比/%	13～20	≤10	10～13	
内间隙比/%	0.5～1.5	0	0.5～1.0	
外间隙比/%	0～2.0	0		
刃口角度/(°)	<10	5～10		
长度/mm	400,550	对砂土:(5～10)倍刃口内径; 对黏性土:(10～15)倍刃口内径		
外径/mm	75～89,108	75,100		
衬管	整圆或半合管,塑料、酚醛层压纸或镀锌铁皮制成	无衬管,束节式取土器衬管同左		

表 7-5　　　　　　　　　　　　　　回转型取土器技术参数

取土器类型		外径/mm	土样直径/mm	长度/mm	内管超前	说　明
双重管 (加内衬管 即为三重管)	单动	102	71	1500	固定 可调	直径尺寸可视材料规格稍作变动,但土样直径不得小于71mm
		140	104			
	双动	102	71	1500	固定 可调	
		140	104			

7.3.4　取土器的类型

取土器的种类很多。除了按取土器入土方式将取土器分为贯入型和回转型外,在实践中又根据其技术参数和特点把取土器进行了细分。贯入型取土器按壁厚可分为厚壁取土器和薄壁取土器两类。回转型取土器按内管是否回转可分为单动三重(或二重)管式和双动三重(或二重)管式。

1. 厚壁取土器

传统上使用最广泛的取土器为对开敞口式厚壁取土器。取土管为两个对开的半圆管,上部用丝扣与余土管连接,下端与管靴连接,内装的衬管大多使用镀锌铁皮。拆卸取土管时,只要将余土管及管靴拧下,即可将对开管分开,取出盛满土样的衬管,在两端加盖密封。取土器上部有密封装置,其功能为当土样进入取土管时,土样上部的水、气、泥可以自由排出;当取土器上提时,自行封闭密封,防止土样滑落。这类取土器结构简单、操作方便,但与高质量的取土器相比,性能较差,最理想的情况下所取土样的质量等级至多只达到Ⅱ级,故不能视为高质量的取土器。

2. 薄壁取土器

对于薄壁取土器,按取样管内有无活塞分为活塞式取土器和敞口式取土器。其中活塞式取土器又按活塞的结构可分为固定活塞式、水压固定活塞式和自由活塞式多种。

1) 敞口式薄壁取土器

这种薄壁取土器称为谢尔贝(Shelby)管。它是一个带刃口的薄壁开口圆筒形管,壁厚仅 $1.25\sim2.0$ mm,上端用螺丝与钻杆连接。取土器上部设有排气(水)孔和一个球形阀,以便在取样时可以释放气、水压力,阻挡水的重新进入,并在上提时使土样上方保持密封。取土器的结构简单,所取土样的质量等级可达Ⅰ级。但因壁薄,不能在坚硬的和密实的土层中使用。

2) 固定活塞式薄壁取土器

这种取土器是在敞口式薄壁取土器内增加一个活塞及与之连接的活塞杆,活塞杆穿过取土器顶部并沿钻杆的中心延伸至地面。下放取土器时,将活塞置于取土器刃口端部,使活塞杆与钻杆同步下放。到达取土深度后,在地面固定活塞杆与活塞的位置,再通过钻杆压入取样管进行取样。在取土过程中,活塞的位置沿深度是固定不变的,故称为固定活塞式。固定活塞式取土器的取土质量很高,且对于非常软弱的饱和软土,也能取上土样。其不足之处在于钻杆内还穿有活塞杆,两套杆件系统接卸操作费事,工效不高。

为了提高取土样的功效,人们对固定活塞式薄壁取土器进行了改进,去掉了连至地面的活塞延伸杆,设置了上下两个活塞,下活塞为固定活塞,上活塞为可动活塞。下放取土器达取样深度后,将钻杆(连同下活塞及取土器外管)固定,通过钻杆施加水压,推动上活塞连同取样管向下贯入取样,所以,改进后的固定活塞式薄壁取土器被称为水压固定活塞式薄壁取土器,国外以其发明者命名为奥斯特伯格(Osterberg)型取土器。由于加压及活塞系统锚固力的限制,一般只适用于采取较软的土样。

3) 自由活塞式薄壁取土器

将固定活塞式的活塞延伸杆去掉,仅保留由活塞通向取土器顶部的一段。不能在地面固定活塞,只能用置于取土器顶部的锥卡来限制活塞的反向位移。取样时,土样进入取样管将活塞顶起,故称为自由活塞。这种取土器结构和操作均较简单,但土样上顶活塞受到一定的压缩扰动,取样质量不如固定活塞式和水压固定活塞式。

3. 束节式取土器

这是综合厚壁和薄壁取土器的优点而设计的一种取土器。将厚壁取土器下端刃口段改为薄壁管,此段薄壁管的长度一般不应短于刃口直径的 3 倍,可以大大减轻厚壁取土器面积比大的不利影响,使土样质量达到或接近Ⅰ级。

4. 单动三重(或二重)管取土器

这种取土器类似岩芯钻探中的双层岩芯管。取样时外管旋转、内管不动,故称单动。如在内管内再加衬管,则成为三重管。代表性型号为丹尼森(Denison)型取土器,其内管一般与外管齐平或稍超前于外管,内管容纳土样、并保护土样不受循环液的冲蚀。与岩芯钻探一样,回转型取土器取样时也需要使用循环液,循环液通过钻杆送入取土器上部,经内外管之间的环形间隙进入取土器底部,然后沿取土器外壁向上,将切出的土屑输送至地面。内管稍超前于外管,能对土样起一定的隔离保护作用。这种型号的取土器主要用于中等以及较硬的土层。皮切尔(Pitcher)型取土器为丹尼森型取土器的改进型,其特点是内管刃口的超前长度可通过一个竖向调节弹簧按土层软硬程度自动调节。当土质硬时,弹簧压缩量大,内管相对于外管后退;当土质较软时,弹簧压缩量小,内管伸长。这种取土器对软硬交替的成层土取样尤为适用。

5. 双动三重(或二重)管取土器

这种取土器与单动管取土器的不同之处在于取样时内管(取样管)与外管同时回转,因此可切削进入坚硬的地层。当遇坚硬地层,单动管取土器不易贯入时才采用双动管取土器。由于内管回转会产生较大的扰动影响,双动管取土器也只适用于坚硬黏性土、密实砂砾以至软岩。

7.3.5　采样的技术要求

在勘探过程中,为满足岩土工程设计计算和分析评价的需要,应按照一定的技术要求采取岩、土、地下水试样,以满足室内测试的要求。

1. 采取土样的技术要求

为了保证取土质量,在钻孔中采取Ⅰ级、Ⅱ级土试样时,应满足下列技术要求:

(1) 在软土、砂土中宜采用泥浆护壁;如使用套管,应保持管内水位等于或稍高于地下水位,取样位置应低于套管底 3 倍孔径的距离;

(2) 采用冲洗、冲击、振动等方式钻进时,应在预计取样位置 1m 以上改用回转钻进;

(3) 下放取土器前应仔细清孔,清除扰动土,孔底残留浮土厚度不应大于取土器废土段长度(活塞取土器除外);

(4) 采取土试样宜用快速静力连续压入法。

对于易于扰动的砂土层中采取Ⅰ级、Ⅱ级试样时,还可按相关技术要求采用原状取砂器取样。

在钻探过程中取得的Ⅰ级、Ⅱ级、Ⅲ级土试样,应妥善密封,防止湿度变化,严防曝晒或冰冻。在运输中应避免振动,保存时间不宜超过 3 周。对易于振动液化和水分离析的土试样宜就近进行试验。

2. 满足腐蚀性评价的水、土取样技术要求

当有足够经验或充分资料,认定工程场地的水、土对建筑材料不具有腐蚀性时,可不取样进行腐蚀性评价。否则,应取水试样或(和)土试样进行试验,并评定其对建筑材料的腐蚀性。采取水试样应满足如下技术要求:

(1) 水试样的采取和试验项目应符合水的腐蚀性试验的规定;

(2) 水试样应能代表天然条件下的水质情况;

(3) 取水容器要洗净,取样前应用水试样的水对水样瓶反复冲洗三次;

(4) 简分析的水样应不少于100mL,分析侵蚀性二氧化碳的水样应不少于500mL,并加大理石粉2~3g;全分析的水样至少取300mL;

(5) 采取水样时,应将水样瓶沉入水中预定深度缓慢将水注入瓶中,严防杂物混入,水面与瓶塞间要留1cm左右的空隙;

(6) 水样采取后要立即封好瓶口,贴好水样标签,及时送化验室;

(7) 水试样应及时试验,清洁水放置时间不宜超过72h,稍受污染的水不宜超过48h,受污染的水不宜超过12h。

除了应采取地下水试样外,当混凝土或钢结构处于地下水位以下时,还应取得地下水位以上的土试样,并分别对水样和土样作腐蚀性试验;当混凝土或钢结构处于地下水位以上时,应采取土试样作土的腐蚀性试验。

7.4 其他勘探方法简介

7.4.1 井探、槽探和洞探

当不具备钻探作业条件,或者用钻探方法难以准确查明地表下地层或构造等条件时,常采用井探、槽探和洞探的勘探方法。这类勘探作业可根据岩土条件采用人工挖掘或爆破法形成。在进行勘探作业时,务必做好安全生产技术措施,不仅满足勘探的技术要求,同时要保证人身安全。

1. 井探

利用探井进行勘探的方法称为井探。探井的种类可根据开口形状分为圆形、椭圆形、方形和长方形等。圆形探井在水平方向上能够承受较大的侧压力,比其他形状的探井更安全。矩形断面则较便于人力挖掘。当岩性较松软、井壁易坍塌时需采取支护措施。探井的平面面积不宜太大,一般以便于操作和取样即可。当探井较深时,其直径或边长应适当加大。

井探方法能在探井中直接观察岩土体及其分布,详细描述岩土特性和分层情况,可以直接量测岩土层的分层界线位置,并且在探井中可以采取高质量的土样。因此,在地质条件复杂地区和一些特殊性岩土地区(如湿陷性土、膨胀岩土、风化岩和残积土地区)进行勘探和取样,常需布置适量探井。但井探具有速度慢、劳动强度大和安全性差等缺点。

2. 槽探

利用探槽进行勘探的方法称为槽探。探槽一般用锹、镐挖掘,当遇大块碎石、坚硬土层或风化基岩时,亦可采用爆破法。探槽的挖掘深度较浅,一般在覆盖层小于3m时使用,其长度系根据所了解的地质条件和需要决定,宽度和深度则根据覆盖层的性质和厚度决定。当覆盖层较厚,土质较软易塌时,挖掘宽度需适当加大,甚至侧壁需挖成斜坡形。当覆盖层较薄,土质密实时,宽度亦可相应减小至便于工作即可。

探槽一般适用于了解覆盖层厚度、地质构造线位置、断层破碎带宽度、不同地层岩性的分界线、岩脉宽度及其延伸方向等,也可在探槽中采取岩石试样和质量较高的土试样。

　　3. 竖井和平洞

竖井和平洞一般在岩层中采用爆破法掘进,主要用于大坝坝址、大型地下工程、大型边坡等大型工程的勘察。竖井深度可达数十米。平洞可以从山坡向山体内水平或斜向掘进,也可从竖井底部向水平方向掘进。竖井和平洞的施工方法、施工设备以及支护、排水、通风等技术措施都比较复杂,费用高昂,故勘探前应制定周密的计划。

7.4.2　井探、槽探和洞探的技术要求

井探、槽探和洞探作为岩土工程勘探的重要补充手段,在揭示地下岩土层接触关系、构造带位置、破碎带、透水带、剪切带等对工程成功与安全运营、岩土治理成败起关键作用的因素方面发挥着重要作用。为了达到预期的勘探目的,保证安全,进行这类勘探作业时应按照一定的技术要求进行。

(1)探井断面可用圆形或矩形。圆形探井直径可取 0.8～1.0m,矩形探井可取 0.8m×1.2m。根据土质情况,也可适当放坡或分级开挖。

(2)探井、探槽的深度不宜超过 20m,且探井的深度不宜超过地下水位。掘进深度超过 10m,应考虑向探井、槽底部通风。遇大块孤石或基岩,用一般方法不能掘进时,可采用控制爆破方式掘进。

(3)土层易坍塌、又不允许放坡或分级开挖时,对井、槽壁应设支撑保护。根据土质条件可采用全面支护或间隔支护。全面支护时,应每隔 0.5m 及在需要着重观察部位留下检查间隙。

(4)探井、探槽开挖过程中的土石方必须堆放在离井、槽口边缘较远的地方,防止土石塌落、滚落入探井槽内。雨季施工应在井、槽口设防雨棚、开排水沟,防止地面水及雨水流入井、槽内。

(5)对探井、探槽和探洞除文字描述记录外,尚应以剖面图、展开图等方式反映井、槽、洞壁和底部的岩性、地层分界、构造特征、取样和原位试验位置,并辅以代表性部位的彩色照片。

(6)勘探作业完成后,应选择合适的填料对探井、探槽和探洞进行分层回填。一般可用开挖出的土料作为回填材料,应分层夯实,密实度不应低于天然土层。临近堤防的勘探孔洞,应采用特殊防渗措施,如采用黏土球作为回填材料,或采用水泥浆、膨润土泥浆灌注回填。

7.4.3　工程物探简介

工程物探在现代岩土工程勘察中的应用越来越广泛,也受到人们越来越多的关注。工程物探种类很多,内容丰富,因此将在专门课程中讲授物探的原理和技术,本书仅做简介。

在岩土工程勘察实践中,在下列方面可发挥地球物理勘探的优势,达到更合理的技术经

济效果。

（1）作为钻探的先行手段，了解隐蔽的地质界线、界面或异常点；

（2）在钻孔之间增加地球物理勘探点，为钻探成果的内插、外推提供依据；

（3）作为原位测试手段，测定岩土体的波速、动弹性模量、动剪切模量、卓越周期、电阻率、放射性辐射参数、土对金属的腐蚀性等。

当应用地球物理勘探方法时，应具备下列条件：

（1）被探测对象与周围介质之间有明显的物理性质差异；

（2）被探测对象具有一定的埋藏深度和规模，且地球物理异常有足够的强度；

（3）能抑制干扰，区分有用信号和干扰信号；

（4）有代表性地段进行方法的有效性试验。

工程物探的方法种类繁多，其基本原理和适用范围（对象）各异。进行地球物理勘探，应根据探测对象的埋深、规模及其与周围介质的物性差异，选择有效的方法。这里简单介绍常用物探方法的基本原理，详细内容请参考专门书籍。

1. 电法

电法分为电位法和电阻率法等。

（1）电位法。岩（土）层具有电阻，当电流通过时，两点之间就会产生一定的电位差。由于不同岩层或同一岩层存在成分和结构等不同，具有不同的电阻率，固定点和不同测量点之间的电位也就不同。因此，使用一个固定电极和一个流动电极，将固定电极布于测试区域内某一固定点上，用流动电极沿线逐渐移动，观测各移动点相对于固定点电位的变化，从而了解岩土层的分布和地质构造、地下水分布等情况。

（2）电阻率法。不同岩（土）层或同一岩（土）层由于成分和结构等不同，因而具有不同的电阻率。将直流电通过接地电极供入地下，建立稳定的人工电场，在地表观测某点垂直方向或某剖面的水平方向的电阻率变化，从而了解地质构造特点或岩（土）层的分布特征。

2. 电磁法

电磁法可分为频率测深法、电磁感应法、地质雷达、电磁波法等。

（1）频率测深法。由于岩石感应作用，交变电磁场在地下的分布情况随频率而变化。频率低、向地下穿透深，反映深部地层情况；频率高、穿透浅，反映浅部地层情况。因此，只要改变电磁场的频率就可以反映出不同深度的地质情况。频率测深法是通过改变交变电磁场的频率来控制探测深度，找出岩土层电阻率随深度的变化情况，借以判释地层分布及地质构造。

（2）电磁感应法。该法是在地面上用人工方法产生一个交变电磁场，向下传播，称一次场。当地下有导体时，受到感应，感应电流又产生一交变电磁场传回地面，称二次场，它与一次场的频率相同。根据需探测的地质体和围岩之间导电性、导磁性的差异，应用电磁感应原理，观测二次场或一次场与二次场叠加后形成的总场强度、方向、空间分布规律和随时间变化的特性来解释地质问题。

（3）地质雷达。地质雷达沿用对空雷达的原理，发射机以脉冲形式发射电磁波，一部分沿着空气和介质（如岩石）的分界面传播，经过时间 t_c 后到达接收天线，为接收机所接收，称为直达波；另一部分传入介质中，在介质中若遇电性不同的另一介质体（如其他岩层、洞穴等）时发生反射和折射，经 t_s 时间后反射波被接收机所接收，称为回波。直达波比回波的行程短、速度快,因而最早到达接收天线。根据接收到的两种波及其传播时间,从而判断特定介质体的存在并估算其埋藏深度。

(4) 电磁波法。即为无线电波透视法。这是利用不同电性的岩(土)对电磁波的吸收存在差异的特点进行探测的物探方法。当地质体的电性与围岩差异较大时,通过它们的电磁能的衰减亦明显不同。良导体对电磁能强烈地吸收,对无线电波起屏蔽作用。因此,如果在电磁波发射与接收之间出现良导体,则接收信号大大减弱,甚至接收不到,形成所谓的阴影区。从不同角度和方向发射和接收无线电波,可以得到不同的阴影区,从而判释出该地质体存在的位置和形状。

3. 地震波法

由于岩(土)的弹性性质不同,弹性波在其中的传播速度也不同。利用这种差异,通过人工激发的弹性波在地下传播的特点即可判定地层岩性、地质构造等。地震波法可分为折射波法、反射波法、直达波法及瑞雷波法等。

(1) 折射波法。折射波法是指弹性波从震源向地层中传播,遇到性质不同的地层界面时,发生折射。根据测得的折射时距曲线推求岩土层界面等地质特征。

(2) 反射波法。反射波法是指弹性波从震源向地层中传播,遇到性质不同的地层界面时,产生反射,根据测得的反射时间就可推求出所需探测界面的深度。

(3) 直达波法。由震源直接传播到接收点的波称为直达波,利用直达波的时距曲线可求得直达波速,从而计算土层动力参数。直达波法可作为原位测试手段,测定岩土体的波速,并评定动弹性模量、动剪切模量。

4. 声波法

声波法包括声波探测、声纳浅层剖面法。其中声波探测是弹性波探测技术中的一种,它是利用频率为数千赫兹到 2 万 Hz 的声频弹性波通过岩(土)体,测定岩(土)体中波速和振幅的变化,从而解决某些工程地质问题。

5. 地球物理测井

地球物理测井包括放射性测井、电测井、电视测井等。

(1) 放射性测井。放射性测井又称核测井。它是利用元素的核性质一般不受温度、压力、化学性质等外界因素的影响,γ 射线及中子流具有较强穿透能力的特性,采用 γ 探测器不断地接收来自相应深度地层的 γ 射线,并使之转变成电脉冲输出,并经电子线路放大,整形后通过电缆传到地面,得到 γ 测井曲线,用来探测地层。

(2) 电测井。不同的地层具有不同的电阻率和自然电场。电测井就是在井孔中利用电法勘探方法测量井、孔壁剖面的电阻率或自然电位,从而确定井孔的地质剖面。电测井的主要方法有电阻率法测井和自然电位测井。

(3) 电视测井。电视测井产生电视图形的能源有多种,一般有普通光源测井和超声波电视测井。以普通光源为能源的电视测井,它是利用日光灯光源为能源,投射到孔壁,再经平面镜反射到照相镜头来完成对孔壁的探测。利用超声波为能源,在孔中不断向孔壁发射超声波束,接收从井壁反射回来的超声波,来完成对孔壁的探测为超声波能源测井。

6. 重力勘探

组成地壳的各种岩石之间具有密度差异,使地球的重力场发生局部变化,而引起重力异常。重力勘探是通过测定地球表面重力的变化来认识地质问题。

7. 磁法勘探

地下岩（土）体或地质构造受地磁场磁化后，在其周围空间形成并叠加在地磁场上的次生磁场。通过测定地壳中的需测定体在地磁场的磁化作用下引起的磁性差异来确定断层的存在或探测地下金属目标物。

在进行地球物理勘探，及应用地球物理勘探成果时，应考虑其多解性，区分有用信息与干扰信号。同时，应根据工程需要采用多种方法进行探测，综合判释，并应有已知物探参数或一定数量的钻孔验证。

复习思考题

1. 试说明岩土工程勘探的功能。只有满足哪些要素，才能称为一种勘探方法？
2. 勘探方法的分类及其优缺点？勘探的基本要求是什么？
3. 何谓钻探？钻探的基本操作工艺有哪些？什么情况下需要套管护壁？
4. 钻探方法的分类及相关技术要求是什么？
5. 何谓不扰动土样？引起土样扰动的因素主要有哪些？为什么说完全不扰动土样实际上是不存在的？
6. 请给出土样的质量等级划分及其对应的可满足的试验内容。
7. 取样方法（或取土器）的分类及其适用的土类和对应土样的质量等级？

第8章 原位测试

8.1 概述

顾名思义,原位测试是指在被测试对象的原始位置,在基本不破坏、不扰动或少扰动被测试对象的天然状态的情况下,通过试验手段测定特定的物理量,进而评价被测试对象的状态和性能的现场试验方法。从广义上讲,原位测试应包括原位检测和原位试验两部分;从狭义上讲,原位测试则是岩土工程勘察与地基评价的重要手段之一,即采用特定的试验手段在天然状态(天然应力、天然结构和天然含水量)下测试岩土的反应或一些特定的物理量,进而依据理论分析或经验公式评定岩土的工程性能和状态。原位测试技术是岩土工程的一个重要分支,它不仅是岩土工程勘察的重要组成部分和获得岩土体设计参数的重要手段,而且是岩土工程施工质量检验的主要手段,并可用于施工过程中岩土体物理力学性质及状态变化的监测。

在岩土工程勘察与地基评价中,常用的原位测试技术方法包括:

(1)载荷试验。载荷试验用于测定承压板下应力主要影响范围内岩土的承载能力和变形特性。

(2)触探试验。触探试验包括静力触探和圆锥动力触探试验。触探试验通过将一定规格的圆锥形探头压入或贯入土中,量测土体对探头的反应(阻力),然后间接地测定和评价土的工程力学性能参数。从试验原理上,标准贯入试验应归入触探试验,但其探头与圆锥动力触探存在明显差异。

(3)剪切试验。剪切试验包括十字板剪切试验和直接剪切试验。十字板剪切试验用于测定饱和软黏性土的不排水抗剪强度和土的灵敏度;直接剪切试验用于评定岩土体本身、岩土体沿软弱结构面和岩土体与其他材料接触面的抗剪强度的试验方法。

(4)侧胀试验。侧胀试验包括旁压试验和扁铲侧胀试验。通过量测土体在侧向压力作用下一定位移时所施加的压力(扁铲侧胀试验),或一定压力下土体的侧向位移(旁压试验),主要用于评定土体的侧向变形性能,如静止侧压力系数、侧向基床系数等。

(5)动力参数测试。动力参数测试包括声波及弹性波波速测试和激振法测试。声波及弹性波波速测试通过量测波在岩土体内的传播速度,进而测定岩土体的弹性性质和动力参数;激振法测试用于测定地基的动力特性,为动力基础设计提供参数。

原位测试的目的在于获得有代表性的、能够反映岩土体现场实际状态下的岩土参数,认识岩土体的空间分布特征和物理力学特性,为岩土工程设计提供设计参数。这些参数包括以下几类。

(1)岩土体的空间分布几何参数(如土层厚度);

（2）岩土体的物理参数和状态参数（如土的容重和粗颗粒土的密实度）；

（3）岩土体原位初始应力状态和应力历史参数（如静止侧压力系数和超固结比）；

（4）岩土体的强度参数；

（5）岩土体的变形性质参数；

（6）岩土体的渗透性质参数（如固结系数和渗透系数）。

在岩土工程勘察和地基评价中，原位测试与室内试验各具特点，二者相辅相成；见表8-1。

表 8-1   原位测试与室内试验对比

要素	原位测试	室内土工试验
试验对象	① 测定土体范围大，能反映微观、宏观结构对土性的影响，代表性好。 ② 对难以取样的土层仍能试验。 ③ 对试验土层基本不扰动或少扰动。 ④ 有的能给出连续的土性变化剖面，可用以确定分层界线。 ⑤ 测试土体边界条件不明显	① 试样尺寸小，不能反映宏观结构、非均质性对土性的影响，代表性较差。 ② 对难以或无法取样的土层无法试验，只能人工制备土样进行试验。 ③ 无法避免钻进取样对土样的扰动。 ④ 只能对有限的若干点取样试验，点间土样变化是推测的。 ⑤ 试验土样边界条件明显
应力条件	① 基本上在原位应力条件下进行试验。 ② 试验应力路径无法很好控制。 ③ 排水条件不能很好控制。 ④ 试验时应力条件有局限性	① 在明确、可控制的应力条件下进行试验。 ② 试验应力路径可以事先预定。 ③ 能严格控制排水条件。 ④ 可模拟各种应力条件进行试验
应变条件	应变场不均匀；应变速率一般大于实际工程条件下的应变率	试样内应变场比较均匀；可以控制应变速率
岩土参数	反映实际状态下的基本特性	反映取样点上，在室内控制条件下的特性
试验周期	周期短，效率高	周期较长，效率较低

各种原位测试方法都有其自身的适用性，表现在一些原位测试手段只能适应于一定的地基条件，而且在评价岩土体的某一工程性能参数时，有些能够直接测定，而有些参数只能通过经验积累间接估算。

在进行原位测试以及对原位测试结果进行岩土工程评价时，应注意测试手段和经验公式对地基条件的适用性。一种原位测试方法一般只适用于一定的地基条件（如土类及其结构性），即一种原位测试技术都有其自身的使用条件和应用范围；依据测试结果获取土性参数的经验公式一般都建立在一定的地区经验之上，不能生搬硬套。

8.2 载荷试验

载荷试验是在现场用一个刚性承压板，通过分级加荷，测定天然地基的沉降随荷载的变化，借以确定天然地基承载力、评价试验影响深度范围内地基土的力学性能的现场试验。载荷试验的承压板形式和设置深度可以不同,根据承压板的设置深度及特点,可分为浅层、深层平板载荷试验和螺旋板载荷试验。其中浅层平板载荷试验适用于浅层地基土;深层平板载荷试验适用于埋深等于或大于 3.0m 和地下水位以上的地基土,也可用于确定深部(通过开挖)地基土层及大直径桩桩端土层在承压板应力主要影响范围内的承载力;螺旋板载荷试验适用于深层地基或地下水位以下的土层。

载荷试验不仅可以用于岩土工程勘察和地基评价,在桩基承载力评价和人工地基检验中也得到广泛应用。本节重点介绍工程勘察中最为常用的浅层平板载荷试验,适用于地表浅层各类地基土,包括各种填土和含碎石的土。

8.2.1　载荷试验的基本原理

浅层平板载荷试验实际上是模拟建筑物地基在受垂直荷载条件下工程性能的一种现场模型试验。在拟建建筑场地上将一定尺寸和几何形状(方形或圆形)的刚性板,安放在被测的地基持力层上,逐级增加荷载,并测得相应的稳定沉降,直至达到地基破坏标准,由此可得到荷载 p-沉降 s 曲线(即 p-s 曲线)。典型平板载荷试验的 p-s 曲线可以划分为三个阶段,如图 8-1 所示。

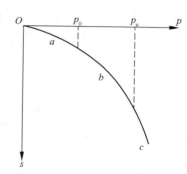

图 8-1　平板载荷试验 p-s 曲线

从图 8-1 可以看出,a 段为直线变形阶段,p-s 呈线性关系,对应于此线性段的最大压力 p_0 称为比例界限;

b 段为剪切变形阶段,荷载大于 p_0 而小于极限压力 p_u 时,p-s 关系由直线变为曲线关系,曲线的斜率逐渐变大;

c 段为破坏阶段,荷载大于极限压力 p_u,即使荷载维持不变,沉降也会持续发展或急剧增大,始终达不到稳定标准。

载荷试验所得到的荷载 p 与相应的地基沉降 s 的 p-s 曲线直接反映了载荷板下影响深度范围内岩土体所处的应力状态。在直线变形阶段,受荷土体中任意点产生的剪应力小于土体的抗剪强度;土的变形主要由土中孔隙的压缩引起,土体变形主要是竖向压缩,并随时间逐渐趋于稳定。在剪切变形阶段,p-s 关系曲线的斜率随压力 p 的增大而增大,土体除了产生竖向压缩变形之外,在承压板的边缘已有小范围内土体承受的剪应力达到或超过了土的抗剪强度,并开始向周围土体发展;该阶段的土体变形包括土体的竖向压缩和土体的剪切变形。在破坏阶段,即使荷载不再增加,承压板仍会不断下沉,土体内部开始形成连续的剪切破坏面,在承压板周围土体发生隆起及环状或放射状裂隙,此时在滑动土体的剪切面上各点的剪应力均达到或超过土体的抗剪强度。

对于载荷试验的直线变形阶段,可以近似用弹性理论分析压力与变形之间的关系。对于各向同性弹性半无限空间,由弹性理论可知,刚性承压板作用在弹性半空间表面或近地表时,土的变形模量为

$$E_0 = I_0 I_1 K (1-\mu^2) b \qquad (8-1)$$

式中　b——承压板直径或方形承压板边长,m;

$\quad\quad I_0$——压板位于半空间表面的影响系数,对于圆形刚性板,$I_0 = \pi/4 = 0.785$;对于方形承压板,$I_0 = 0.886$;

I_1——承压板埋深 z 时的修正系数,当 $z<b$ 时,$I_1 \approx 1-0.27b/z$;当 $z>b$ 时,$I_1 \approx 0.5+0.23b/z$;

K——p-s 关系曲线直线段的斜率,kN/m^3;

μ——土的泊松比。

8.2.2 试验所用的仪器设备

载荷试验的试验设备由加载系统、反力系统和量测系统三部分组成,参见图8-2。

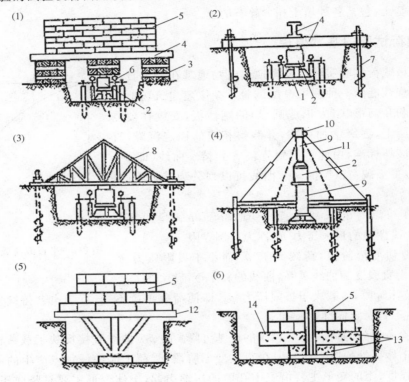

1—承压板;2—千斤顶;3—木跺;4—钢梁;5—钢锭;6—百分表;7—地锚;8—桁架

9—立柱;10—分力帽;11—拉杆;12—载荷台;13—混凝土板;14—测点

图 8-2 常见的载荷试验反力与加载布置方式

1. 加载系统

加载系统包括承压板和加载装置。承压板的功能类似于建筑物的基础,所施加的荷载通过承压板传递给地基土。承压板一般采用圆形或方形的刚性板,也有根据试验的具体要求采用矩形承压板。

总体上,加载装置可分为千斤顶加载装置和重物加载装置两种。千斤顶加载装置是在反力装置的配合下对承压板施加荷载,通过事先标定好的压力表或应力计读取施加的荷载大小。重物加载装置是将已知重量的标准钢锭、钢轨或混凝土块等重物按试验加载计划依次地放置在加载平台上,达到对地基土分级施加荷载的目的。无论哪种加载装置,计算地基上承受的荷载时,应将载荷板重量计算在内。

2. 反力系统

千斤顶加载装置必须与反力系统配合使用。载荷试验的反力可以由重物、地锚单独提供或地锚与重物联合提供,然后再与梁架组合成稳定的反力系统。

3. 量测系统

量测系统主要是指沉降量测系统,承压板的沉降量测系统包括支撑柱、基准梁、位移测量元件和记录仪器。根据载荷试验的技术要求,将支撑柱打设在试坑内适当的位置,将基准梁架设在支撑柱上,将位移量测元件固定在基准梁上,组成完整的沉降量测系统。位移(沉降)测量元件可以采用百分表或位移传感器。

8.2.3　试验技术要点

对于浅层平板载荷试验,应当满足下列技术要求。

1. 试坑的尺寸及要求

浅层平板载荷试验的试坑宽度或直径不应小于承压板宽度或直径的 3 倍。试坑底部的土层应避免扰动,保持其原状结构和天然含水量,铺设不超过 20mm 厚的砂垫层,找平后尽快安装承压板等测试设备。

2. 承压板的尺寸

载荷试验宜采用圆形刚性承压板,根据土的软硬选用合适的尺寸。一般情况下,可参照下面的经验值选取:对于一般黏性土地基,常用面积为 0.5 m^2 的圆形或方形承压板;对于碎石类土,承压板直径(或宽度)应为最大碎石直径的 $10 \sim 20$ 倍;对于岩石类土或均质密实土,如 Q_3 老黏土或密实砂土,承压板的面积以 0.10m^2 为宜。

3. 位移量测系统的安装

基准梁的支撑柱或其他类型的支点应离承压板和地锚(如果采用地锚提供反力)一定的距离,以避免在试验过程中地表变形对试验结果的影响。与承压板中心的距离应大于 1.5d,与地锚的距离应不小于 0.8m。基准梁架设在支撑柱上时,一端固定,让另一端自由,以避免由于基准梁杆热胀冷缩引起沉降观测的误差。沉降测量元件应对称地布置在承压板上,百分表或位移传感器的测头应垂直于承压板设置。

4. 加载方式

载荷试验的加载方式一般采用分级维持荷载沉降相对稳定法(常规慢速法);有地区经验的,也可采用分级加荷沉降非稳定法(快速法)或等沉降速率法。关于加载等级的划分,一般取 $10 \sim 12$ 级,且不应小于 8 级。最大加载量不应小于地基土承载力设计值的 2 倍,荷载的量测精度应控制在最大加载量的 $\pm 1\%$ 范围内。

5. 沉降观测

当采用慢速法时,对于土体,每级荷载施加后,间隔 5min、5min、10min、10min、15min、15min 测读一次沉降,以后间隔 30min 测读一次沉降,当连续两个小时,且每小时沉降量不大于 0.1mm 时,可以认为沉降已达到相对稳定标准,可施加下一级荷载。

6. 试验终止条件

载荷试验一般应尽可能进行到试验土层达到破坏阶段,然后终止试验。当出现下列情况之一时,可认为地基已达破坏阶段,并可终止试验。

(1)承压板周边的土体出现明显侧向挤出;

（2）本级荷载的沉降量急剧增大，p-s 曲线出现陡降段；

（3）在某级荷载下 24h 沉降速率不能达到稳定标准；

（4）总沉降量与承压板直径（或边长）之比超过 0.06。

8.2.4　试验资料整理与分析

以沉降相对稳定法（常规慢速法）为主，简要介绍浅层平板载荷试验的资料整理过程。

1. 相关试验曲线的绘制及修正

首先根据载荷试验沉降观测原始记录，绘制 p-s 曲线；需要时，还可绘制 s-$\lg t$ 曲线和 $\lg p$-$\lg s$ 曲线等。如果原始 p-s 曲线的直线段或其延长线不经过坐标系原点$(0,0)$，则需要对其进行修正。修正的方法主要有图解法和最小二乘法。

1）图解法

对于初始段为直线（或近似直线）的 p-s 曲线，可直接采用图解法进行修正。即将 p-s 曲线上的各点同时沿 s 坐标平移 s_0，以使 p-s 曲线的直线段通过原点（见图 8-3）。s_0 为初始直线段或其延长线在 s 坐标上的截距，称为校正值。

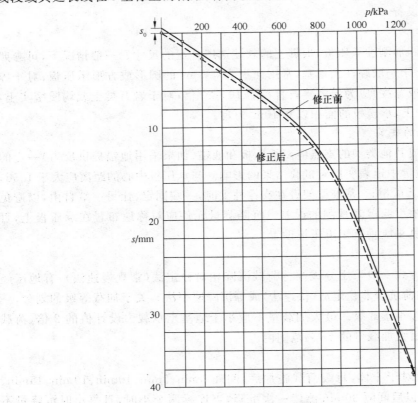

图 8-3　p-s 曲线及其图解法修正

2）最小二乘法

对于具有明显的初始直线段和拐点的 p-s 曲线，还可采用最小二乘法进行修正。假设 p-s 曲线的直线段可以用式（8-2）表示

$$s = s_0 + Cp \tag{8-2}$$

则有最小二乘法计算式

$$Ns_0 + C\sum p - \sum s' = 0 \tag{8-3}$$

$$s_0\sum p + C\sum p^2 - \sum ps' = 0 \tag{8-4}$$

解式(8-3)和式(8-4)得

$$C = \frac{N\sum ps' - \sum p\sum s'}{N\sum p^2 - (\sum p)^2} \tag{8-5}$$

$$s_0 = \frac{\sum s'\sum p^2 - \sum p\sum ps'}{N\sum p^2 - (\sum p)^2} \tag{8-6}$$

式中 N——加荷次数;

s_0——校正值,cm;

p——单位面积压力,kPa;

s'——各级荷载下的原始沉降值,cm;

C——斜率。

求得 s_0 和 C 值后,进行沉降观测值修正,对于比例界限以前各点,按 $s = Cp$ 修正;对于比例界限以后各点,则按 $s = s' - s_0$ 修正。

此外,对于圆滑型或不规则型的 $p\text{-}s$ 曲线(即不具有明显的直线段和拐点),可假设其为抛物线或高阶多项式表示的曲线。通过曲线拟合求得常数项,即为 s_0,然后按 $s = s' - s_0$ 对原始数据进行修正。

2. 确定比例界限压力 p_0 和极限压力 p_u

1) 确定比例界限压力 p_0

根据试验原理,对于具有明显的初始直线段和拐点的 $p\text{-}s$ 曲线,拐点处对应的荷载值即为比例界限压力 p_0。当 $p\text{-}s$ 曲线上没有明显的初始直线段和拐点时,可按以下方法确定。

(1) 在某一级荷载下,其沉降量超过前一级荷载下沉量的 2 倍,即 $\Delta s_n > 2\Delta s_{n-1}$ 的点所对应的荷载即为比例界限压力 p_0;

(2) 绘制 $\lg p\text{-}\lg s$ 曲线,曲线上转折点所对应的荷载值即为比例界限压力 p_0;

(3) 绘制 $p - \dfrac{\Delta p}{\Delta s}$ 曲线,曲线上的转折点所对应的荷载值即为比例界限压力 p_0,其中 Δp 为荷载增量,Δs 为相应的沉降量。

2) 确定极限压力 p_u

当满足上述前三个试验终止条件之一时,取对应的前一级荷载为极限压力 p_u。

8.2.5 试验成果应用

浅层平板载荷试验的成果资料主要用于评价地基土的承载力和变形模量,也可用于确定地基土的基床系数和估算地基土的不排水抗剪强度,以及预估地基最终沉降量和检验地基处理效果等。

1. 确定地基承载力特征值

根据修正后的 $p\text{-}s$ 曲线、比例界限压力 p_0 和极限压力 p_u,可按强度控制法或相对沉降控制法确定地基土的承载力特征值。

　　1）强度控制法

　　当 p-s 曲线上有明显的初始直线段和拐点时，取拐点处对应的 p_0 为承载力特征值。当 p-s 曲线上没有明显的直线段和拐点时，比较 p_0 与 $\frac{1}{2}p_u$，取小者为承载力特征值。

　　2）相对沉降控制法

　　当 p-s 关系曲线呈缓变特征，不能按上述方法准确获取 p_0 和 p_u 时，可取 p-s 曲线上对应于某一相对沉降值（即 s/b，b 为承压板直径或边长）的荷载值作为地基承载力特征值，但其值不应大于最大加载量的一半。

　　当承压板面积为 $0.25 \sim 0.50 \text{m}^2$，可根据土类及其状态取 $s/b = 0.01 \sim 0.015$ 所对应的荷载作为地基承载力特征值。当承压板的面积大于 0.5m^2 时，应结合建（构）筑物沉降变形的控制要求、基础宽度等，综合确定地基承载力特征值。

　　确定地基土承载力时，同一土层参加统计的试验点数不应小于 3 个，当各试验点实测的承载力特征值的极差（即最大值与最小值之差）不超过平均值的 30% 时，可取其平均值作为该土层的承载力特征值。

　　2. 确定地基土的变形模量

　　对于各向同性地基土，当地表无超载时（相当于承压板置于地表），土体变形模量按式 (8-7) 计算，式中符号的意义同式 (8-1)。

$$E_0 = I_0 K (1 - \mu^2) \cdot b \tag{8-7}$$

　　对于各向同性地基土，当地表有超载时（相当于靠近地表、在地表以下一定深度处进行载荷试验），土体变形模量可按式 (8-1) 计算。

　　3. 确定地基土的基床系数

　　根据《岩土工程勘察规范（2009 年版）》(GB 50021—2001)，当采用边长为 30cm 的平板载荷试验，可根据式 (8-8) 确定地基土的基准基床系数 K_v。

$$K_v = \frac{p}{s} \tag{8-8}$$

式中　K_v——基准基床系数，kN/m^3；

　　　　$\dfrac{p}{s}$——p-s 曲线的直线段斜率，当 p-s 曲线没有明显直线段时，p 取极限压力的一半，s 为相应于该 p 值的沉降量。

　　当承压板尺寸不是标准的 30cm，需结合地区经验按相关公式对试验值进行换算。

　　实际工程应用中，基础尺寸远远大于承压板尺寸，因此实际基础下的基床系数 K_s 可在基准基床系数 K_v 的基础上进行宽度修正获得。例如，上海市标准《岩土工程勘察规范》(DGJ 08-37—2012) 中按式 (8-9a) 和式 (8-9b) 计算。

　　对于黏性土地基　　　　　$$K_s = \frac{0.305}{B} K_v \tag{8-9a}$$

　　对于砂土地基　　　　　$$K_s = \left(\frac{B + 0.305}{2B} \right)^2 K_v \tag{8-9b}$$

式中　K_s——实际基础下的基床系数，kN/m^3；

　　　　B——基础宽度，m。

4. 估算地基土的不排水抗剪强度

用不排水条件下的沉降非稳定法(快速法)载荷试验的极限压力 p_u,可估算饱和黏性土的不排水抗剪强度 $c_u(\varphi_u=0)$。

$$c_u=\frac{p_u-p_0}{N_c} \tag{8-10}$$

式中　p_u——快速法载荷试验所得极限压力,kPa;

p_0——承压板周边外的超载或土的自重压力,kPa;

N_c——对方形或圆形承压板,当周边无超载时取6.15;当承压板埋深大于或等于 4 倍板径或边长时取 9.25;当承压板埋深小于 4 倍板径或边长时由线性内插确定;

c_u——地基土的不排水抗剪强度,kPa。

8.3　静力触探试验

静力触探试验是利用准静力以恒定的贯入速率将一定规格和形状的圆锥探头通过一系列探杆压入土中,同时测记贯入过程中探头所受到的阻力,根据测得的贯入阻力大小来间接判定土的物理力学性质的现场试验方法。在探头上增加孔压量测装置(孔压传感器、过滤器等),使触探过程中不仅可以量测土层对探头的阻力,而且可以量测探头附近的孔隙水压力。这种静力触探称为孔压静力触探(Piezocone Penetration Test,CPTU),与传统静力触探相比,孔压静力触探可以利用测量的孔压对其他测试数据进行修正,而且利用孔压量测的高灵敏性及其与土性之间的内在联系,可以更加精确地辨别土类,分辨薄土层的存在,并使评价土的固结系数等成为可能。至 20 世纪 90 年代,静力触探朝着多功能化发展,在探头上增加了许多新型的功能,如测温、测斜,以及地磁、土壤电阻或地下水 pH 值等的测量,开拓了静力触探技术新的应用领域。

静力触探试验适应于软土、黏性土、粉土、砂类土和含有少量碎石的土层。与传统的钻探方法相比,静力触探试验具有速度快、劳动强度低、清洁、经济等优点,而且可连续测试,不受取样扰动等人为因素的影响。这非常适用于在竖向变化比较复杂的地基土,而用其他常规勘探试验手段不可能大密度取土来查明土层变化;对于在饱和砂土、砂质粉土及高灵敏性软土,钻孔取样往往不易达到技术要求,静力触探试验均具有它独特的优越性。但是,静力触探试验中不能对土进行直接的观察、鉴别,而且不适用于含较多碎石、砾石的土层和很密实的砂层。

8.3.1　静力触探试验的仪器设备

一般的静力触探试验设备应包括触探贯入设备和标定设备。触探贯入设备由贯入系统和量测系统两部分组成。标定设备包括测力计和加、卸载装置(标定架或压力罐)及一些辅助设备。

1. 贯入系统

国内的静力触探机按其加压动力装置分电动机械式、液压式和手摇链条式 3 种。液压式和电动机械式静力触探机推力大,在软黏性土地区触探深度可达60m以上,目前以液压式触探机最为常见。手摇链条式静力触探仪具有结构轻巧、操作简单、不用交流电、易于安装和搬运等特点,在交通不便及无法通电的地区,显得尤其方便。

探杆是传递贯入力的媒介。为了保证触探孔的垂直,探杆应采用高强度的无缝合金钢管制造。同时对其加工质量和每次使用前的平直度、摩损状态进行严格的检查。通常使用的探杆的直径有36mm和42mm两种,可根据测试土层的力学特性、试验深度进行选择。

当把探头压入土层时,若无反力装置,整个触探仪要上抬。因此需要配备反力装置:地锚、压重或地锚与重物联合使用。目前静力触探车已比较普遍,车辆自重及配重可提供反力。

2. 量测系统

静力触探试验是根据探头贯入土层中所受阻力的大小及其变化来分析评价试验场地的地基条件的。因此,对贯入阻力的准确量测与记录是关系到整个试验工作质量好坏的关键。量测系统包括探头、记录仪及电缆线。

探头是感知贯入过程中所受阻力大小的部件,是静力触探试验的核心。目前在工程实践中主要使用的探头有单桥探头、双桥探头、孔压探头和其他多功能探头。

1)单桥探头

单桥探头的结构如图8-4所示,主要由外套筒、顶柱、空心柱等组成。

外套筒为一锥形圆筒,锥角为60°。在外套筒的内部有几圈丝扣,拧在探头管上。当外套筒的内螺纹旋过探头管上相应的外螺丝以后,外套筒与探头脱离,但掉不下来(有螺纹挡着)。这样,在贯入时,外套筒所受阻力就传给顶柱。

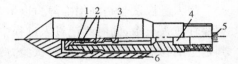

1—顶柱;2—电阻应变片;3—传感器;
4—密封垫圈;5—四芯电缆;6—外套筒
图8-4 单桥探头结构示意图

顶柱是放在空心柱内的一个实心圆柱形部件,它一头顶在空心柱顶端,一头顶在外套筒锥头中心槽内。顶柱与空心柱间隙为0.5mm。贯入时外套筒受到的阻力即由顶柱传到空心柱。而由于空心柱上端悬空,下部与探头管丝扣连结,则必然使空心柱拉长,产生机械变形。

空心柱为一空心圆柱体,柱体上粘贴电阻应变片,将应变转换成电位变化,输出电讯号,与空心柱一起构成应力量测元件。

常用单桥探头的规格见表8-2。

表8-2 　　　　　　　　　　　　　　　　　　**常用单桥探头的规格**

类型	锥底直径 /mm	锥底面积 /cm²	有效侧壁长度 /mm	锥角 /(°)	触探杆直径 /mm
Ⅰ	35.7	10	57	60	33.5
Ⅱ	43.7	15	70	60	42.0
Ⅲ	50.4	20	81	60	42.0

2)双桥探头

双桥探头由锥尖阻力量测部分和侧壁摩擦阻力量测部分组成,其结构如图8-5所示。

锥尖阻力部分由锥头、空心柱下半段、加强筒组成锥尖阻力传递结构。当探头被压入土中时,土层给锥头一个向上的反力,传给空心柱下半段有一个向上顶的力,同时空心柱中部受到来自触探杆传给加强筒向下的力,所以空心柱下半段受到压力产生压应变,而贴在空心柱下半段上的电阻应变片也发生相应应变,则电阻值减小。

侧壁摩擦阻力部分由摩擦筒、空心柱上半段及加强筒组成侧壁摩擦阻力传递结构。当探头压入土中时,土层不但会给锥头有一个反力,而且还给摩擦筒有一个向上的摩阻力。由于摩擦筒上部与空心柱丝扣连接,故空心柱顶部受到一个向上的拉力,而空心柱中部同样是受到来自加强筒向下的力,所以空心柱上半段受拉产生拉应变,而贴在空心柱上的电阻丝片也发生相应应变,则电阻值增大。

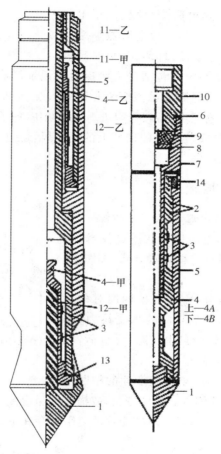

1—锥尖;2—O 形密封圈;3—电阻丝片;4—变形柱;5—摩擦筒;6—密封圈;7—加强筒;
8—垫圈;9—密封圈;10—接头;11—支座;12—顶柱;13—胶垫;14—罗帽

图 8-5　双桥探头结构示意图

常用双桥探头的规格见表 8-3。

表 8-3　　　　　　　　　　　　　常用双桥探头的规格

类型	锥底直径 /mm	锥底面积 /cm²	有效侧壁长度 /mm	锥角 /(°)	触探杆直径 /mm
Ⅰ	35.7	10	200	60	33.5
Ⅱ	43.7	15	300	60	42.0

3）孔压探头

孔压探头是在测量锥尖阻力、侧壁摩擦力的同时,可以量测贯入过程中探头附近孔隙水压力的静探探头。按照欧洲标准(Eurocode 7),孔压探头滤水器的位置可位于锥面、锥肩和摩擦筒尾部(见图 8-6),测得的孔隙压力分别记为 u_1、u_2 和 u_3。但目前过滤器的位置已基本固定,以过滤器位于锥肩为标准。

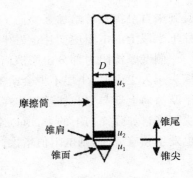

图 8-6　孔压探头过滤器位置示意

静力触探记录仪有数字式电阻应变仪、电子电位差自动记录仪、微电脑数据采集仪等。微电脑数据采集仪的功能包括数据的自动采集、储存、打印、分析整理和自动成图,使用方便。一般测量系统应包括静力触探专用记录仪器和传输信号的四芯或八芯的屏蔽电缆。比较先进的是无绳静力触探探头和记录系统,包括静力触探探头、麦克风、深度同步装置、计算机接口箱、笔记本电脑、打印机。该系统中,探头量测的数据由声波完成传输,传输信号通过探杆传递到安装在探杆顶部上的麦克风,通过麦克风、中继箱将声波信号转换成数字信号后直接输入电脑。

8.3.2　静力触探的相关原理

1. 静力触探探头的工作原理

电测静力触探探头采用电阻应变式测试技术,探头的空心柱体上的应变桥路有两种布置方式,如图8-7所示。

图 8-7(a)为半桥两臂工作,空心柱体四周对称地粘贴四个电阻应变片,其中两个竖向的承受拉力,而另外两个横向的(R_1 和 R_2)处于自由状态(无负荷,电阻不变),只起温度补偿的作用。

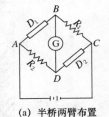 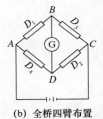

(a) 半桥两臂布置　　　(b) 全桥四臂布置

图 8-7　空心柱体上的电桥桥路

图 8-7(b)为全桥四臂工作,电阻应变片的粘贴与图 8-7(a)相同,但由于空心柱体空心长度较长,故横向电阻应变片处于受压状态。

以半桥工作为例,不受力时,各电阻应变片的电阻值存在下列关系:

$D_1 \cdot D_2 = R_1 \cdot R_2$

B、D 两点间的电位差等于零,毫伏计 G 中没有电流通过,即电桥处于平衡状态。受力后,则有:

$$(D_1 + \Delta D_1)(D_2 + \Delta D_2) > R_1 \cdot R_2$$

若为全桥工作,未受力时,各电阻应变片的电阻值存在下列关系:

$$D_1 \cdot D_3 = D_2 \cdot D_4$$

受力后,则有:

$$(D_1 + \Delta D_1)(D_3 + \Delta D_3) > (D_2 - \Delta D_2)(D_4 - \Delta D_4)$$

即受力后,B、D 两点间就有了电位差,毫伏计 G 便显示流过的电流大小,这个电流的大小与空心柱体的受力伸长成正比。

电阻应变片对温度变化比较敏感,故必须考虑温度影响,宜采用全桥电路。

在实际工作中,把空心柱体的微小应变所输出的微弱电压,通过电缆传至电阻应变仪中的放大器放大,就可用普通的指示仪表量测出来。

2. 静力触探试验的贯入机理

关于静力触探的贯入机理,研究人员通过室内模型试验、现场模拟试验以及理论分析研究,得到一些重要认识。

(1)在均质土层中贯入,不论锥尖阻力 q_c 还是侧壁摩阻力 f_s,都存在"临界深度"现象,即在一定深度范围内,均随着贯入深度的增大而增大。但达到一定深度后,q_c 和 f_s 均达到极限值,贯入深度继续增加,q_c 和 f_s 不再增加。"临界深度"是土的密实度和探头直径的函数,土的密实度愈大、探头直径愈大,"临界深度"也愈大。但是,q_c 和 f_s 并不一致,一般 f_s 的临界深度比 q_c 的要小。

(2)静力触探的破坏机理与探头的几何形状、土类和贯入深度有关。当探头的上端等径时,在松砂中贯入为刺入破坏,探头阻力主要决定于土的压缩性。而在一般土和较密实的砂土中,贯入深度小于"临界深度"时,以剪切破坏为主;达到"临界深度"以后,由于土的侧向约束应力增大,土中一般不会出现整体剪切破坏,探头下的土体强烈压缩,有时甚至发生土粒压碎,并发生局部剪切破坏。

(3)圆锥探头在贯入土中时,在其周围及底部土中会形成一定的扰动区。在软黏土中土体的扰动使强度降低;在松砂中土体的扰动使土被挤压密实,强度反而提高;在密实砂中砂粒甚至被压碎。探头在贯入过程中的阻力受到了土扰动的影响,与土的原始状态相比,土扰动后强度会偏高或偏低。

静力触探试验的贯入机理是个很复杂的问题,而且影响因素也比较多,因此,目前土力学还不能完善地从理论上解析圆锥探头与周围土体间的接触应力分布及相应的土体变形问题。已有的近似理论分析包括承载力理论分析和孔穴扩张理论分析。承载力理论大多借助于对单桩承载力的半经验分析,这一理论把贯入阻力视为探头以下的土体受圆锥头的贯入产生整体剪切破坏,是由滑动面处土的抗剪强度提供的,而滑动面的形状是根据试验模拟或经验假设。孔穴扩张理论假设圆锥探头在均质各向同性无限土体中的贯入机理与圆球及圆柱体孔穴扩张问题相似,并将土看作可压缩的塑性体,球穴扩张可作为第一近似解。因此,孔穴扩张理论分析适用于压缩性土层。

3. 孔压静力触探的贯入机理

在饱和土层中贯入 CPT 探头或其他任何探头,都会引起探头附近孔隙水压力的变化。对于低渗透性的饱和黏性土,可以认为这种变化是在不排水条件下发生的。在探头贯入时,不仅有探头(锥尖)刺入土层发生剪切破坏,同时探头附近的土因挤压而变位。土层中探头附近孔压的改变是由探头挤土引起的八面体正应力 $\Delta\sigma_{oct}$ 和探头刺入剪切引起的八面体剪应力 $\Delta\tau_{oct}$ 共同作用的结果。

在探头锥尖下面,由于孔穴扩张,孔压的变化主要是受平均正应力增大的影响,剪应力变化对孔压影响不大;而在探头的圆柱部分,孔穴扩张引起的正应力逐渐衰减,剪应力成为孔压变化的主要影响因素,而且由剪应力引起的超孔压因土的应力历史不同可正可负。

目前,已经建立了许多理论的或半经验半理论的 CPTU 孔压消散模型,并根据不同的模型,从 CPTU 孔压消散结果推求土层的固结系数。

8.3.3 试验技术要点

在静力触探试验工作之前,应进行常规的试验前准备工作,包括检查探杆的平直度、电缆线的长度及磨损情况等,以保证试验能够顺利进行。还应按规定进行探头的标定,如果使用孔压探头,应按要求对探头进行饱和处理。

1. 探头的标定

根据探头的工作原理,探头受到阻力首先使空心柱上应变片电阻发生变化,由此产生电位差和电流,并经过放大后由仪器监测到,因此需要建立探头阻力与监测仪器读数之间的直接关系。在新探头使用前或一个探头使用一段时间后,应按规定对探头进行标定试验。

标定时,按探头设计的最大加载量分 5～10 级,逐级加压,并记录对应的仪器显示值。加到最大荷载后,逐级卸载至零,同时记录仪器的显示值。重复这一过程至少 3 次,取平均值作图。一般以加压为纵坐标,以应变量(或其他仪器显示值)为横坐标,绘制压力-应变关系曲线。正常情况下,两者之间的关系应为一条通过坐标系原点的直线。

一般规定,探头标定测力传感器的非线性误差、重复性误差、滞后误差、温度漂移和归零误差均应小于满量程输出值的 1%。如果探头标定曲线呈非线性,或者截距偏大(归零性差),以及滞后现象严重,那么这种探头就不能使用。

2. 孔压探头的饱和

孔压系统的饱和是保证正确量测孔压的关键。如果探头孔压量测系统未饱和,含有气泡,则在量测时会有一部分孔隙水压力在传递过程中消耗在空气压缩上,引起作用在孔压传感器上的孔压下降,使孔压测试系统的灵敏度下降,测试结果失真。

探头饱和的内容和过程一般包括:

(1) 过滤器的脱气。通常可用真空泵抽气或煮沸 2～4h 的方法使之达到饱和并封闭储存在脱气液体中,使其在测试过程中灵敏地传递孔隙水压力。

(2) 孔压应变腔的抽气和注液。在孔压探头使用前,应用特制的抽气-注液手泵对孔压应变腔抽气并注入脱气水或其他经脱气处理的硅油或甘油。当试验在饱和土中进行,通常可用脱气水来去除空气。当试验在非饱和土中进行,则用甘油及类似物来饱和。

(3) 孔压探头的组装。过滤器与应变腔的组装,以及锥尖的安装应在脱气水中进行,要防止过滤器直接暴露于空气中。

(4) 孔压探头饱和度的保持措施。孔压探头提离液面前,应使用一个大小合适且不泄漏的橡胶或塑料套膜套住过滤器,以隔离外界空气。

3. 贯入试验

在进行贯入试验时,如果遇到密实、粗颗粒或含碎石颗粒较多的土层,在试验之前应该先打预钻孔。必要时使用套筒来防止孔壁的坍塌。在软土或松散土中,预钻孔应该穿过硬壳层。探头的贯入速度对贯入阻力有一定的影响,应匀速贯入,贯入速率控制在(20±5)mm/s。

在贯入过程中应进行如下归零检查和深度校核。对于单桥或双桥探头,将探头贯入地面以下 0.5～1.0m 后,上提探头 5～10cm,观察零漂情况,待测量值稳定后,将记录仪调零并将探头压回原位进行正式贯入。在地面下 6m 深度范围内,每贯入 2～3m 应提升探头一次,并记录零漂值;在孔深超过 6m 后,视零漂的大小可放宽归零检查的深度间隔或不作归零检查。终孔起拔探杆时和探头拔出地面时,应记录仪器的零漂值。对于孔压探头,在整个贯入过程中不得提升探头。终孔起拔探头时应记录锥尖阻力和侧壁摩阻力的零漂值;探头拔出地面时,应记录孔压的零漂值。在试验过程中,应每隔 3～4m 校核一次实际深度。

4. 孔压静探的消散试验

可利用孔压静力触探进行孔压消散试验,该试验可在地下水位以下任何指定深度进行。试验前,可事先通过对钻探资料的分析,确定进行孔压消散试验的深度。当探头贯入到指定深度时,就应立即开始孔压消散试验。

在预定试验深度进行孔压消散试验时,应从探头停止贯入时起,开始用秒表计时,记录不同时刻的孔压值和端阻力等试验数据。计时的时间间隔由密到疏,合理控制。在消散试验过程中,要保持探杆(探头)在竖直方向上保持不动。

孔压消散试验宜进行到孔压达到稳定值为止(以连续 2h 内孔压值保持不变),也可视地层条件和固结参数计算方法的要求,固结度达到 60%～70% 时,可终止试验。在做消散试验时,可实时绘制孔压随时间的消散情况(即消散曲线)。

5. 试验终止条件

任何对试验设备可能造成损坏的因素都会使试验被迫终止。在静力触探贯入测试过程中,当遇到以下情况之一时,应该终止静力触探试验的贯入。

(1) 要求的贯入长度或深度已经达到;

(2) 圆锥触探仪的倾斜度已经超过了量程范围;

(3) 反力装置失效;

(4) 试验记录显示异常。

8.3.4　试验资料整理与分析

1. 试验的影响因素

静力触探试验成果受一系列因素的影响。除了锥尖阻力 q_c 和侧壁摩阻力 f_s 存在"临界深度"外,以下因素对试验结果也有一定的影响。

(1) 孔隙水压力。对于饱和土体,静力触探探头在贯入过程中会引起土体中孔隙水压力的变化,产生超孔隙水压力(可正可负,因土层条件而异),超孔压的产生对土的强度和静力触探试验指标是有影响的,其影响程度因土的排水条件和贯入速率而异。一般认为,贯入速率 20mm/s 还不是完全不排水条件;而 5mm/s 的贯入速率相当于排水条件;50mm/s 的贯入速率相当于不排水条件。

(2) 温度。静力触探所用的各种传感器大多是电阻应变式的,温度的变化会产生电阻值的变化,进而产生零位漂移。为此,可以在仪器制造上采用温度补偿应变片来补偿温度变化对应变量测的影响;好的温度补偿可将零漂限制在满量程的 0.05% 以内,可在标定时定出温度对读数的影响系数,在触探试验时进行温度修正;也可在操作上,在正式试验前将探头放在地下 1m 处,放置 30min,使探头与地温平衡,再调仪器的初始零点。

(3) 探孔(探头)倾斜。探头的偏斜会对试验结果造成两方面的影响:①贯入探杆的长度无法反映实际贯入深度,分层界限不准;②会使测得的土层阻力严重失真。为防止此类现象发生,在进行正式贯入试验前,要检查探杆的平直度,不使用弯曲变形的探杆。需将贯入主机放置在平整的地面或人工平台上,采用地锚作为反力装置时,地描的埋设深度应一致,保持反力的对称与均衡,并将贯入主机严格调平。最好在探头上加装测斜仪器,可了解贯入过程中探头的倾斜程度,并通过修正消除孔斜对贯入深度的影响。一旦发现探杆倾斜,应将探杆上提一段距离,再下压,重复若干次以后,杆斜可得到部分纠正。同时,应注意杆斜是否是由于地下障碍物引起,如果是,则应设法排除或绕过障碍物。

2. 试验资料的整理

1) 原始数据修正

(1) 测试深度修正。当记录深度(贯入长度)与实际深度有出入时,应将深度误差沿深度进行线性修正。深度修正要求在静力触探试验中同时量测探头的倾斜角 θ(相对于铅垂线)。

(2) 零漂修正。一般按归零检查的深度间隔按线性内插法对测试值加以修正。

(3) 贯入阻力修正。无论采用常规探头还是采用孔压探头,在静力触探试验过程中,量测的土层对探头的阻力都会受到孔隙水压力的影响。当采用孔压探头时,可以依据试验中测量的孔压值求得修正后的锥尖阻力和侧壁摩阻力。

通过修正后,获得静力触探试验在各测试深度的"真实"测试值——比贯入阻力 p_s、锥尖阻力 q_c 和侧壁摩阻力 f_s。并可按式(8-11)、式(8-12)计算整理其他相关参数。

$$R_f = \frac{f_s}{q_c} \tag{8-11}$$

$$B_q = \frac{u_2 - u_w}{q_t - \sigma_{v0}} \tag{8-12}$$

式中 R_f——摩阻比;

B_q——孔压比;

u_w——原位静止孔压,kPa;

u_2——位于探头锥肩位置测得的孔压,kPa;

σ_{v0}——土的总自重应力,kPa;

q_t——修正后的总锥尖阻力,kPa。

修正后的总锥尖阻力 q_t 按式(8-13)计算

$$q_t = q_c' + u_2(1-a) \tag{8-13}$$

式中 q_c'——实测锥尖阻力,MPa;

a——有效面积比,通常为 $0.75\sim0.85$。

有效面积比 a 可按式(8-14)计算

$$a = \frac{A_a}{A_c} \tag{8-14}$$

式中,A_a、A_c 分别为顶柱和锥底的横截面积,cm^2。

2) 测试结果的分层统计

在进行参数统计之前,首先要根据静力触探试验结果对土层进行划分。在划分土层时,一般应根据当地经验进行。对于单桥静力触探试验,可参照表8-4给出的比贯入阻力 p_s 允许变动范围值进行土层划分,当 p_s 不超过允许变动幅度时,可并为一层。最好能够将静力触探结果与钻孔资料相结合,采用对比法分层,可以提高分层的准确性。

对于存在很薄的交互层或夹薄层砂土的情形,不应按表8-4的允许变动范围并层,而应根据 p_s 的最大值与最小值之比是否大于2作为分层标准,如果大于2,则宜单独分层,同时考虑触探曲线的线形和土类给予综合判断。

表 8-4   并层允许的 p_s 变动幅度

p_s 范围值/MPa	允许变动范围
$p_s \leqslant 1$	$\pm(0.1 \sim 0.3)$
$1 < p_s \leqslant 3$	$\pm(0.3 \sim 0.5)$
$3 < p_s \leqslant 6$	$\pm(0.5 \sim 1.0)$

在进行力学分层时,还应考虑触探曲线上"超前"或"滞后"的影响。当探头从坚硬土层进入软弱土层或由软弱土层进入坚硬土层时,往往出现这种现象,其影响范围一般在 10～20cm。

在进行单孔各分层的试验数据统计时,可采用算术平均法或按触探曲线采用面积积分法。计算时,应剔除个别异常值或峰值,并排除超前滞后值。

计算整个勘察场地的分层贯入阻力时,可按各孔穿越该层的厚度加权平均法计算;或将各孔触探曲线叠加后,绘制谷值与峰值包络线和平均值线,以便确定场地分层的贯入阻力在深度上的变化规律及变化范围。

3）绘制静力触探曲线

对于单桥探头,只需要绘制 p_s-h 曲线;对于双桥探头,要在同一张图纸上绘制触探曲线,包括 q_c-h 曲线、f_s-h 曲线和 R_f-h 曲线;在孔压静力触探试验中,除了双桥静力触探试验曲线外,还要绘制 u_2-h,并结合钻探资料附上钻孔柱状图,如图 8-8。由于贯入停顿间歇,曲线会出现喇叭口或尖峰,在绘制静探曲线时,应加以圆滑修正。

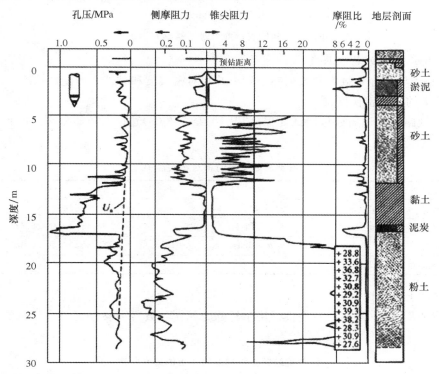

图 8-8　静力触探试验曲线

8.3.5 试验成果应用

静力触探可以连续贯入,因此具有勘探和测试的双重功能。在工程中,其最基本的应用就是作为勘探手段来判别土类和划分土层。作为测试手段,主要用于评价地基土的物理状态、确定地基承载力、估算单桩极限承载力、估算土的强度指标和变形参数等。

1. 判别土类

双桥探头的触探参数包含有 q_c 和 R_f。不同土层的 q_c 和 R_f 值很少全然一样,这就决定了双桥探头判别土类的可能性。依据 q_c 和 R_f,可按图 8-9 进行土类判别。

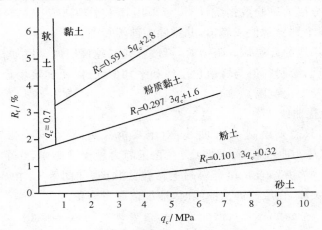

图 8-9　利用双桥静力触探结果判别土类

2. 评价地基土的物理状态

可以利用单桥静力触探参数来确定砂土的相对密实度和黏性土的塑性状态。

1) 砂土的相对密实度

我国《铁路工程地质原位测试规程》(TB 10018—2003)建议石英质砂类土的相对密实度 D_r 可按表 8-5 确定。

表 8-5　　　　　　　　　　　石英质砂类土的相对密实度 D_r

密实程度	p_s/MPa	D_r
密实	$p_s \geqslant 14$	$D_r \geqslant 0.67$
中密	$6.5 < p_s < 14$	$0.40 < D_r < 0.67$
稍密	$2 \leqslant p_s \leqslant 6.5$	$0.33 \leqslant D_r \leqslant 0.40$
松散	$p_s < 2$	$D_r < 0.33$

2) 黏性土的塑性状态

《工程地质手册(第四版)》提供了用单桥静力触探参数判别黏性土塑性状态的经验表格(表 8-6)。

表 8-6　　　　　　　　　　用单桥触探参数判别黏性土的塑性状态

I_L	0	0.25	0.50	0.75	1
p_s/MPa	(5~6)	(2.7~3.3)	1.2~1.5	0.7~0.9	<0.5

注:括号内为参考值。

3. 确定地基承载力

目前,为了利用静力触探确定地基土的承载力,国内外都是根据对比试验结果提出经验公式,以解决生产上的应用问题。建立经验公式的途径主要是将静力触探试验结果与载荷试验求得的比例界限值进行对比;并通过对对比数据的相关分析得到用于特定地区或特定土性的经验公式。例如,《铁路工程地质原位测试规程》(TB 10018—2003)提供了根据土层类别和比贯入阻力 p_s 确定地基基本承载力和极限承载力的一系列公式。

4. 其他应用

利用静力触探指标评价砂土或粉土地基的液化特性、计算单桩极限承载力的内容将分别在第 12 章和第 15 章介绍。此外,静力触探试验还能用来估算土的强度指标和变形参数、检验地基处理的效果、估算沉桩阻力并分析预制桩的沉桩可能性等。孔压静力触探还可以根据孔压消散曲线估算饱和黏性土的固结系数、渗透系数以及测定静止孔隙水压力。

8.4　圆锥动力触探试验

圆锥动力触探试验是利用一定的锤击能量,将一定规格的圆锥探头打入土中,根据打入土中的难易程度(贯入阻力或贯入一定深度的锤击数)来判别土的性质的一种现场测试方法。

按锤击能量的不同,圆锥动力触探试验可划分为轻型、重型和超重型 3 种。在工程实践中,应根据土层类型和试验土层的坚硬与密实程度来选择不同类型的试验。圆锥动力触探试验的设备相对简单,操作方便,适应性强,工程应用广泛,并有连续贯入的特性;但试验误差较大,再现性较差。

8.4.1　试验的基本原理

如图 8-10 所示,动力触探试验的理想自由落锤能量 E_m 可按式(8-15)计算

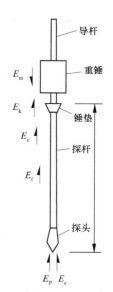

$$E_m = \frac{1}{2} M v^2 \qquad (8\text{-}15)$$

式中　M——落锤的质量,kg;

　　　v——重锤自由下落碰撞探杆前的速度,m/s;

　　　E_m——理想自由落锤能量,J。

受落锤方式、导杆摩擦、锤击偏心、打头的材质、形状与大小、杆件传输能量的效率等因素的影响,实际的锤击动能会损失一部分能量。因此,实际的锤击动能与理想的落锤能量不同,应按式(8-16)或式(8-17)进行修正。

$$E_p = e_1 e_2 e_3 E_m \qquad (8\text{-}16)$$

式中　e_1——落锤效率系数,对自由落锤,$e_1 \approx 0.92$;

　　　e_2——能量输入探杆系统的传输效率系数,对于国内通用的大钢探头,$e_2 \approx 0.65$;

图 8-10　圆锥动力触探能量平衡示意图

e_3——杆长传输能量的效率系数,它随杆长的增大而增大,杆长大于 3m 时,$e_3 \approx 1.0$。

式(8-16)可近似为

$$E_p \approx 0.60 E_m \tag{8-17}$$

平均传至探头的能量等于消耗于探头贯入土中所作的功,即

$$E_p = \frac{R_d A h}{N} \tag{8-18}$$

式中 E_p——平均每击传递给圆锥探头的能量,J;

         h——贯入度;

         N——贯入度为 h 的锤击数;

         R_d——探头单位面积的动贯入阻力,J/cm²;

         A——探头的截面积,cm²。

式(8-18)可变换为

$$R_d = \frac{E_p}{A}\frac{N}{h} = \frac{E_p}{As} \tag{8-19}$$

式中,s 为平均每击的贯入度,$s = h/N$。

从上述各式可以看出,当规定一定的贯入深度(或距离)h,采用一定规格(规定的探头截面、圆锥角和质量)的落锤和规定的落距,那么锤击数 N 的大小就直接反映了动贯入阻力 R_d 的大小,即直接反映被贯入土层的密实程度和力学性质。因此,实践中常采用贯入土层一定深度的锤击数作为圆锥动力触探的试验指标。

8.4.2 圆锥动力触探试验设备

圆锥动力触探试验,按贯入能力的大小可分为轻型、重型和超重型 3 种,其规格和适用土类详见表 8-7。

表 8-7   圆锥动力触探的类型及规格

类型		轻型	重型	超重型
探头规格	直径/mm	40	74	74
	截面积/cm²	12.6	43	43
	锥角/(°)	60	60	60
落锤	锤质量/kg	10	63.5	120
	落距/cm	50	76	100
探杆直径/mm		25	42	50~60
试验指标		贯入 30cm 击数 N_{10}	贯入 10cm 击数 $N_{63.5}$	贯入 10cm 击数 N_{120}
主要适用土类		浅部填土、砂土、粉土和黏性土	砂土、中密以下的碎石土和极软岩	密实和很密的碎石土、极软岩、软岩

不同类型动力触探设备的构成基本相似,但也有一定的差别。除表 8-7 所列的在探头和落锤之间的差异外,轻型动力触探多采用人工落锤方式,而重型和超重型动力触探采用自动落锤方式。

重型动力触探试验通常在钻探的配合下进行,当将要钻探至试验深度(预留 15cm)时,

将钻头取下,换上动力触探探头。因此,动力触探试验设备除了探头外,还应包括钻机及钻杆等。

对于重型和超重型动力触探,为实现自动落锤,需要设置重锤的提引装置。图 8-11 所示的是钢珠缩颈式(内挂式)自动落锤动力触探试验装置,由导杆、偏向轮、穿心锤等 6 个部分构成。

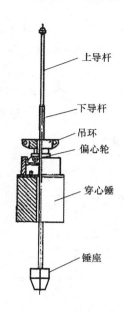

图 8-11　钢球缩径式
自动落锤装置

8.4.3　试验技术要求

试验进行之前,应对机具设备进行检查,确认各部正常后才能开始工作。机具设备的安装必须稳固,试验时支架不得偏移,所有部件连接处丝扣应该紧固。

(1)试验时,应使钻杆保持垂直,触探杆的偏斜度不应超过 2%,重锤沿导杆自由下落,锤击频率 15～30 击/min。

(2)在试验过程中,每贯入 1m,宜将探杆转动一圈半;当贯入深度超过 10m,每贯入 20cm 宜转动探杆一次,以减少探杆与土层的摩阻力。

(3)在预钻孔内进行作业时,当钻孔直径大于 90mm、孔深大于 15m、实测击数大于 8 击/10cm 时,可下直径不大于 90mm 的套管,以减小探杆径向晃动。

(4)为保持探杆的垂直度,锤座距孔口的高度不宜超过 1.5m。

(5)遇到密实或坚硬的土层,当连续 3 次 $N_{63.5} > 50$ 时,可停止试验,或改用超重型动力触探进行试验。

8.4.4　试验资料整理与分析

1. 试验结果的影响因素及修正

影响动力触探的因素很复杂,这些因素包括人为因素、设备因素和一些地层条件的影响。人为因素和设备因素应通过操作方法的标准化和设备规格的定型化加以控制,如机具设备、落锤方式等。但有些因素,如杆长、侧壁摩擦、地下水、上覆压力等,则在试验时是难以控制的,应对试验结果加以修正。

1)杆长的影响及修正

对杆长的影响,存在不同的看法,我国各个领域的规范或规程也不存在统一的规定。例如,《岩土工程勘察规范(2009 年版)》(GB 50021—2001)对动力触探试验指标均不进行杆长修正,而有些行业的动力触探规程,如我国铁道部行业标准《铁路工程地质原位测试规程》(TB 10018—2003),则规定对试验成果进行杆长修正。因此,在应用圆锥动力触探试验成果时,应根据建立岩土参数与动力触探指标之间的经验关系式时的具体条件决定是否对试验指标进行杆长修正。

当需要进行杆长修正时,对于重型和超重型动力触探,分别采用式(8-20)和式(8-21)对实测锤击数进行修正。表 8-8、表 8-9 分别给出了重型和超重型动力触探试验的杆长修正系数 α_1 和 α_2。

$$N_{63.5} = \alpha_1 N'_{63.5} \tag{8-20}$$

式中 $N_{63.5}$——经修正后的重型圆锥动力触探锤击数；

         $N'_{63.5}$——实测重型圆锥动力触探锤击数。

$$N_{120} = \alpha_2 N'_{120} \tag{8-21}$$

式中 N_{120}——经修正后的超重型圆锥动力触探锤击数；

         N'_{120}——实测超重型圆锥动力触探锤击数。

表 8-8   重型圆锥动力触探锤击数修正系数 α_1

$N'_{63.5}$ / 杆长	5	10	15	20	25	30	35	40	$\geqslant 50$
$\leqslant 2$	1.0	1.0	1.0	1.0	1.0	1.0	1.0	1.0	1.0
4	0.98	0.95	0.93	0.92	0.90	0.89	0.87	0.85	0.84
6	0.93	0.90	0.88	0.85	0.86	0.81	0.79	0.78	0.75
8	0.90	0.86	0.88	0.80	0.77	0.75	0.73	0.71	0.67
10	0.88	0.83	0.79	0.75	0.72	0.69	0.67	0.64	0.61
12	0.85	0.79	0.75	0.70	0.67	0.64	0.61	0.59	0.55
14	0.82	0.76	0.71	0.66	0.62	0.58	0.56	0.53	0.50
16	0.79	0.72	0.67	0.62	0.57	0.54	0.51	0.48	0.45
18	0.77	0.70	0.63	0.57	0.53	0.49	0.46	0.43	0.40
20	0.75	0.67	0.59	0.53	0.48	0.44	0.41	0.39	0.36

表 8-9   超重型圆锥动力触探锤击数修正系数 α_2

N'_{120} / 杆长	1	2	3	7	9	10	15	20	25	30	35	40
1	1	1	1	1	1	1	1	1	1	1	1	1
2	0.96	0.92	0.91	0.91	0.90	0.90	0.90	0.89	0.88	0.88	0.88	0.88
3	0.94	0.88	0.85	0.85	0.85	0.84	0.84	0.83	0.82	0.82	0.81	0.81
5	0.92	0.82	0.79	0.78	0.77	0.77	0.76	0.75	0.74	0.73	0.73	0.72
7	0.90	0.78	0.75	0.74	0.73	0.72	0.71	0.70	0.69	0.68	0.67	0.66
9	0.88	0.75	0.72	0.70	0.69	0.68	0.67	0.66	0.64	0.63	0.62	0.62
11	0.87	0.73	0.69	0.67	0.66	0.66	0.64	0.62	0.61	0.60	0.59	0.58
13	0.86	0.71	0.67	0.65	0.63	0.63	0.61	0.60	0.58	0.57	0.58	0.55
15	0.86	0.69	0.65	0.63	0.61	0.61	0.59	0.58	0.56	0.55	0.54	0.53
17	0.85	0.68	0.63	0.61	0.60	0.60	0.57	0.56	0.54	0.53	0.52	0.50
19	0.84	0.66	0.62	0.60	0.59	0.58	0.56	0.54	0.52	0.51	0.50	0.49

2) 地下水的影响与修正

根据《工程地质手册(第四版)》,动力触探锤击数应考虑地下水的影响。对于地下水位以下的中、粗、砾砂和圆砾、卵石,重型动力触探锤击数按式(8-22)修正。

$$N_{63.5} = 1.1 N'_{63.5} + 1.0 \tag{8-22}$$

3) 杆侧摩擦的影响

在有些土层中,特别是软黏土和有机土,侧壁摩擦对锤击数有重要影响。而对中密-密实的砂土,尤其在地下水位以上时,由于探头直径比探杆直径稍大,侧壁摩擦可以忽略。

一般情况下,重型动力触探深度小于 15m、超重型动力触探深度小于 20m 时,可以不考虑杆侧摩擦的影响。如缺乏经验,应采取措施消除侧摩擦的影响(如用泥浆);或通过采用泥浆与不用泥浆情况下的对比试验,来认识杆侧摩擦的影响,进而确定处理方法。

4) 上覆压力的影响

通过室内试验槽和三轴标定箱的试验研究,认为上覆压力对动力触探贯入阻力的影响是显著的。但对于一定相对密度的砂土,上覆压力对圆锥动力触探试验结果存在一个“临界深度”,即锤击数在此深度范围内随着贯入深度的增加而增大,超过此深度后,锤击数趋于稳定值,增加率减小。并且临界深度随着相对密度和探头直径的增加而增大。

对于一定粒度组成的砂土,动力触探击数 N_i 与相对密度 D_r 和有效上覆压力 σ'_v 存在着一定的关系,即

$$\frac{N_i}{D_r^2} = a + b\sigma'_v \tag{8-23}$$

式中,a、b 为经验系数,随砂土的粒度组成变化。

2. 试验资料的整理与分析

根据国家或行业标准,目前存在对圆锥动力触探试验结果(实测锤击数)进行和不进行修正两种作法。但无论是采用实测值还是修正值,资料整理方法相同。如图 8-12 所示,以重型动力触探的实测锤击数或经杆长校正后的锤击数为横坐标,贯入深度为纵坐标绘制 $N_{63.5}\text{-}h$(或 $N'_{63.5}\text{-}h$)曲线图。对轻型动力触探按每贯入 30cm 的击数绘制 $N_{10}\text{-}h$ 曲线;超重型动力触探每贯入 10cm 的锤击数绘制 $N_{120}\text{-}h$(或 $N'_{120}\text{-}h$)曲线。

根据动力触探指标(锤击数)随深度变化曲线,对试验资料做如下整理和分析。

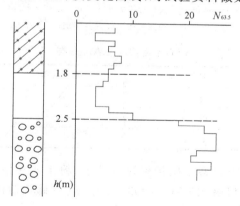

图 8-12　$N_{63.5}\text{-}h$ 曲线

1) 划分土层界线

在应用动力触探试验资料对地基土进行力学分层时,应结合勘察场地的工程地质钻探资料。

土层界限的划分要考虑动贯入阻力在土层变化附近的“超前”反应。当探头从软层进入硬层或从硬层进入软层,均有“超前”反应。所谓“超前”,即探头尚未实际进入下面土层之前,动贯入阻力就已“感知”土层的变化,提前变大或变小。反应的范围约为探头直径的 2~3

倍。因此,在划分土层时,当由软层(小击数)进入硬层(大击数)时,分层界线可选在软层最后一个小值点以下 2～3 倍探头直径处;由硬层进入软层时,分层界线可定在软层第一个小值点以上 2～3 倍探头直径处。

2) 计算各土层动贯入指标的平均值

首先按单孔统计各土层的动贯入指标平均值(平均锤击数),统计时,应剔除个别异常点,且不包括"超前"和"滞后"范围的测试点。然后根据各孔分层贯入指标平均值,用厚度加权平均法计算试验场地的分层贯入指标平均值和变异系数。以每层土的贯入指标加权平均值,作为分析研究土层工程性能的依据。

8.4.5　试验成果应用

圆锥动力触探与静力触探一样,可以连续贯入,因此具有勘探和测试的双重功能。在工程中,其最基本的应用就是作为勘探手段来判别土类和划分土层。作为测试手段,主要用于评价土体密实度、确定地基承载力和变形模量、估算单桩承载力和获取抗剪强度指标等。

1. 评价土的状态或密实程度

圆锥动力触探试验是评价砂土、碎石土的状态或密实程度的有效手段,特别是评价碎石土密实度的最主要方法。

我国《岩土工程勘察规范(2009 年版)》(GB 50021—2001)和《建筑地基基础设计规范》(GB 50007—2011)均采用圆锥动力触探锤击数评价碎石土的密实度(表 8-10 和表 8-11)。

表 8-10　碎石土密实度按 $N_{63.5}$ 分类

锤击数 $N_{63.5}$	密实度	锤击数 $N_{63.5}$	密实度
$N_{63.5} \leqslant 5$	松　散	$10 < N_{63.5} \leqslant 20$	中　密
$5 < N_{63.5} \leqslant 10$	稍　密	$N_{63.5} > 20$	密　实

注:①本表适用于平均粒径不大于 50mm 且最大粒径不大于 100mm 的碎石土。对于平均粒径大于 50mm 或最大粒径大于 100mm 的碎石土,可用超重型动力触探或用野外观察鉴别;②表内 $N_{63.5}$ 为综合修正后的平均值。

表 8-11　碎石土密实度按 N_{120} 分类

锤击数 N_{120}	密实度	锤击数 N_{120}	密实度
$N_{120} \leqslant 3$	松　散	$11 < N_{120} \leqslant 14$	密　实
$3 < N_{120} \leqslant 6$	稍　密	$N_{120} > 14$	很　密
$6 < N_{120} \leqslant 11$	中　密	—	—

也有部分地方规范利用重型动探指标评价砂土、粉土或黏性土的状态,如广东省标准《建筑地基基础设计规范》(DBJ 15-31—2003)采用 $N_{63.5}$(修正后的重型圆锥动力触探锤击数)评价砂土、黏性土的状态(表 8-12 和表 8-13)。

表 8-12　砂土密实度分类

锤击数 $N_{63.5}$	密实度	锤击数 $N_{63.5}$	密实度
$N_{63.5} \leqslant 4$	松　散	$6 < N_{63.5} \leqslant 9$	中　密
$4 < N_{63.5} \leqslant 6$	稍　密	$N_{63.5} > 9$	密　实

表 8-13 　　　　　　　　　　　　　黏性土的状态分类

锤击数 $N_{63.5}$	状　态	锤击数 $N_{63.5}$	状　态
$N_{63.5} \leqslant 1.5$	流　塑	$7.5 < N_{63.5} \leqslant 10$	硬　塑
$1.5 < N_{63.5} \leqslant 3$	软　塑	$N_{63.5} > 10$	坚　硬
$3 < N_{63.5} \leqslant 7.5$	可　塑	—	—

2. 确定地基土的承载力和变形模量

利用圆锥动力触探的试验成果评价地基土承载力见后续地基土评价的相关内容。本节主要依据地区工程经验评价地基土的变形模量,通常以表格或经验关系式的形式给出。

《成都地区建筑地基基础设计规范》(DB51/T 5026—2001)编制组利用卵石土的载荷试验与超重型圆锥动力触探锤击数进行对比分析,得到变形模量 E_0 与 N_{120} 的关系式,见式(8-24)。

$$E_0 = 15 + 2.7 N_{120} \tag{8-24}$$

该规范推荐的 N_{120} 与 E_0 的关系如表 8-14 所示。

表 8-14 　　　　　　　　　成都地区卵石土 N_{120} 与变形模量 E_0 的关系

N_{120}	4	5	6	7	8	9	10	12	14	16	18	20
E_0/MPa	21	23.5	26	28.5	31	34	37	42	47	52	57	62

3. 估算单桩承载力

例如,沈阳市桩基础试验研究小组在沈阳地区通过重型圆锥动力触探与桩载荷试验的成果资料的统计和对比分析,建立了单桩竖向承载力 P_a 与 $\overline{N}_{63.5}$ 的经验关系式,见式(8-25)。

$$P_a = 24.3 \overline{N}_{63.5} + 365.4 \tag{8-25}$$

式中　P_a——单桩竖向承载力特征值,kN;

　　　$\overline{N}_{63.5}$——由地面至桩尖处,重型圆锥动力触探平均每 10cm 修正后的锤击数。

4. 获取土的抗剪强度指标

例如,辽宁省标准《建筑地基基础技术规范》(DB 21—907—2005)提供了根据 $N_{63.5}$ 估取砂土、碎石土抗剪强度指标的经验表格(一般 $c=0$)(表 8-15)。

表 8-15 　　　　　辽宁地区砂土、碎石土 $N_{63.5}$ 与内摩擦角标准值 φ_k 的关系

重型动力触探锤击数 $N_{63.5}$	内摩擦角标准值 φ_k/(°)			
	卵石	圆砾、砾砂	中、粗砂	粉、细砂
2	34.5	31.4	28.5	21.0
4	35.5	32.4	29.5	23.0
6	36.4	33.4	30.4	25.0
8	37.5	34.4	31.4	27.0
10	38.4	35.4	32.4	29.0
12	39.4	36.4	33.4	30.0
14	40.0	37.4	34.4	31.0
16	41.3	38.3	35.3	32.0
18	42.3	39.3	36.3	33.0
20	43.3	40.3	37.3	34.0
25	45.7	42.2	39.7	—
30	48.2	45.2	42.2	—

注:①表中 $N_{63.5}$ 是修正后的值;②深度范围不大于 15m。

5. 其他应用

此外,圆锥动力触探试验成果还可用于评价地基的均匀性;确定持力层的位置、厚度和软弱地层的分布,以及确定桩端持力层和选择桩长;查明软硬土层界面、软弱夹层、土洞;检验地基处理的加固效果等。应用时都应注意结合地区经验。

8.5 标准贯入试验

标准贯入试验是利用 63.5kg 的穿心锤,以 76cm 的落距自由下落来提供锤击能量,将特定规格的标准贯入器自钻孔底部打入土体中,先预打 15cm(不记锤击数),再打入 30cm 并记录其锤击数(即标贯击数 N),并以此指标 N 来评价土体的工程性质。

从试验机理上,标准贯入试验实际上仍属于动力触探范畴,其试验原理与动力触探试验十分相似。因此,关于动力触探的试验原理也适用于标准贯入试验。所不同的是其贯入器不是圆锥探头,而是标准规格的锥形平头中空圆筒形探头。通过标准贯入试验,从贯入器中可以取得该试验深度的土样,便于对土层进行直接观察,利用扰动土样鉴别土类。与圆锥动力触探试验相似,标准贯入试验并不能直接测定地基土的物理力学性质,而是通过与其他原位测试或室内试验成果进行对比,建立经验关系式,才能用于评定地基土的物理力学性质。

标准贯入试验操作简单,地层适应性广,对不易钻探取样的砂土和砂质粉土尤为适用,但当土中含有较大碎石时使用受限制。标准贯入试验的缺点是离散性比较大,故只能粗略地评定土的工程性质。

8.5.1 试验的设备

标准贯入试验设备主要由贯入器、触探杆(钻杆)和穿心锤 3 部分组成,如图 8-13 所示。

1) 贯入器

标准规格的贯入器是由对开管和管靴两部分组成的探头。对开管是由两个半圆管合成的圆筒型取土器;管靴是一个底端带刃口的圆筒体。两者通过丝口连接,管靴起到固定对开管的作用。贯入器的外径、内径、壁厚、刃角与长度见表 8-16。

2) 穿心锤

重 63.5kg 的铸钢件,中间有一直径 45mm 的穿心孔,以便导向杆传过。国际、国内的穿心锤除了重量相同外,锥型上不完全统一。有直筒型或上小下大的锤型,甚至套筒型,因此穿心锤的重心不一样,其与钻杆的摩擦也不一。落锤能量受落距控制,落锤方式有自动脱钩和非自动脱钩两种。目前已普遍使用自动脱钩装置。

3) 触探杆

国际上多用直径大于 45mm 的无缝钢管,我国则常用直径为 42mm 的工程地质钻杆。触探杆与穿心锤连接处设置一锤垫。

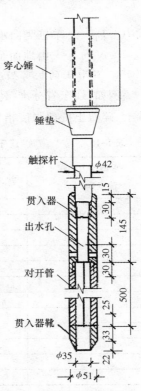

图 8-13 标准贯入试验设备

我国目前采用的标准贯入试验设备与国际标准一致,各设备部件符合表 8-16 的规定。

表 8-16　　　　　　　　　　　　　　　　　标准贯入试验设备

落锤		落锤的质量/kg	63.5
		落距/mm	76
贯入器	对开管	长度/mm	>500
		外径/mm	51
		内径/mm	35
	管靴	长度/mm	50~76
		刃口角度/(°)	18~20
		刃口单刃厚度/mm	2.5
钻杆		直径/mm	42
		相对弯曲	$<\dfrac{1}{1000}$

8.5.2　试验技术要求

标准贯入试验通常与钻探配合,以工程钻探为基础,按以下的技术要求和试验步骤进行。

(1)标准贯入试验孔应采用回转钻进,并保持孔内水位略高于地下水水位。

(2)先钻进至需要进行标准贯入试验位置的土层标高以上 15cm 处,清孔后换用标准贯入器,并量得深度尺寸。

(3)采用自动脱钩的自由锤击法进行标准贯入试验,并减少导向杆与锤之间的摩擦阻力。试验过程中应避免锤击时偏心和晃动,保持贯入器、探杆、导向杆连接后的垂直度。

(4)将贯入器垂直打入试验土层中,锤击速率应小于 30 击/min。先打入 15cm 不计锤击数,继续贯入土中 30cm,记录其锤击数,此击数即为标准贯入击数 N。

若遇比较厚实的砂层,贯入不足 30cm 的锤击数已超过 50 击时,应终止试验,并记录实际贯入深度 ΔS 和累计击数 n,按式(8-26)换算成贯入 30cm 的锤击数 N

$$N=\frac{30n}{\Delta S} \tag{8-26}$$

(5)提出贯入器,将贯入器中土样取出进行鉴别描述,并记录,然后换以钻具继续钻进,至下一需要进行试验的深度,再重复上述操作。一般每隔 1.0~2.0m 进行一次试验。

(6)在不能保持孔壁稳定的钻孔中进行试验时,应下套管以保护孔壁稳定或采用泥浆进行护壁。

8.5.3　试验资料整理与分析

1. 试验结果的影响因素与修正

标准贯入试验与动力触探在贯入器上的差别,决定了其基本原理的特殊性。标准贯入试验所使用的贯入器是空心的,贯入过程中,在冲击力作用下,将有一部分土挤入贯入器,整个贯入器对端部和周围土体将产生挤压和剪切作用,其工作状态和边界条件十分复杂。

影响标准贯入试验的因素很多,主要有以下几个方面。

(1)钻孔孔底土的应力状态。不同的钻进工艺(回转、水冲等)、孔内外水位的差异、钻孔直径的大小等,都会改变钻孔底土体的应力状态,因此会对标贯试验结果产生重要影响。

(2)锤击能量。通过实测,即使是自动自由落锤,传输给探杆系统的锤击能量也有很大的波动,变化范围达到$\pm(45\%\sim50\%)$,对于不同单位、不同机具、不同操作水平,锤击能量的变化范围更大。

(3)杆长修正。与圆锥动力触探相同,关于试验成果进行杆长修正问题,国内外的意见并不一致。在建立标准贯入击数N与其他原位测试或室内试验指标的经验关系式时,对实测值是否修正和如何修正也不统一。因此,在标准贯入试验成果应用时,需要特别注意,应根据建立统计关系式时的具体情形来决定是否对实测锤击数进行修正。因此,在勘察报告中,对于所提供的标准贯入锤击数应注明是否已进行了杆长修正。

(4)上覆压力修正。有些研究者提出应考虑试验深度处土的围压对试验成果的影响,认为随着土层中上覆压力增大,标准贯入试验锤击数相应地增大,应采用式(8-27)进行修正。

$$N_1 = c_N N \tag{8-27}$$

式中 N——实测标准贯入试验击数;

N_1——修正为上覆压力$\sigma'_{v0} = 100\text{kPa}$的标准贯入试验击数;

c_N——上覆压力修正系数,见表8-17。

表 8-17   上覆压力修正系数

提出者及年份	c_N
Gibb 和 Holtz,1957 年	$c_N = 39/(0.23\sigma'_{v0} + 16)$
Peck 等,1974 年	$c_N = 0.77\lg(2000/\sigma'_{v0})$
Seed 等,1983 年	$c_N = 1 - 1.25\lg(\sigma'_{v0}/100)$
Skempton,1986 年	$c_N = 55/(0.28\sigma'_{v0} + 27)$ 或 $c_N = 75/(0.27\sigma'_{v0} + 48)$

注:表内σ'_{v0}是有效上覆压力,以 kPa 计。

2. 试验资料整理

标准贯入试验资料整理时,资料应当齐全,应包括钻孔孔径、钻进方式、护孔方式、落锤方式、地下水位及孔内水位(或泥浆高程)、初始贯入度、预打击数、试验标贯击数等,应记录试验深度,并对贯入器所取扰动土样进行鉴别描述。资料整理包括以下两个方面:

(1)绘制标准贯入锤击数N与深度的关系曲线。可以在工程地质剖面图上,在进行标准贯入试验的试验点深度处标出标准贯入锤击数N值,也可以单独绘制标准贯入锤击数N与试验点深度的关系曲线(图8-14)。作为勘察资料提供时,对N值不必进行杆长修正和上覆压力修正。

(2)结合钻探资料及其他原位试验结果,依据N值

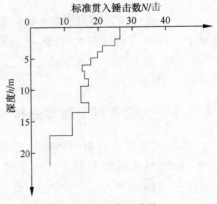

图 8-14   标贯试验成果曲线(N-h)

在深度上的变化,对地基土进行分层,对各土层的 N 值进行统计。统计时,应剔除个别异常值。

8.5.4　试验成果应用

不同于圆锥动力触探,标准贯入试验不能连续贯入,因此不具备勘探的功能。作为测试手段,其试验成果主要应用于以下几个方面。

1. 评价土的物理状态

标准贯入试验是评价砂土密实状态的最有效方法,《岩土工程勘察规范(2009 年版)》(GB 50021—2001)和《建筑地基基础设计规范》(GB 50007—2011)均采用实测标贯击数 N 评价砂土的密实度(表 8-18)。

表 8-18　　　　　　　　　砂土密实度分类

标贯击数 N/击	密实度	标贯击数 N/击	密实度
$N \leqslant 10$	松　散	$15 < N \leqslant 30$	中　密
$10 < N \leqslant 15$	稍　密	$N > 30$	密　实

也有部分地方规范利用标贯击数评价粉土或黏性土的状态,例如广东省标准《建筑地基基础设计规范》(DBJ 15-31—2003)采用实测标贯击数 N 对粉土进行密实度分类(表 8-19)。

表 8-19　　　　　　　　　粉土密实度分类

标贯击数 N/击	密实度	标贯击数 N/击	密实度
$N \leqslant 5$	松　散	$10 < N \leqslant 15$	中　密
$5 < N \leqslant 10$	稍　密	$N > 15$	密　实

2. 确定地基土的承载力和变形参数

同圆锥动力触探一样,利用标准贯入试验成果评价地基土的承载力和变形模量,主要依靠地区工程经验,通常以表格或经验关系式的形式给出。

1) 确定地基承载力

广东省标准《建筑地基基础设计规范》(DBJ 15-31—2003)提供了根据标准贯入试验锤击数 N 确定砂土和粉土地基的承载力特征值的经验表格(表 8-20 和表 8-21)。

表 8-20　　　　　　砂土承载力特征值的经验值 f_{ak}　　　　　　单位:kPa

土的名称	标贯击数 N/击			
	10	20	30	50
中砂、粗砂	180	250	340	500
粉砂、细砂	140	180	250	340

表 8-21　　　　　　粉土承载力特征值的经验值 f_{ak}　　　　　　单位:kPa

锤击 N	3	4	5	6	7	8	9	10	11	12	13	14	15
f_{ak}	105	125	145	165	185	205	225	245	265	285	305	325	345

2) 确定变形参数

国内一些勘察设计单位根据标准贯入试验成果建立的评定土的变形参数(变形模量 E_0 和压缩模量 E_s)的经验关系式如表 8-22 所示。

表 8-22 N 与 E_0、E_s 的经验关系

单 位	关 系 式	适用土类
冶金部武汉勘查公司	$E_s=1.04N+4.89$	中南、华东地区黏性土
湖北省水利电力勘察设计院	$E_0=1.066N+7.431$	黏性土、粉土
武汉城市规划设计院	$E_0=1.41N+2.62$	武汉地区黏性土、粉土
西南综合勘察设计院	$E_s=0.276N+10.22$	唐山粉细砂

3. 估算单桩承载力

规范中几乎没有关于利用标准贯入试验结果确定单桩承载力的规定,但只要工程经验积累准确、充分,可以用标贯击数来估计单桩承载力。例如,北京市勘察设计研究院提出利用如下经验公式估算单桩承载力。

$$Q_u=p_bA_p+\left(\sum p_{fc}L_c+\sum p_{fs}L_s\right)U+C_1-C_2x \tag{8-28}$$

式中 p_b——桩尖以上和以下 $4D$ 范围内 N 平均值换算的极限桩端承力,kPa,见表 8-23;

     p_{fc},p_{fs}——桩身范围内黏性土、砂土 N 值换算的极限桩侧阻力,kPa,见表 8-23;

     L_c,L_s——黏性土层、砂土层的桩段长度,m;

     U——桩截面周长,m;

     A_p——桩的截面积,m²;

     C_1——经验参数,kN,见表 8-24;

     C_2——孔底虚土折减系数,kN/m,取 18.1。

     x——孔底虚土厚度,预制桩取 $x=0$;当虚土厚度大于 0.5m 时,取 $x=0.5$,而端承力取 0。

表 8-23 N 与 p_{fc},p_{fs} 和 p_b 的关系表   单位:kPa

N		1	2	4	8	12	14	20	24	26	28	30	35
预制桩	p_{fc}	7	13	26	52	78	104	130					
	p_{fs}			18	36	53	71	89	107	115	124	133	155
	p_b			440	880	1320	1760	2200	2640	2860	3080	3300	3850
钻孔灌注桩	p_{fc}	3	6	10	25	37	50	62					
	p_{fs}			7	13	26	40	53	66	79	86	92	14
	p_b			110	220	330	450	560	670	720	780	830	970

表 8-24 经验参数 C_1

桩 型	预 制 桩		钻孔灌注桩
土层条件	桩周有新近堆积土	桩周无新近堆积土	桩周无新近堆积土
C_1/kN	340	150	180

4. 确定土的抗剪强度指标

《港口岩土工程勘察规范》(JTS 133-1—2010)提供了标准贯入锤击数 N 与一般黏性土的无侧限抗压强度 q_u 的经验关系,如表 8-25 所示。

表 8-25 标准贯入锤击数与一般黏性土的无侧限抗压强度的关系

标准贯入锤击数 N	$N<2$	$2\leqslant N<4$	$4\leqslant N<8$	$8\leqslant N<15$	$15\leqslant N<30$
无侧限抗压强度 q_u/kPa	$q_u<25$	$25\leqslant q_u<50$	$50\leqslant q_u<100$	$100\leqslant q_u<200$	$200\leqslant q_u<400$

《工程地质手册(第四版)》提供了黏性土标准贯入锤击数与抗剪强度指标之间的经验关系图(图 8-15),该资料来源于原江苏省水利工程勘测总队。

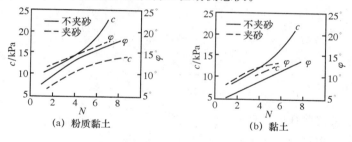

图 8-15　黏性土 $N\text{-}c$、$N\text{-}\varphi$ 关系

5. 其他应用

标准贯入试验还能用来评价场地砂土或粉土地基的液化可能性及其等级(参详第 12 章)、检验地基处理的效果、评价场地的成桩可能性等。

8.6　十字板剪切试验

十字板剪切试验是一种通过对插入地基土中的规定形状和尺寸的十字板头施加扭矩,使十字板头在土体中等速扭转形成圆柱状破坏面,经过换算评定地基土不排水抗剪强度的现场试验。根据读数方式的不同,十字板剪切试验分为普通十字板和电测十字板;根据贯入方式的不同又可分为预钻孔十字板剪切试验和自钻式十字板剪切试验。

十字板剪切试验适用于原位测定饱和软黏土的抗剪强度,所测得的抗剪强度值,相当于试验深度处天然土层,在原位压力下固结的不排水抗剪强度。它可在现场基本保持原位应力条件下进行扭剪。由于十字板剪切试验不需要采取土样,避免了土样扰动及天然应力状态的改变,是一种有效的现场测定土的不排水强度试验方法,在我国沿海软土地区被广泛使用。十字板剪切试验适用于灵敏度 S_t 不大于 10、固结系数 c_v 不大于 100(单位:m^2/年)的均质饱和软黏土。对于不均匀土层,特别是夹有薄层粉细砂或粉土的软黏土,十字板剪切试验会有较大的误差,应谨慎使用。

8.6.1　试验原理

十字板剪切试验通过在钻孔某深度的软黏土中插入规定形状和尺寸的十字板头,施加扭转力矩,将土体剪切破坏,测定土体抵抗扭损的最大力矩,通过换算得到土体不排水抗剪强度 s_u 值(假定 $\varphi \approx 0$),称为十字板强度。十字板头旋转过程中假设在土体产生一个高度为 H(十字板头的高度)、直径为 D(十字板头的直径)的圆柱状剪损面,并假定该剪损面的侧面和上、下底面上每一点土的抗剪强度都相等。在剪损过程中,土体产生的最大抵抗力矩 M 由圆柱侧表面的抵抗力矩 M_1 和圆柱上、下底面的抵抗力矩 M_2 两部分组成,即 $M = M_1 + M_2$。其中,

$$M_1 = s_u \pi D H \frac{D}{2}$$

$$M_2 = 2s_u \frac{1}{4}\pi D^2 \frac{2}{3}\frac{D}{2} = \frac{1}{6}s_u\pi D^3$$

则有

$$M = s_u\pi DH\frac{D}{2} + \frac{1}{6}s_u\pi D^3 = \frac{1}{2}s_u\pi D^2\left(\frac{D}{3}+H\right)$$

$$s_u = \frac{2M}{\pi D^2\left(\dfrac{D}{3}+H\right)} \tag{8-29}$$

式中 s_u——十字板抗剪强度，kPa；

   D——十字板头直径，m；

   H——十字板头高度，m。

对于普通十字板仪，式(8-29)中的 M 值应等于试验测得的总力矩减去轴杆与土体间的摩擦力矩和仪器机械摩阻力矩，即

$$M = (p_f - f)R \tag{8-30}$$

式中 p_f——试验测得的总作用力，kPa；

   f——轴杆与土体间的摩擦力和仪器机械阻力，kPa，在试验时通过使十字板仪与轴杆脱离进行测定；

   R——施力转盘半径，m。

将式(8-30)代入式(8-29)得

$$s_u = \frac{2R}{\pi D^2\left(\dfrac{D}{3}+H\right)}(p_f - f) \tag{8-31}$$

式(8-31)右端第一个因子，对一定规格(D,H 均为十字板几何尺寸)的十字板剪力仪为一常数，称为十字板常数 k（单位：m^{-2}），即

$$k = \frac{2R}{\pi D^2\left(\dfrac{D}{3}+H\right)} \tag{8-32}$$

则有

$$s_u = k(p_f - f) \tag{8-33}$$

式(8-33)即为十字板剪切试验换算土的抗剪强度的计算公式。

对于电测十字板仪，由于在十字板头和轴杆之间的扭力柱上贴有电阻应变片，扭力柱测定的只是作用在十字板头上的扭力，因此在计算土的抗剪强度时，不必进行轴杆与土体间的摩擦力和仪器机械摩阻力修正，土的不排水抗剪强度可直接按式(8-29)进行计算。

8.6.2　十字板剪切试验的仪器设备

十字板剪切试验所需仪器设备包括十字板头、试验用探杆、贯入主机和测力与记录等试验仪器。目前使用的十字板剪切仪主要有机械式十字板剪切仪和电测式十字板剪切仪两种。机械式十字板剪切试验需要用钻机或其他成孔机械预先成孔，然后将十字板头压入至孔底以下一定深度进行试验；电测式十字板剪切试验可采用静力触探贯入主机将十字板头压入指定深度进行试验。

1）十字板头

常用的十字板为矩形,高径比$\frac{H}{D}$为2,如图8-16所示。国外推荐使用的十字板尺寸与国内常用的十字板尺寸不同,如表8-26所示。

表 8-26　　　　　　　　　　　国内外常用的十字板尺寸

十字板尺寸	H/mm	D/mm	板厚 t/mm
国外	125 ± 25	62.5 ± 12.5	2
国内	100	50	2~3
	150	75	2~3

对于不同的土类应选用不同尺寸的十字板头。一般在软黏土中,选择 75mm×150mm 的十字板头较为合适,在稍硬土中可用 50mm×100mm 的。

2）轴杆

一般使用的轴杆直径为 20mm,如图8-16所示。对于机械式十字板仪,按轴杆与十字板头的连接方式,广泛使用离合式,但也有采用牙嵌式的。

3）测力装置

对于普通十字板,一般用开口钢环测力装置;而电测十字板则采用电阻应变式测力装置,并配备相应的读数仪器。

电阻应变式测力装置是通过扭力传感器将十字板头与轴杆相连接,如图8-17所示。在高强弹簧钢的扭力柱上贴有两组正交的、并与轴杆中心线成 45°的电阻应变片,组成全桥接法。扭力柱的上、下端分别与十字板头和轴杆相连接。应用这种装置可以通过电阻应变传感器直接测读十字板头所受的扭力,而不受轴杆摩擦、钻杆弯曲及坍孔等因素的影响,提高了测试精度。

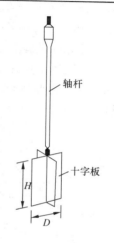

图 8-16　十字板头

8.6.3　试验技术要求

为了减少对原状土体的扰动,使测试结果更接近实际,对于预钻式十字板剪切试验,应满足以下主要技术要求。

（1）在进行预钻式十字板剪切试验时,十字板头插入孔底以下的深度不应小于 3~5 倍钻孔直径,以保证十字板能在未扰动土中进行剪切试验。

（2）十字板头插入土中试验深度后,应至少静止 2~3min,方可开始剪切试验。

（3）应控制扭剪速率,剪切速率过慢,由于排水导致强度增长;剪切速率过快,对饱和软黏性土由于粘滞效应也使强度增长。扭剪速率宜采用(1°~2°)/10s,以此作为统一的标准速率,以便能在不排水条件下进行剪切试验。测记每扭转 1°的扭矩,

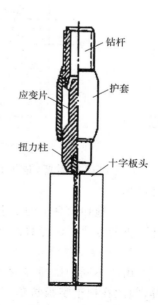

图 8-17　电测十字板测力装置

当扭矩出现峰值或稳定值后,要继续测读 1min,以便确认峰值或稳定扭矩。

（4）在峰值强度或稳定值测试完毕后,如需要测试扰动土的不排水强度,或计算土的灵敏度,则应使土体完全扰动,如用管钳夹紧试验探杆顺时针方向连续转动 6 圈后,再测定重塑土的不排水强度。

对于机械式十字板剪切仪,应单独测定轴杆与土之间的摩擦阻力,以便对测试结果进行修正;对于电测式十字板剪切仪,因为监测单元就设置在十字板头上方,所测扭力本身就不包括轴杆与土之间的阻力,因此无需进行此项修正。

8.6.4　试验资料整理与分析

1. 试验资料的整理

十字板剪切试验资料的整理应包括以下内容:

（1）计算各试验点原状土的十字板抗剪强度、重塑土抗剪强度和土的灵敏度。

（2）绘制各个单孔十字板剪切试验土的十字板抗剪强度、重塑土抗剪强度和土的灵敏度随深度的变化曲线,根据需要可绘制各试验点土的十字板抗剪强度与扭转角的关系曲线（参见图8-18）。

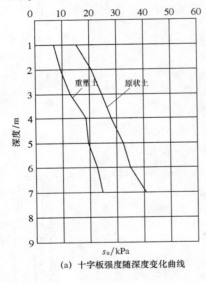
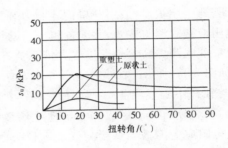

(a) 十字板强度随深度变化曲线　　　　　　(b) 十字板强度与扭转角关系曲线

图 8-18　十字板剪切试验成果曲线

（3）可根据需要,依据地区经验和土层条件,对实测的土的十字板抗剪强度进行必要的修正。

一般饱和软黏土的十字板抗剪强度存在随深度增长的规律,对于同一土层,可以采用统计分析的方法对试验数据进行统计。在统计中应剔除个别的异常数据。

2. 试验结果修正

由于不同的试验方法（如剪切速率、十字板头贯入方式等）测得的十字板抗剪强度有差异,因此在把十字板抗剪强度用于实际工程时需要根据试验条件对试验结果进行适当的修正。

由于剪切速率对十字板抗剪强度有很大影响,假如现场十字板剪切试验的剪切破坏时

间 t_f 以 1min 为准,当考虑剪切速率和土的各向异性时,有学者建议采用式(8-34)修正。

$$c_u = \mu_A \mu_R s_u \tag{8-34}$$

式中　c_u——土的不排水抗剪强度,kPa;

s_u——现场实测土的十字板抗剪强度,kPa;

μ_R——与剪切破坏时间有关的修正系数;

μ_A——与土的各向异性有关的修正系数,介于 1.05~1.10,随 I_P 增大而减小。

其中

$$\mu_R = 1.05 - b(I_P)^{0.5}, (I_P > 5) \tag{8-35}$$

$$b = 0.015 + 0.00751 \lg t_f \tag{8-36}$$

式中　I_P——塑性指数;

t_f——剪切破坏时间,min。

《铁路工程地质原位测试规程》(TB 10018—2003)建议,将现场实测土的十字板抗剪强度用于工程设计时,应根据土层条件或地区经验进行修正。当缺乏地区经验时,可按式(8-37)进行修正。

$$c_u = \mu s_u \tag{8-37}$$

式中,μ 为修正系数,当 $I_p \leqslant 20$ 时,$\mu = 1$;当 $20 < I_p \leqslant 40$ 时,$\mu = 0.9$。

8.6.5　试验成果应用

利用十字板剪切试验,可以直接获得地基土的不排水抗剪强度及灵敏度。此外,在工程实践中主要还有以下应用。

1. 估算软土地基的承载力

根据中国建筑科学研究院和华东电力设计院的经验,可按式(8-38)确定软土地基的容许承载力。

$$f_a = 2c_u + \gamma h \tag{8-38}$$

式中　f_a——地基容许承载力,kPa;

c_u——修正后的十字板抗剪强度,kPa;

γ——土的重度,kN/m³;

h——基础埋置深度,m。

2. 估算单桩极限承载力

$$Q_{u\,max} = N_c c_u A + u \sum_{i=1}^{n} c_{ui} l_i \tag{8-39}$$

式中　$Q_{u\,max}$——单桩极限承载力,kN;

N_c——承载力系数,均质土取 9;

c_u——桩端土的不排水抗剪强度,kPa;

c_{ui}——桩周土的不排水抗剪强度,kPa;

A——桩的截面积,m²;

u——桩的周长,m;

l_i——桩的入土长度,m。

3. 判断软土的固结历史

根据十字板抗剪强度与深度的关系曲线(图 8-19),可判断软土的固结应力历史。

(1) 在曲线上,抗剪强度与深度成正比,并可根据实测的抗剪强度值绘制一通过原点的直线,则认为该土属正常固结土;

(2) 在曲线上,抗剪强度与深度成正比,实测的抗剪强度值大致成一条直线,但直线不通过原点,而与纵轴(深度轴)的延长线相交,则认为该土属超固结土;

(3) 在曲线上,仅在某一深度 h_0 以下实测的抗剪强度值仍大致有通过原点的直线趋势,而 h_0 以上的抗剪强度值偏离直线较多。如 h_0 上、下的土质没有明显的差异,则可认为 h_0 以下的土属正常固结性质,而 h_0 以上的土属超固结性质。但这种超固结性不是由于卸荷作用造成的,而是受大气活动的影响,如温差变化、干湿循环等原因所致。

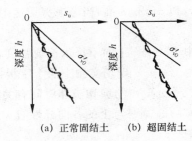

(a) 正常固结土　(b) 超固结土

图 8-19　土的十字板抗剪强度随深度的变化

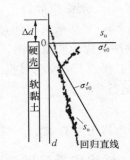

图 8-20　s_u-d 和 σ'_{v0}-d 关系曲线

我国《铁路工程地质原位测试规程》(TB 10018—2003)建议的方法与此类似。土的应力历史可由图 8-20 中 s_u-d 关系曲线按下列方法判定:

(1) 土的固结状态可根据图 8-20 中回归直线交于 d 轴的截距 Δd 的正负加以区分。当 $\Delta d > 0$,为欠固结土;当 $\Delta d = 0$,为正常固结土;当 $\Delta d < 0$,为超固结土。

(2) 土的超固结比采用 Mayne(1988)提出的经验关系式(8-40)进行估算

$$OCR = \frac{22 s_u (I_p)^m}{\sigma'_{nc}} \tag{8-40}$$

式中　m——与地区土质特性有关的经验系数,一般可取 -0.48;

σ'_{nc}——土的有效自重应力,kPa。

4. 检验地基处理的效果

在快速堆载条件下,由于土中孔隙水压力升高,软弱地基的强度会降低,但是经过一定时间的排水,强度又会恢复,并且将随着土的固结而逐渐增长。若采用十字板剪切试验测定地基强度的这种变化情况,可以很方便地为控制施工加荷速率提供依据。

因此,在预压法处置软土地基的工程中,可以采用十字板剪切试验检测软土固结过程中强度的变化,为分级加载施工提供依据,并用于评价软土地基的加固效果。

8.7　旁压试验

旁压试验是把圆柱形旁压器竖直置于土中,利用旁压器的横向加压扩张对周围土体施加压力,获得压力与径向位移之间关系的现场测试技术。根据压力与径向位移之间的关系获得地基土的强度、变形等工程性质,并根据理论研究成果和经验对地基土的工程特性进行评价。

旁压试验按将旁压器放置在土层中的方式分为预钻式旁压试验、自钻式旁压试验和压入式旁压试验。预钻式旁压试验是事先在土层中预钻一竖直钻孔,再将旁压器放到孔内设定的深度(标高)处进行试验。自钻式旁压试验是在旁压器的下端装置切削钻头和环形刃具,在以静力压入土中的同时,用钻头将进入刃具的土切碎,并用循环泥浆将碎土带到地面。钻到预定试验深度后,停止钻进,进行旁压试验的各项操作。压入式旁压试验是用静力将旁压器压入指定的试验深度进行试验。

预钻式旁压试验的结果很大程度上取决于成孔的质量,常用于成孔性能较好的地层。压入式旁压试验在压入过程中对周围有挤土效应,对试验结果有一定的影响。目前,国际上出现一种将旁压腔与静力触探探头组合在一起的仪器,在静力触探试验的过程中可随时停止贯入进行旁压试验,从旁压试验贯入方式的角度,这应属于压入式。

旁压试验方法简单、灵活,技术成熟,适用于黏性土、粉土、砂土、碎石土、极软岩和软岩等地层的测试。

8.7.1 试验原理

进行旁压试验时,通过向圆柱形旁压器内分级充气加压,在竖直的孔内使旁压膜径向膨胀,将压力传递给周围土体,使土体产生变形直至破坏,从而得到施加的压力与旁压器扩张体积(或径向位移)之间的关系。旁压试验可理想化为圆柱孔穴扩张问题,属于轴对称平面应变问题。典型的预钻式旁压曲线(压力 p-体积变化量 V 曲线或压力 p-测管水位下降值 S)如图 8-21 所示,可划分为三段。

Ⅰ段(曲线 AB):初始阶段,反映孔壁受扰动后土的压缩与恢复;

Ⅱ段(直线 BC):似弹性阶段,在此阶段压力与体积变化量(或测管水位下降值)大致成直线关系;

Ⅲ段(曲线 CD):塑性阶段:随着压力的增大,体积变化量(或测管水位下降值)逐渐增加,最后急剧增大,直至达到破坏。

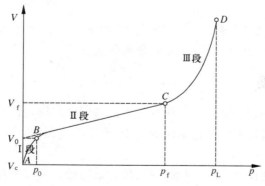

图 8-21 典型的旁压曲线

旁压曲线Ⅰ段与Ⅱ段之间的界限压力相当于初始水平压力 p_0,Ⅱ段与Ⅲ段之间的界限压力相当于临塑压力 p_f,Ⅲ段末尾渐近线的压力为极限压力 p_L。

依据旁压曲线似弹性阶段(图 8-21 中Ⅱ段)的斜率,由圆柱扩张轴对称平面应变的弹性理论解，可得旁压模量 E_M 和旁压剪切模量 G_M。

$$E_M = 2(1+\mu)\left(V_c + \frac{V_0 + V_f}{2}\right)\frac{\Delta p}{\Delta V} \tag{8-41}$$

$$G_M = \left(V_c + \frac{V_0 + V_f}{2}\right)\frac{\Delta p}{\Delta V} \tag{8-42}$$

式中　μ——土的泊松比；

V_c——旁压器量测腔初始固有体积，cm^3；

V_0——与初始压力 p_0 对应的体积，cm^3；

V_f——与临塑压力 p_f 对应的体积，cm^3；

$\dfrac{\Delta p}{\Delta V}$——旁压曲线直线段的斜率，$kPa/cm^3$。

根据旁压曲线可以得到试验深度处地基土层的初始压力、临塑压力、极限压力，依据式(8-41)和式(8-42)可计算获得地基土的旁压模量及其他有关土力学指标。

8.7.2　试验的仪器设备

旁压试验所需的仪器设备主要由旁压器、变形测量系统和加压稳压装置等部分组成。

1）旁压器

旁压器，又称旁压仪，是旁压试验的核心部件，整体呈圆柱形状，内部为中空的优质铜管，外层为特殊的弹性膜。根据试验土层的情况，旁压器外径上可以方便地安装橡胶保护套或金属保护套（金属铠），以保护弹性膜不直接与土层中的锋利物体接触，延长弹性膜的使用寿命。

2）变形测量系统

变形测量系统由不锈钢储水筒、目测管、位移和压力传感器、显示记录仪、精密压力表、同轴导压管及阀门等组成。变形测量系统用于向旁压器注水、加压，并测量、记录旁压器在压力作用下的径向位移，即土体的侧向变形。精密压力表和目测管是在自动记录仪有故障时应急使用。

3）加压稳压装置

加压稳压装置由高压储气瓶、精密调压阀、压力表及管路等组成，用来在试验中向土体分级加压，并在试验规定的时间内自动精确稳定各级压力。

8.7.3　试验的技术要求

所有的原位测试技术都一样，要想获得有价值的试验成果，就需要严格遵照技术要求进行。对于旁压试验，这些技术要求包括仪器校正、预成孔和测试等方面的内容。

1. 仪器校正

试验前，应对仪器进行弹性膜（包括保护套）约束力校正和仪器综合变形校正，具体项目按下列情况确定：

（1）首次使用的旁压器或较长时间不用的旁压仪，均需进行弹性膜约束力校正和仪器综合变形校正；

（2）更换弹性膜（或保护套）需进行弹性膜约束力校正，为提高压力精度，弹性膜经过多次试验后，应进行弹性膜复校试验；

（3）加长或缩短导压管时，需进行仪器综合变形校正试验。

通过弹性膜约束力校正，可绘制弹性膜约束力校正曲线图，如图 8-22 所示。

仪器综合变形校正是为了获得在试验可能的压力范围内、旁压器以外的管路系统引起的体积膨胀或测压水位变化量。因此，需要连接好合适长度的导管，注水至要求高度后，将旁压器放入刚性限制的校正筒内进行。根据所测压力 p 与水位下降值 S 与绘制其关系曲线，如图 8-23 所示。p-S 关系曲线应为一直线，直线的斜率 $\Delta S/\Delta p$ 即为仪器综合变形校正系数 α。

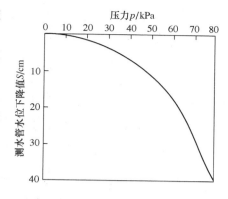

图 8-22　弹性膜约束力校正曲线

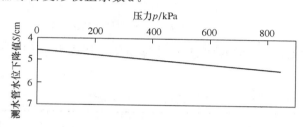

图 8-23　仪器综合变形校正曲线

2. 预钻成孔

旁压试验的可靠性取决于钻孔成孔质量的好坏，钻孔直径应与旁压器的直径相适应。针对不同性质的土层及深度，可选用与其相应的提土器或与其相适应的钻机钻头。例如，对于软塑-流塑状态的土宜选用提土器；对于坚硬-可塑状态的土层可采用勺型钻；对于钻孔孔壁稳定性差的土层宜采用泥浆护壁钻进。钻孔深度应以旁压器测试腔中点处为试验深度。

孔径根据土层情况和选用的旁压器外径确定，一般要求比所用旁压器外径大 2～6mm 为宜，不应过大。孔径太小，放入旁压器时会发生困难，或因放入旁压器而扰动土体；孔径太大会因旁压器体积容量的限制而过早的结束试验。预钻成孔的孔壁要求垂直、光滑，孔形圆整，尽量减少对孔壁土体的扰动，且保持土层的天然含水量。

图 8-24 反映了成孔质量对旁压曲线的影响。从图上可以看出，a 线为正常的旁压曲线；b 线反映孔壁严重扰动，因旁压器体积容量不够而迫使试验终止；c 线反映孔径太大，旁压器的膨胀量有相当一部分消耗在空穴体积上，无法给孔壁土层施加压力；d 线系钻孔直径太小，或有缩孔现象，试验前孔壁已受到挤压，故曲线没有前段。

值得注意的是试验必须在同一土层，否则不但试验资料难以应用，且当上下两种土层差异过大时会造成试验中旁压器弹性膜的破裂，导致试验失败。另外，试验点的垂直间距应根据地层条件和工程要求确定，但不宜小于 1m，旁压试验孔与已有钻孔的水平距离不宜小于 1m。如果在试验钻孔中取过土样或进行过标贯试验的孔段，由于土体已经受到不同程度的扰动，不宜进行旁压试验。

3. 试验要点

成孔后，应尽快进行试验。压力增量等级和相对稳定时间标准可根据现场情况及有关

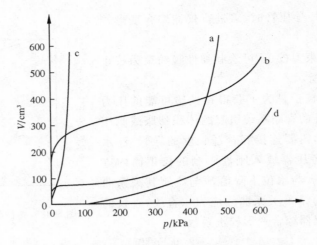

图 8-24　钻孔成孔质量对旁压曲线的影响

旁压试验规程选取确定,其中压力增量建议选取预估临塑压力 p_f 的 $\frac{1}{7} \sim \frac{1}{5}$,如不易预估,可参考表 8-27 确定。

表 8-27　　　　　　　　　　旁压试验压力增量建议值

土的特性	压力增量/kPa	
	临塑压力前	临塑压力后
淤泥、淤泥质土、流塑黏性土、松散粉细砂	≤15	≤30
软塑黏性土、疏松黄土、稍密粉土、稍密粉细砂、稍密中粗砂	15～25	30～50
可塑-硬塑黏性土、一般性质黄土、中密-密实粉土、中密-密实粉细砂、中密中粗砂	25～50	50～100
硬塑-坚硬黏性土、老黄土、密实粉土、密实中粗砂	50～100	100～200
中密-密实碎石土、极软岩	≥100	≥200
软质岩、强风化岩	200～500	≥500

在加压过程,当测管水位下降接近最大值时或水位急剧下降无法稳定时,应立即终止试验以防弹性膜胀破。可根据现场情况,采用下列方法之一终止试验。

1)尚需进行试验时

当试验深度小于 2m,可迅速将调压阀按逆时针方向旋至最松位置,使所加压力为零。利用弹性膜的回弹,迫使旁压器内的水回流至测管。当水位接近"0"位时,取出旁压器。当试验深度大于 2m 时,打开水箱盖,利用系统内的压力,使旁压器里的水回流至水箱备用。旋松调压阀,使系统压力为零,取出旁压器。

2)试验全部结束时

利用试验中当时系统内的压力将水排净后旋松调压阀。将导压管接头快速取下后,应罩上保护套,严防泥沙等杂物带入仪器管道。若准备较长时间不使用仪器时,须将仪器内部所有水排尽,并擦净外表,放置在阴凉、干燥处。

另外,在试验过程中,如钻孔直径过大或被测土体的弹性区较大时,有可能发生水量不够的情况,即土体仍处在弹性区域内,而施加压力远未达到仪器最大压力值,且位移量已达到 32cm 以上,此时,尚要继续试验,则应进行补水。

8.7.4　试验资料整理与分析

1. 试验资料修正

在整理试验资料时,应分别对各级压力和相应的扩张体积(或径向增量)进行弹性膜约束力和体积校正。

(1) 按式(8-43)和式(8-44)进行约束力校正

$$p = p_m + p_w - p_i \tag{8-43}$$

$$p_w = \gamma_w(H + Z) \tag{8-44}$$

式中　p——校正后的压力,kPa;

p_m——显示仪测记的该级压力的最后值,kPa;

p_w——静水压力,kPa;

p_i——弹性膜约束力,kPa,由各级总压力($p_m + p_w$)所对应的测管水位下降值查弹性膜约束力校正曲线获得;

H——测管原始"0"位水面至试验孔口高度,m;

Z——旁压试验深度,m,当试验点位于地下水位以下时,取孔口距孔内地下水位的深度;

γ_w——水的重度,kN/m³,一般可取 10kN/m³。

(2) 按式(8-45)或式(8-46)进行体积或测管水位下降值的校正

$$V = V_m - \alpha(p_m + p_w) \tag{8-45}$$

$$S = S_m - \alpha(p_m + p_w) \tag{8-46}$$

式中　V、S——校正后体积和测管水位下降值;

V_m、S_m——($p_m + p_w$)所对应的体积和测管水位下降值;

α——仪器综合变形系数(由综合校正曲线查得)。

2. 资料整理与分析

1) 绘制旁压曲线

用校正后的压力 p 和校正后的测管水位下降值 S(或校正后的体积 V),绘制 p-S(或 p-V)曲线,即旁压曲线。

在直角坐标系统中,以 S 为纵坐标,p 为横坐标,各坐标的比例可以根据试验数据的大小自行选定。根据各级压力 p 和对应的测管水位下降值 S,分别将其确定在选定的坐标上,然后先将在一条直线上的点用直线段相连,并两端延长,与纵轴相交的截距即为 S_0;再用曲线板连曲线部分,定出曲线与直线段的切点,此点为直线段的终点。如图 8-25 所示。

2) 试验结果分析

通过对旁压曲线的分析,可以确定土的初始压力 p_0、临塑压力 p_f 和极限压力 p_L 各特征压力。进而评定土的相关物理力学参数。

(1) 初始压力 p_0 的确定。如图 8-25 所示,延长旁压曲线的直线段与纵轴相交,其截距为 S_0,S_0 所对应的压力即为初始压力 p_0。

(2) 临塑压力 p_f 的确定。根据旁压曲线,有两种确定临塑压力 p_f 的方法(图 8-25)。①直线段的终点对应的压力值即为临塑压力 p_f;②按各级压力下 30s 到 60s 的增量 ΔS_{60-30} 或 30s 到 120s 的增量 ΔS_{120-30} 与压力 p 的关系曲线辅助分析确定。

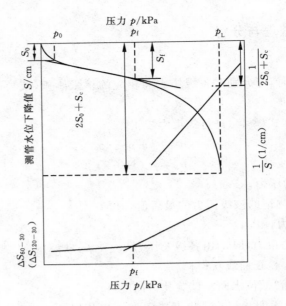

图 8-25　利用旁压曲线确定各特征压力值

（3）极限压力 p_L 的确定。根据图 8-25 所示旁压曲线，有两种方法确定极限压力 p_L。①将 $p\text{-}S$ 曲线用曲线板加以延伸，取 $S = 2S_0 + S_c$ 所对应的压力为极限压力 p_L；②把临塑压力 p_f 以后曲线部分各点的水位下降值 S 取倒数 $\frac{1}{S}$，作 $p - \frac{1}{S}$ 关系曲线，此曲线为一近似直线。在直线上取 $1/(2S_0 + S_c)$ 所对应的压力为极限压力 p_L。

8.7.5　试验成果应用

利用旁压试验成果（以预钻式旁压试验为例），并结合地区经验，可用来确定地基承载力、变形参数及侧向基床系数等。

1. 确定地基承载力

利用旁压试验成果评价浅基础地基土承载力是比较可靠的。由此确定的承载力特征值无需进行深度修正。

（1）按临塑压力法，地基承载力特征值 f_{ak} 为

$$f_{ak} = \lambda(p_f - p_0) \tag{8-47}$$

式中　p_f、p_0——分别为临塑压力和初始压力，kPa；

λ——修正系数，可取 $0.7 \sim 1.0$；也可根据地方经验确定。

（2）按极限压力法，当极限压力 p_L 小于等于临塑压力 p_f 的 2 倍时，取极限压力的一半，由式（8-48a）确定地基承载力特征值 f_{ak}。

$$f_{ak} = \frac{p_L}{2} - p_0 \tag{8-48a}$$

当极限压力 p_L 大于临塑压力 p_f 的 2 倍时，由式（8-48b）确定。

$$f_{ak} = \frac{p_L - p_0}{K} \tag{8-48b}$$

式中　p_L——极限压力,kPa;

　　K——安全系数,取 2～3,也可根据地区经验确定。

2. 估算地基变形参数

地基土的压缩模量 E_s、变形模量 E_0 可根据旁压模量 E_M 或旁压剪切模量 G_M,结合地区经验采用经验公式确定。例如,铁路工程地基土旁压测试技术规程编制组通过与平板载荷试验对比,得出如下估算地基土变形模量的经验关系式:

对黄土

$$E_0 = 3.723 + 0.00532G_M \tag{8-49}$$

对一般黏性土

$$E_0 = 1.836 + 0.00286G_M \tag{8-50}$$

对硬黏土

$$E_0 = 1.026 + 0.00480G_M \tag{8-51}$$

另外,通过与室内试验成果的对比,建立了估算地基土压缩模量的经验关系式:

对黄土,当深度小于等于 3.0m 时

$$E_s = 1.797 + 0.00173G_M \tag{8-52}$$

当深度大于 3.0m 时

$$E_s = 1.485 + 0.00143G_M \tag{8-53}$$

对黏性土

$$E_s = 2.092 + 0.00252G_M \tag{8-54}$$

以上各式中,G_M 为旁压剪切模量。

3. 估算侧向基床系数

根据初始压力 p_0 和临塑压力 p_f,采用式(8-55)估算地基土的侧向基床系数 K_m。

$$K_m = \frac{\Delta p}{\Delta R} \tag{8-55}$$

式中　$\Delta p = p_f - p_0$,为临塑压力与初始压力之差;

　　$\Delta R = R_f - R_0$,R_f 和 R_0 分别为对应于临塑压力与初始压力的旁压器径向位移。

4. 其他应用

根据自钻式旁压试验的旁压曲线,还可推求原位水平应力、静止侧压力系数和不排水抗剪强度等。

8.8　扁铲侧胀试验

扁铲侧胀试验是利用静力或锤击动力将一扁平铲形探头压(贯)入土中,达到预定试验深度后,利用气压使扁铲探头上的钢膜片侧向膨胀,分别测得膜片中心侧向膨胀不同距离(分别为 0.05mm 和 1.10mm)时的气压值,根据测得的压力与变形之间的关系,获得地基土参数、评定地基土工程特性的一种现场试验。扁铲侧胀试验能够比较准确地反映小应变条件下土的应力应变关系,测试成果的重复性比较好。

扁铲侧胀试验适用于软土、一般黏性土、粉土、黄土和松散-中密的砂土。一般在软弱、松散土中适宜性好,而随着土的坚硬程度或密实程度的增加,适宜性较差。与其他的原位测试技术一样,将扁铲侧胀试验应用于新的土类或新的地区时,应通过对比研究,建立适合于研究对象的扁铲侧胀试验指标与岩土工程参数的经验关系式或半经验半理论关系式,不宜照搬、套用现成的公式。

8.8.1 试验的基本原理

扁铲探头是一个具有特定规格的不锈钢钢板,在扁铲的一侧安装的一圆形钢膜片(图8-26)。扁铲探头通过一条穿过探杆的气电管路与地表的测控箱连接,气电管路用以传输气压和传递电信号。测控箱通过气压管和一个气源相连接,以提供气压使膜片膨胀。测控箱起到控制气压力和提示采样的中控作用。

常规的扁铲侧胀试验组成如图8-27所示。通过测控箱操作使膜片充气膨胀,在充气鼓胀过程中得到如下两个读数:A读数,膜片鼓胀距离基座0.05mm时的气压值;B读数,膜片鼓胀距离基座1.10mm时的气压值。

在到达B点之后,通过气压调控器释放气压,使膜片缓慢回缩到距离基座0.05mm时对应的气压值记为C读数。

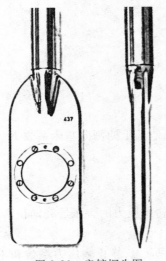

图 8-26 扁铲探头图

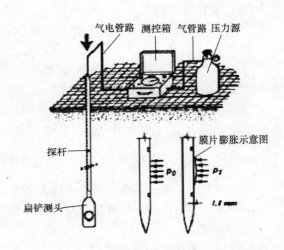

图 8-27 试验仪器布置图

扁铲试验时,整个膨胀过程中膜片的变形量很小,因而可将其视为弹性变形过程。膜片的向外鼓胀可假设为在无限弹性介质内部,在圆形膜片面积上施加均布荷载 Δp。如果弹性介质的弹性模量为 E,泊松比为 μ,膜上任一点的位移量为 s,则

$$s(r) = \frac{4R\Delta p(1-\mu^2)}{\pi E}\sqrt{1-\left(\frac{r}{R}\right)^2} \tag{8-56}$$

式中 R——钢膜片的半径,mm;

r——膜上任一点到膜片中心点的距离,mm。

当 $r=0$ 时,由式(8-56)可得膜片中心点的位移量 $s(0)$ 为

$$s(0) = \frac{4R\Delta p(1-\mu^2)}{\pi E} \tag{8-57}$$

将式(8-57)加以变换,得

$$E_D = \frac{E}{1-\mu^2} = \frac{4R}{\pi s(0)}\Delta p \tag{8-58}$$

式(8-58)中,R 和 $s(0)$ 分别为膜片的半径(30mm)和膜片中心的位移量(1.10mm),为已知值;Δp 为膜片从基座鼓胀到距基座 1.10mm 时的压力增量,即 $p_1 - p_0$。因此,式(8-58)表示压力增量 Δp 与被测试土的性质 $E/(1-\mu^2)$ 直接相关。

8.8.2　仪器设备及其工作原理

扁铲侧胀试验的仪器设备包括扁铲头、测控箱、贯入设备和气压源。这里重点介绍扁铲头及其工作原理。

1. 扁铲探头和弹性钢膜片

如图 8-28,扁铲探头长 230～240mm,宽 94～96mm,厚 14～16mm;扁铲探头具有锲形底端,利于贯穿土层,探头前缘刃角 12°～16°。圆形钢膜片固定在探头一个侧面上。钢膜片直径为 60mm,正常厚度为 0.20mm(在可能剪坏探头的土层中,常使用 0.25mm 厚的钢膜)。

2. 探头的工作原理

探头的工作原理见图 8-29,其工作原理如同一个电开关。绝缘垫将基座与扁铲体(包括钢膜片)隔离,图中基座与测控箱电源的正极相连,而钢膜片通过地线与测控箱的负极相连。在自然状态下,彼此之间被绝缘体分开,电路处于短开状态。而当膜片受土压力作用而向内收缩与基座接触时,或是受气压作用使膜向外鼓胀,钢柱在弹簧作用下与基座接触时,则电路形成回路,使测控箱上的蜂鸣声响起。

在进行扁铲侧胀试验中,当扁铲贯入土层后,钢膜片受土压力的作用向里收缩,膜片与基座接触,蜂鸣声响起。到达试验位置后,操作人员开始通过测控箱对膜片施加气压,在一段时间内膜片仍保持与基座接触(蜂鸣声不断)。当内部气压力达到与外部压力平衡时,膜片开始向外移动并与基座脱离(蜂鸣声停止)。

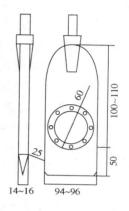

图 8-28　扁铲探头
（单位:mm）

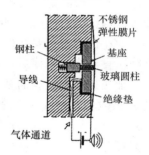

图 8-29　扁铲探头的工作原理

蜂鸣声停止则提醒操作者读取 A 读数。继续向内充气加压,膜片继续向外移动,膜片中心向外移动达到 1.10mm 时,钢柱在弹簧作用下与基座底部接触,则蜂鸣声再次响起,提醒操作者记录 B 读数。在读取 B 读数后,通过排气卸除内部压力,膜片在外部土(水)压力作用下缓慢回收,当膜片距基座 0.05mm 时,蜂鸣器再次响起,此时读取 C 读数。

8.8.3　试验的技术要求

1. 扁铲探头膜片的标定

膜片的标定就是为了克服膜片本身的刚度对试验结果的影响,通过标定可以得到膜片的标定值 ΔA 和 ΔB,可用于对 A,B,C 读数进行修正。标定应在试验前和试验后各进行一次,并检查前后两次标定值的差别,以判断试验结果的可靠性。

在大气压力下,因为膜表面本身有微小的向外的曲率,自由状态下膜片的位置处于 A、B 之间的某个位置(即介于距离基座 $0.05 \sim 1.10\mathrm{mm}$),如图 8-30 所示。$\Delta A$ 是采用率定气压计通过对扁铲探头抽真空,使膜片从自由位置回缩到距离基座 $0.05\mathrm{mm}$(A 位置)时所需的压力(应该是吸力);而 ΔB 是通过对扁铲头充气,使膜片从自由位置到 B 位置时所需的气压。

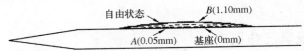

图 8-30　膜片在不同状态的位置

现场试验测定的 A、B、C 读数都需经 ΔA、ΔB 修正。ΔA、ΔB 值对试验成果十分重要,所以要求 ΔA、ΔB 值应在一定范围内。一般 ΔA 在 $5 \sim 25\mathrm{kPa}$ 之间,理想值为 $15\mathrm{kPa}$;ΔB 在 $10 \sim 110\mathrm{kPa}$ 之间,理想值为 $40\mathrm{kPa}$。若 ΔA、ΔB 不在该范围内,则此膜片不能用于扁铲侧胀试验,需要对膜片进行老化处理。

无论什么时候采用新膜片时,都应对膜片进行老化处理。新膜片的标定值一般不在 ΔA、ΔB 的允许范围之内,通过老化处理可以得到稳定的 ΔA、ΔB 值。未经老化的膜片在测试中其 ΔA、ΔB 的值会出现变化,表现不稳定。

2. 测试技术要求

扁铲探头贯入速度应控制在 $2\mathrm{cm/s}$ 左右,试验点的间距可取 $20 \sim 50\mathrm{cm}$。在贯入过程中,排气阀始终是打开的。当扁铲探头达预定深度后,关闭排气阀,缓慢打开微调阀,当蜂鸣器停止响的瞬间记下气压值,即 A 读数;继续缓慢加压,直至蜂鸣器响时,记下气压值,即 B 读数;然后立即打开排气阀,并关闭微调阀以防止膜片过分膨胀而损坏膜片。

如在试验中需要获得 C 读数,应在获得 B 读数后,打开微排阀而非打开排气阀,使其缓慢降压直至蜂鸣器停止后再次响起(膜片离基座为 $0.05\mathrm{mm}$),此时记下的读数为 C 值。

加压速率对试验的结果有一定影响,因而应将加压速率控制在一定范围内。压力从 0 到 A 值应控制在 $15\mathrm{s}$ 之内测得,而 B 值应在 A 读数后的 $15 \sim 20\mathrm{s}$ 之间获得,C 值在 B 读数后约 $1\mathrm{min}$ 获得。这个速率是在气电管路为 $25\mathrm{m}$ 长的加压速率,对大于 $25\mathrm{m}$ 的气电管路可适当延长。

在试验过程中应注意校核差值($B-A$)是否出现($B-A$)小于($\Delta A + \Delta B$),如果出现,应停止试验,检查原因,看是否需要更换膜片。

试验结束后,应立即提升探杆,取出扁铲探头,并对扁铲探头膜片进行标定,获得试验后的 ΔA、ΔB 值。ΔA、ΔB 应在允许范围内,并且试验前后 ΔA、ΔB 值相差不应超过 $25\mathrm{kPa}$,否则试验的数据不能使用。

3. 消散试验

在排水不畅的黏性土层中,由扁铲贯入引起的超孔压随着时间逐步消散。消散需要的时间一般远大于一个试验点的测试时间($2\mathrm{min}$),因此在不同时间间隔连续地测定某一个读数可以反映出超孔压的消散情况。扁铲侧胀消散试验可在需要的深度进行。根据消散试验操作过程和测试参数的不同,目前同时存在三种消散试验:DMT-A、DMT-A$_2$ 和 DMT-C 消散试验。Marchetti 建议采用 DMT-A 消散试验。

进行 DMT-A 消散试验,试验过程中只测读 A 读数,膜片并不扩张到 B 位置处。

按扁铲侧胀试验试验程序贯入到试验深度,读取 A 读数并记下所需时间 t;立即释放压力回零,而不测 B、C 读数。分别在时间间隔为 1min、2min、4min、8min、15min、30min、90min 测读一次 A 读数,以后每 90min 测读一次。

在现场绘制初步的 A-$\lg t$ 曲线(图 8-31),曲线的形状通常为"S"形,当曲线的第二个拐点出现后,可停止试验。

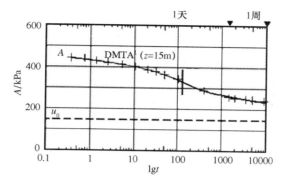

图 8-31　消散试验的 A-$\lg t$ 曲线

8.8.4　试验数据整理与分析

1. 实测数据修正

现场实测 A、B、C 读数应对钢膜片和压力表零漂进行修正,以求得膜片不同位置时的膜片与土之间的接触压力 p_0,p_1,p_2。

$$p_0 = 1.05(A - z_m + \Delta A) - 0.05(B - z_m - \Delta B) \tag{8-59}$$

$$p_1 = B - z_m - \Delta B \tag{8-60}$$

$$p_2 = C - z_m + \Delta A \tag{8-61}$$

式中　p_0——膜片向土中膨胀之前的接触压力,kPa;

　　　p_1——膜片膨胀至 1.10mm 时的压力,kPa;

　　　p_2——膜片回到 0.05mm 时的终止压力,kPa;

　　　z_m——压力表零漂,kPa。

2. 试验结果的整理和分析

根据 p_0,p_1,p_2,可计算扁铲侧胀试验中间指标:扁铲土性指数 I_D、扁铲水平应力指数 K_D、扁铲侧胀模量 E_D 和侧胀孔压指数 U_D。

(1)扁铲土性指数 I_D。

$$I_D = \frac{p_1 - p_0}{p_0 - u_0} \tag{8-62}$$

式中,u_0 为未贯入前试验深度处的静水压力,kPa。

(2)水平应力指数 K_D。

$$K_D = \frac{p_0 - u_0}{\sigma'_{v0}} \tag{8-63}$$

式中,σ'_{v0} 为未贯入前试验深度处的竖向有效压力,kPa。

（3）扁铲侧胀模量 E_D。

如将 $E/(1-\mu^2)$ 定义为扁铲模量 E_D，当 $s(0)=1.10\text{mm}$ 时，则由式（8-58）可得

$$E_D=34.7(p_1-p_0) \tag{8-64}$$

由于扁铲侧胀模量 E_D 缺乏关于应力历史方面的信息，一般不能作为土性参数直接使用，而需要与 K_D，I_D 结合使用。

（4）侧胀孔压指数 U_D。

$$U_D=(p_2-u_0)/(p_0-u_0) \tag{8-65}$$

计算各测试点（不同深度）的 I_D，K_D，E_D 和 U_D，列成表格。

8.8.5　试验成果应用

根据试验指标，结合地区经验，扁铲侧胀试验的资料成果主要可以用于判别土类、确定黏性土的塑性状态、评价土的应力历史（超固结比 OCR）、确定地基承载力、获取土的强度指标、计算土的静止侧压力系数和侧向基床系数等。

1. 判别土类

如图 8-32 所示，黏性土中 p_0 与 p_1 的值比较接近，而砂土中相差较大，可通过扁铲土性指数 I_D 的大小来反映。因此，意大利人 Marchetti（1980）根据土性指数 I_D 划分土类，见表8-28。

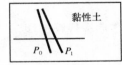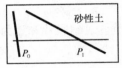

图 8-32　p_1、p_0 与土性关系

表 8-28　　　　　　　　　　　　　用 I_D 划分土类

I_D 值		0.1	0.35	0.6	0.9	1.2	1.8	3.3
土类	泥炭及灵敏性黏土	黏土	粉质黏土	黏质粉土	粉土	砂质粉土	粉砂	砂土

实践证明，根据表 8-33 划分土类，与土工试验及静探成果相比，基本一致。但是由于各地区的土性差异，因此在具体应用时，应结合地区经验作适当地修正。例如，在上海地区黏土和粉质黏土分界值约在 0.29，黏质粉土与砂质的分界值约在 1.0，砂质粉土与粉砂的分界值约在 3.0。

我国行业标准《铁路工程地质原位测试规程》（TB 10018—2003）在表 8-28 的基础上，结合国内研究成果对部分分类界限值作了调整，建议根据 I_D 值按表 8-29 进行土类划分。

表 8-29　　　　　　　　　　　　判别土类的 I_D 值

土类	泥炭或灵敏性黏土	黏土	粉质黏土	粉土	砂类土
I_D 值	$I_D<0.01$	$0.1\leqslant I_D<0.3$	$0.3\leqslant I_D<0.6$	$0.6\leqslant I_D<1.8$	$I_D\geqslant1.8$

2. 确定黏性土的塑性状态

《铁路工程地质原位测试规程》（TB 10018—2003）提出基于土性指数 I_D 和侧胀模量 E_D 的饱和黏性土的状态分类法，见表 8-30。表中参数 m 按式（8-66）计算。

$$m=(\lg E_D+0.748)/(\lg I_D+7.667) \tag{8-66}$$

表 8-30　判别饱和黏性土塑性状态的 m 值

判 别 式	$m\leqslant 0.53$	$0.53<m\leqslant 0.62$	$0.62<m\leqslant 0.71$	$m>0.71$
塑性状态	流塑	软塑	硬塑	坚硬

3. 评价土的应力历史

水平应力指数 K_D 是扁铲侧胀试验的关键性结果,可把 K_D 视为土层由于探头贯入放大之后的 K_0。在正常固结黏性土中,K_D 的值约为 2。K_D 的剖面与 OCR 有点相似,利用 K_D 可以计算土的超固结比 OCR。

$$若 I_D<1.2,则 OCR=(0.5K_D)^{1.56} \tag{8-67}$$

$$若 I_D>2.0,则 OCR=(0.67K_D)^{1.91} \tag{8-68}$$

$$若 1.2<I_D<2.0,则 OCR=(mK_D)^n \tag{8-69}$$

式中,$m=0.5+0.17P$,$n=1.56+0.35P$;而 $P=(I_D-1.2)/0.8$。

若 $OCR<0.3$ 时,说明已超出修正范围,应予以注意。另外,还有人提出另一种计算公式:

对新近沉积的黏土　　　　　$\dfrac{c_u}{\sigma'_{v0}}<0.8,OCR=0.3K_D^{1.17}$ $\tag{8-70}$

对老黏土　　　　　$\dfrac{c_u}{\sigma'_{v0}}\geqslant 0.8,OCR=2.7K_D^{1.1}$ $\tag{8-71}$

4. 确定地基承载力

$$f_0=n\Delta p \tag{8-72}$$

式中　f_0——地基土的计算强度,kPa;

　　　n——经验修正系数,黏土取 1.44(相对变形约为 0.02),粉质黏土取 0.86(相对变形约为 0.015)。

5. 获取土的强度指标

以黏性土不排水抗剪强度 c_u 为例,Marchetti(1980)提出了利用 K_D 计算 c_u 的经验公式:

$$c_u=0.22\sigma'_{v0}(0.5K_D)^{1.25} \tag{8-73}$$

图 8-33 给出了由扁铲侧胀试验得到的 c_u 和其他原位测试得到的 c_u 的对比。从中可以看出,由扁铲侧胀试验结果计算得到的 c_u 是比较精确可靠的。

继 Marchetti(1980)提出式(8-73)以来,很多学者根据当地的土性条件和地区经验对该公式进行了修正,提出了许多符合当地情况的经验和半经验公式。

6. 估算静止侧压力系数

研究表明,黏性土地基的侧胀水平应力指数与土的静止侧压力系数之间具有很好的相关性。Marchetti(1980)提出的 K_0 的统计表达式为

$$K_0=(K_D/1.5)^{0.47}-0.6 \tag{8-74}$$

后来的研究者结合地区经验对其进行了一系列的修正。我国《铁路工程地质原位测试规程》(TB 10018—2003)建议的估算静止侧压力系数的经验关系式为

$$K_0=0.30K_D^{0.54} \tag{8-75}$$

大多数工程应用只需要 K_0 的近似值,式(8-75)获得的 K_0 值能够满足一般应用的要求。

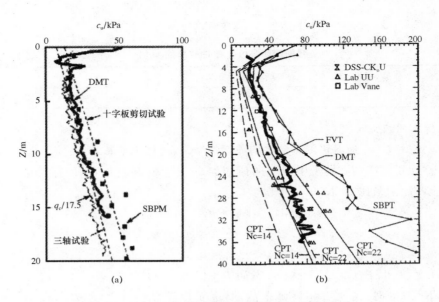

图 8-33　由 DMT 得到的 c_u 与其他原位试验的比较

7. 估算侧向基床系数

《铁路工程地质原位测试规程》（TB 10018—2003）提供了估算侧向基床系数的经验公式。对于饱和黏性土、饱和砂土及粉土地基的基准水平基床系数 K_{h1} 可按式（8-76）计算。

$$K_{h1}=0.2k_h \tag{8-76a}$$

$$k_h=1817(1-A)(p_1-p_0) \tag{8-76b}$$

式中　k_h——扁铲侧胀仪的抗力系数；

　　　A——孔隙压力参数，无室内试验数据时，可按表 8-31 取值；

　　　1817——量纲为 m^{-1} 的系数。

表 8-31　　　　　　　　　　饱和土的 A 值

土类	砂类土	粉土	粉质黏土		黏土	
			$OCR=1$	$1<OCR\leqslant4$	$OCR=1$	$1<OCR\leqslant4$
A	0	0.10～0.20	0.15～0.25	0～0.15	0.25～0.50	0～0.25

8. 其他应用

此外，扁铲侧胀试验还能用来检验地基处理效果、进行地基土液化判别、计算天然地基的沉降、识别超固结土边坡的潜在滑动面等。如果在扁铲侧胀试验过程中进行了扁铲消散试验，还可以获得黏性土的固结系数和渗透系数等。

复习思考题

1. 载荷试验有哪几种类型？并说明各自的使用对象。
2. 平板载荷试验典型的压力-沉降曲线（p-s 曲线）可以分为哪几个阶段？各有什么特征？与土体的应力应变状态有什么联系？

3. 为什么会出现原始 p-s 曲线的直线段延长线不通过原点 $(0,0)$ 的情况？在整理资料时，如何进行修正？

4. 什么是静力触探试验？请说明静力触探的试验原理。

5. 单桥探头、双桥探头和孔压探头可以分别测定哪些试验指标？

6. 贯入速率对试验结果有哪些影响？《岩土工程勘察规范（2009 年版）》（GB 50021—2001）规定的贯入速率是多少？

7. CPTU 试验前为什么要对探头进行脱气处理？如何进行？

8. 为什么圆锥动力触探试验指标（锤击数）可以反映地基土的力学性能？

9. 说明圆锥动力触探试验成果的影响因素。在应用圆锥动力触探试验成果时，如何对待试验指标的修正问题？

10. 什么是标准贯入试验？

11. 试说明标准贯入试验与重型圆锥动力触探试验的联系与区别。

12. 为什么要对上覆压力进行修正？如何修正？

13. 你认为有必要进行杆长修正吗？

14. 什么是十字板剪切试验？试说明它的适用条件。

15. 通过十字板剪切试验，如何得到饱和土的灵敏度指标？

16. 浅谈十字板剪切试验成果的影响因素。

17. 研究表明黏性土的稠度对十字板剪切强度有影响，如何进行修正？

18. 试说明旁压试验的基本原理。

19. 预钻式旁压试验的成孔质量对试验结果有什么影响？有什么样的技术要求？

20. 典型的旁压曲线分哪几个阶段？各阶段与周围土体的变化有什么关系？

21. 在典型的旁压曲线上，可以确定哪些特征点？各代表什么物理意义？如何根据旁压曲线确定各特征压力？

22. 试说明扁铲试验的基本原理。

23. 请论述扁铲探头的工作原理。

24. 为什么在试验前和试验后均需要对扁铲测头进行标定？

25. 请说明 DMT-A 消散试验的方法。

第9章　岩土参数的统计分析与取值

9.1　概述

在岩土工程勘察中,通过勘探、取样、室内试验、现场试验及原位测试等技术环节,可以获得大量反映岩土体工程性状的试验数据,这些数据从不同的侧面揭示了岩土的空间分布、物理性质、力学性质、化学性质等。但这些数据是随机的、离散的,具有不确定性。只有经过系统的归类整理和统计分析,才能通过有限的样本(试验数据)来估计总体(岩土体单元)的特征及其变化规律,确定合理的岩土参数取值。

从本质上讲,自然成因的岩土,其参数本身就具有很大的空间变异性,在特定时刻、特定部位采样、测试而获得的有限的试验数据带有很强的局限性,使工程师对岩土性状的估计与实际性状之间存在着一定的差异,即具有不确定性。除此之外,岩土参数的不确定性还由于取样的扰动、测试时岩土试样所经历的应力应变条件和排水条件与实际状况不一致引起的误差、试验过程中的系统误差和人为误差、尺寸效应、时间效应等。处理岩土参数不确定性的方法通常有定值法和概率法两种。

定值法采用平均的岩土参数值,假定岩土是具有这种平均性质的均匀材料,在设计中通过一定的安全系数来考虑实际上存在的这种不确定性,以保证工程的安全。在确定安全系数时,考虑了岩土的变异性、计算模式的简化、荷载的不确定性等。定值法数学处理比较简单,所以被工程技术人员广泛采用。

概率法是把岩土参数看作随机变量,根据已有经验假定或通过概率分布的假设检验,获得岩土参数服从的概率分布函数,以试验数据为基础,运用参数估计确定岩土参数的特征值。在设计中,用破坏概率或可靠度的概念代替定值法中的单一安全系数。由于不像定值法那样直观易用,加之一些现实的原因,直接确定破坏概率或可靠度的设计方法较难推广。目前,国际上通行的做法是基于极限状态理论以分项系数的形式来体现概率设计法的精神。

限于篇幅,本章只着重介绍岩土工程勘察工作中常用的统计整理方法、统计特征值、岩土参数取值方法以及试验数据的检验与取舍等内容。其中涉及的数理统计知识,可参考《概率论与数理统计》等相关教材。

9.2　试验数据的初步整理与经验分布

在岩土工程勘察中获得的试验数据,表面看来有大有小,似乎是一堆杂乱无章的数据。但经过一定方法的整理,可以显示出它们的规律性,进而可用一些特征值来概括表示一组试验数据。在统计分析之前,可以对试验数据进行初步整理,归纳其经验分布并编制相关统计图表。

1. 划分统计单元

由《概率论与数理统计》相关知识,进行概率统计分析的重要前提是参与统计的数据应属于同一母体(总体),即首先需要划分统计单元。在工程地质和岩土工程领域,可把地质成因、年代、岩性特征、物理力学性质基本一致的岩土体视为一个统计单元体,称为工程地质单元体。

对一个统计单元体,依据若干个试样,用统一标准的仪器和方法测定某一指标的若干个试验数据;或在一个统计单元体内,在若干平面位置上于不同深度处取得同一原位测试的若干试验数据,可以看作该项指标的子样。试验数据的个数 n 称为子样的样本容量,而每一个数据则称为个体,亦即 n 个个体构成一个子样。子样包含的个体数目一般总是有限的。从实用的角度而言,足够多的个体就可以构成一个总体。

2. 编制统计图表

统计分析要解决的问题就是利用子样统计的结果来估计总体的特征。为此,必须先从一组数据中归纳出子样的经验分布。子样的经验分布可以用图示法或数值法表示。

以表 9-1 某一土层的含水量数据为例,整理时可作散点图、频数分布图、频率分布图和累计频率分布图。

表 9-1　　　　　　　　　　　　　　**某土层含水量试验数据表**

序号	土样编号	取土深度/m	$w/\%$	序号	土样编号	取土深度/m	$w/\%$
1	41-4	3.70	48.9	21	28-5	4.25	48.8
2	-5	4.70	47.8	22	-6	5.25	42.1
3	-6	5.70	40.9	23	-7	6.25	40.9
4	-7	6.70	41.5	24	-8	7.25	41.1
5	23-6	5.30	42.8	25	55-6	5.70	49.9
6	-7	6.25	42.8	26	-7	6.70	39.8
7	-8	7.25	44.5	27	50-6	5.70	42.1
8	42-3	3.70	45.9	28	-7	7.20	47.0
9	-4	4.70	50.2	29	85-13	5.25	42.0
10	-5	5.70	46.7	30	-14	6.25	41.6
11	-6	6.70	42.0	31	-15	7.25	40.6
12	24-6	5.25	37.0	32	87-4	4.20	44.6
13	-7	6.20	42.8	33	-6	6.70	41.7
14	26-5	4.30	42.0	34	91-4	4.70	—
15	-6	5.30	48.4	35	-5	5.70	45.5
16	-7	6.30	44.0	36	-6	6.70	43.7
17	-8	7.30	45.6	37	89-4	6.20	40.2
18	39-6	6.67	45.6	38	-5	7.20	45.4
19	-7	7.45	45.2	39	83-5	6.30	43.3
20	-8	8.65	48.3	40	-9	7.30	42.9

图 9-1 为某土层土的含水量统计图。

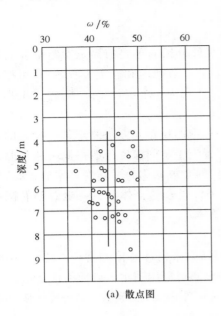

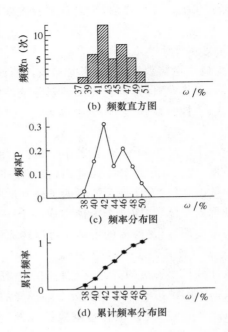

图 9-1　某土层土的含水量统计图

从图 9-1(a)所示的含水量随深度变化的散点图可以看出,该土层的含水量在 37.0%～50.2%内变化,而且含水量的变化与深度没有明显的相关性。

把含水量的变化范围划分为若干个等间距的区间(如以 2%为一区间),统计各区间内测定值出现的个数 n_i,n_i 即该区间的频数。绘出各区间的频数,即频数分布图,或称为频数直方图,如图 9-1(b)所示。各区间的频数之和等于子样的样本容量 n,即 $n = \sum_i n_i$。

对各个区间数据出现的频数 n_i 除以 n,可计算各区间的频率 p_i;各区间频率的总和应等于 1,即 $\sum p_i = 1$。以各区间的含水量中值作为这个区间内所有数据的代表值,可绘制频率分布图,如图 9-1(c)所示。

按区间中值由小到大的次序,分别计算小于等于某一区间中值的频率累计值,可得累计频率分布图,如图 9-1(d)所示。

这里,室内试验得到的含水量测试值并非连续变量,而是离散的随机变量,所得到的分布为离散的经验分布。从图 9-1 可以看出,划分区间数目的多少会影响经验分布的形态,当区间取得很小时,在有些区间将会无观测值出现;当区间取得很大,则可能把全部观测值都包含在一个区间内,这都不能清楚反映数据的经验分布。一般区间数目应根据样本容量来确定,对于样本容量大的数据,区间可以多划一些(即区间范围可小些);反之就应少划一些。

9.3　试验数据的统计分析

1. 基本的统计特征值

在岩土工程勘察报告中,一般应提供岩土参数的平均值、标准差、变异系数等基本特征参数。

1）平均值

岩土参数（$\phi_1, \phi_2, \cdots, \phi_n$）的平均值通常采用算术平均值

$$\phi_m = \frac{1}{n}(\phi_1 + \phi_2 + \cdots + \phi_n) = \frac{1}{n}\sum \phi_i \qquad (9\text{-}1a)$$

式中　$\phi_1, \phi_2, \cdots, \phi_n$——各个试验数据值；

　　　n——试验数据总数。

当分区段统计时，有：

$$\phi_m = \frac{\sum \phi_{mi} n_i}{n} = \sum P_i \phi_{mi} \qquad (9\text{-}1b)$$

式中　n_i——该区段的数据个数；

　　　ϕ_{mi}——该区段数据的算术平均值；

　　　P_i——该区段的数据频率。

在统计计算中，有时由于各数据的精度不同或其他原因，对试验数据各赋有不同的权值，因此需计算加权平均值

$$\phi_m = \frac{\omega_1 \phi_1 + \omega_2 \phi_2 + \cdots + \omega_n \phi_n}{\omega_1 + \omega_2 + \cdots + \omega_n} = \frac{\sum \omega_i \phi_i}{\sum \omega_i} \qquad (9\text{-}1c)$$

式中　$\omega, \omega_2, \cdots, \omega_n$——各个试验值的对应权。

2）标准差

标准差和均方差都是表示数据离散性的特征值，其大小反映一组试验数据偏离平均值的波动程度。对于抽样分布，标准差 σ_f 为：

$$\sigma_f = \sqrt{\frac{1}{n-1}\sum_{i=1}^{n}(\phi_i - \phi_m)^2} \qquad (9\text{-}2a)$$

当 $n > 30$ 时，可近似按式（9-2b）计算：

$$\sigma_f = \sqrt{\frac{1}{n}\sum_{i=1}^{n}(\phi_i - \phi_m)^2} \qquad (9\text{-}2b)$$

3）变异系数

对于不同组的试验数据，要比较它们的离散程度，不能单看标准差 σ_f 的绝对值，而应比较标准差与平均值的比值（即变异系数）才比较合理。变异系数 δ 可按式（9-3）计算：

$$\delta = \frac{\sigma_f}{\phi_m} \qquad (9\text{-}3)$$

变异系数既反映了土性参数的固有变异性，也反映了取土技术和试验方法等对土性参数的试验误差。一般来说，变异系数越大，反映试验结果的代表性越差。

变异系数是无量纲参数，使用上比较方便，在国际上是一个通用指标。对于不同土类的一些土性指标，国内外均有相应的建议值。表 9-2 给出了我国部分地区一些岩土参数的变异系数的建议值。

表 9-2　　　　　　　　　　我国部分地区岩土参数变异系数建议值

地区	土　类	γ 的变异系数	E_s 的变异系数	φ 的变异系数	c 的变异系数
上海	淤泥质黏土	0.017～0.020	0.044～0.213	0.206～0.308	0.049～0.089
	淤泥质粉质黏土	0.019～0.023	0.166～0.178	0.197～0.424	0.162～0.245
	暗绿色粉质黏土	0.015～0.031	—	0.097～0.268	0.333～0.646
江苏	黏土	0.005～0.033	0.177～0.257	0.164～0.370	0.156～0.290
	粉质黏土	0.014～0.030	0.122～0.300	0.100～0.360	0.160～0.550
安徽	黏土	0.020～0.034	0.170～0.500	0.140～0.168	0.280～0.300
河南	粉质黏土	0.015～0.018	0.166～0.469	—	—
	粉土	0.017～0.044	0.209～0.417	—	—

2. 岩土参数的相关性

在工程实践中,人们发现一些岩土参数(如黏性土的不排水抗剪强度)沿深度方向呈有规律的变化,另一些则没有规律。因此,对于主要的岩土参数宜绘制沿深度变化的图件,并按其变化特点分为(深度)相关型和非相关型。相关型表示岩土参数随深度有规律地变化,其中随深度增加而增加的称为正相关,随深度增加而减小的称为负相关。

对于相关型岩土参数,可进行回归分析确定相关系数 r,按式(9-4)计算剩余标准差,并利用剩余标准差计算变异系数。

$$\sigma_r = \sigma_f \sqrt{1-r^2} \tag{9-4}$$

$$\delta = \frac{\sigma_r}{\phi_m} \tag{9-5}$$

式中　σ_r——剩余标准差;

　　　σ_f——岩土参数的标准差;

　　　r——相关系数,对非相关型,$r=0$;

　　　δ——变异系数;

　　　ϕ_m——岩土参数的平均值。

由于回归作用,减少了参数的随机变异性,提高了预估参数的可靠性。按照变异系数的不同,可将岩土参数随深度的变异特性划分为均一型($\delta < 0.3$)和剧变型($\delta \geqslant 0.3$)。

需要时,还应统计分析岩土参数在水平方向上的变异规律,以更加全面地了解岩土参数的空间变异性和相关性。

9.4　岩土参数的选用与确定

1. 岩土参数的估计

通过上述统计分析得到的特征参数只是反映了整个土层中有限点(取样点或试验点)的土性参数,即从试验数据得出的仅仅是子样的特征参数,而不是总体的。人们只能从有限的子样数据来推断总体的性状参数——估计总体平均值和方差的真值。实际上真值是未知的,只能得到总体平均值和方差的最佳估计,给出一定置信水平的区间估计。

　　岩土参数的标准值是岩土工程设计时所采用的基本代表值,是岩土参数的可靠性估值。岩土参数可靠性估值是在统计学区间估计理论基础上得到的关于参数母体平均值置信区间的单侧置信界限值。如果母体平均值以 μ 表示,可靠性估值以 ϕ_k 表示,则其概率可由式(9-6)表示:

$$P[\mu < \phi_k] = a = 1 - p \tag{9-6}$$

式中　a——风险概率,是一个可以接受的小概率,符合式(9-7)单侧置信下限;

　　　　p——置信概率,或称置信水平,表示可以预期的安全概率。

　　a 与 p 值都根据岩土工程的等级和勘察阶段而定,一般 $a = 0.05$,$p = 0.95$。单侧置信界限值可按区间估计理论由式(9-7)求得:

$$\phi_k = \phi_m \left(1 \pm \frac{t_a}{\sqrt{n}} \delta \right) \tag{9-7}$$

$$\gamma_s = 1 \pm \frac{t_a}{\sqrt{n}} \delta \tag{9-8}$$

式中　t_a——t 分布单侧置信区间的系数值,按风险率 a(或置信概率 p)和自由度 $n-1$ 由表9-3 查得。

　　　　正负号——按不利组合考虑。采用置信上限时,为正号;采用置信下限时,为负号。

表 9-3　　　　　　　　　　　　　t 分布单侧置信区间 t_a 系数表

自由度 $n-1$	风险概率 a				
	0.10	0.05	0.025	0.01	0.005
	置信概率 p				
	0.90	0.95	0.975	0.99	0.995
1	3.07	6.31	12.71	31.82	63.66
2	1.89	2.92	4.30	6.97	9.93
3	1.64	2.35	3.18	4.54	5.84
4	1.53	2.13	2.78	3.75	4.60
5	1.48	2.02	2.57	3.37	4.03
6	1.44	1.94	2.45	3.14	3.70
7	1.42	1.90	2.37	3.00	3.50
8	1.40	1.86	2.30	2.90	3.36
9	1.38	1.83	2.26	2.82	3.25
10	1.37	1.81	2.23	2.76	3.17
11	1.36	1.80	2.20	2.72	3.11
12	1.36	1.78	2.18	2.68	3.06
13	1.35	1.77	2.16	2.65	3.01
14	1.35	1.76	2.14	2.62	2.98
15	1.34	1.75	2.13	2.60	2.95
16	1.34	1.75	2.12	2.58	2.92
17	1.33	1.74	2.11	2.57	2.90

续表

自由度 $n-1$	风 险 概 率 a				
	0.10	0.05	0.025	0.01	0.005
	置 信 概 率 p				
	0.90	0.95	0.975	0.99	0.995
18	1.33	1.73	2.10	2.55	2.88
19	1.33	1.72	2.09	2.54	2.86
20	1.33	1.72	2.09	2.53	2.85
21	1.32	1.72	2.08	2.52	2.83
22	1.32	1.72	2.07	2.51	2.82
23	1.32	1.71	2.07	2.50	2.81
24	1.32	1.71	2.06	2.49	2.80
25	1.32	1.71	2.06	2.49	2.79
26	1.32	1.71	2.06	2.48	2.78
27	1.31	1.70	2.05	2.47	2.77
28	1.31	1.70	2.05	2.47	2.76
29	1.31	1.70	2.05	2.46	2.76
30	1.31	1.70	2.04	2.46	2.75
40	1.31	1.69	2.02	2.42	2.70
60	1.30	1.67	2.00	2.39	2.66
80	1.30	1.66	1.99	2.37	2.66
100	1.20	1.66	1.93	2.36	2.62
200	1.20	1.66	1.93	2.36	2.62
∞	1.20	1.65	1.96	2.33	2.58

2. 标准值

岩土参数的标准值 ϕ_k 可按式(9-9)确定

$$\phi_k = \gamma_s \phi_m \tag{9-9}$$

为了便于应用,在采用 $a=0.05$ 条件下,将式(9-8)和表9-3的有关系数简化拟合成样本容量 n 的显函数形式,则统计修正系数 γ_s 可按式(9-10)计算。

$$\gamma_s = 1 \pm \left(\frac{1.704}{\sqrt{n}} + \frac{4.678}{n^2} \right) \delta \tag{9-10}$$

统计修正系数 γ_s 也可按岩土工程问题的类型与重要性、参数的变异性及统计数据的个数,根据经验选用。

3. 设计值

岩土参数的设计值 ϕ_d 可按式(9-11)确定

$$\phi_d = \gamma \phi_m \tag{9-11}$$

式中,γ 为岩土参数的分项系数,按表9-4采用。

表 9-4 岩土参数分项系数

项　目	岩　土　参　数	分　项　系　数	
土工构筑物和挡土墙	黏聚力 c		0.67
	内摩擦系数 $\tan\varphi$		0.83
基础工程	黏聚力 c	γ	0.4~0.5
	内摩擦系数 $\tan\varphi$		0.67~0.83
水压	渗透压力或孔隙水压力		1.0~1.2
土体自重	重度		1.0~1.1

9.5　试验数据的检验与取舍

对试验数据进行整理与统计分析之前,应明确数据的分布范围和数量,并对其进行检验以剔除异常数据。一般情况下,异常数据的检验与取舍方法会涉及统计特征值的应用,因此试验数据的整理、统计和检验、取舍这两个过程是迭代调整的关系,可能需要重复进行。

1. 试验数量的估计

为了保证统计得到的特征参数具有一定的精度和可靠性,需要对试验数量(子样样本容量)进行最低限定的估计。根据统计学区间估计理论,对于变异系数为 δ 的子样,如果要得到一个以 $(1-a)$ 为置信水平的单侧区间 $\phi_m(1+\Delta)$,则所需的试验数量可由式(9-12)或表 9-5 估计。

$$n=\left(\frac{\delta \cdot t_a}{\Delta}\right)^2 \tag{9-12}$$

式中,Δ 为相对误差。

表 9-5 估计平均值的最小样本容量

$\dfrac{\Delta}{\delta}=\dfrac{t_a}{\sqrt{n}}$		0.25	0.5	0.75	1.0	1.5	2.0
置信水平 $(1-a)$	0.99	110	30	16	10	7	5
	0.95	64	18	9	7	5	4
	0.90	45	13	7	5	4	3

利用式(9-12)计算 n 时,需先假定 n 值来确定 t_a,故需采用试算法逐步近似。为估算方便,可利用图 9-2,在给定 $\dfrac{\Delta}{\delta}$ 值之后,直接在曲线上查得 n 值。

2. 试验数据的检验与取舍

最大值 ϕ_{max} 和最小值 ϕ_{min} 确定了试验数据的变化范围,分别用式(9-13a)和式(9-13b)表示:

$$\phi_{max}=\max\{\phi_1,\phi_2,\cdots,\phi_n\} \tag{9-13a}$$

$$\phi_{min}=\min\{\phi_1,\phi_2,\cdots,\phi_n\} \tag{9-13b}$$

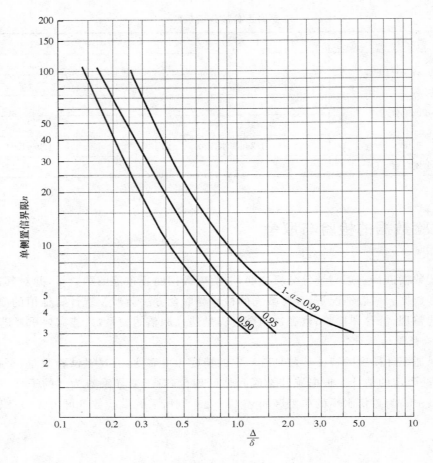

图 9-2　$\dfrac{\Delta}{\delta}$ -n 关系曲线

由于最大值和最小值只决定于个别的试验数据,偶然性很大。在整理勘察资料时,除了要注意剔除个别异常数据以外,有时可考虑上下限各舍去总数的 10% 以后,再确定试验数据的变化范围。

通常情况下,对于正态分布的试验数据的取舍采用三倍标准差法或 Grubbs 准则来判定,见式(9-14)。

$$T_0 = \frac{|\phi_0 - \phi_{\mathrm{m}}|}{\sigma_{\mathrm{f}}} \tag{9-14}$$

式中　T_0——某个数据舍弃的计算临界值;

　　　ϕ_0——可能舍弃的数据。

当计算得到的 T_0 值大于表 9-6 提供的 T 值时,ϕ_0 这个数据必须舍弃。这个过程可以重复,直至数据再没有可剔除的为止。若采用三倍标准差法,取 $T=3$。

表 9-6　　　　　　　　　　　　　舍弃值的临界值 T

样品数	置信水平		样品数	置信水平		样品数	置信水平	
	0.95	0.99		0.95	0.99		0.95	0.99
3	1.15	1.15	9	2.11	2.32	15	2.41	2.71
4	1.46	1.49	10	2.18	2.41	20	2.56	2.88
5	1.67	1.75	11	2.23	2.48	25	2.66	3.01
6	1.82	1.94	12	2.29	2.55	30	2.75	—
7	1.94	2.10	13	2.33	2.61	40	2.87	—
8	2.03	2.22	14	2.37	2.66	60	3.03	—

　　每个统计单元,土的物理力学性质指标应基本接近,数据的离散性只能是土质不均匀或试验误差造成的。这种离散性,可通过差异显著性检验来判别。对于正态分布的试验数据,通常采用 μ 检验和 t 检验(具体方法参考有关数理统计知识的教材)。μ 检验适用于标准差比较稳定而只需对均值作检验的情况;t 检验适用于总体方差未知,需检验总体均值与样本均值有无显著差异的情况。若两个统计单元的指标,经过差异显著性检验无明显差异时,可以合并成一个统计单元。

复习思考题

1. 为什么要对试验数据进行统计分析?
2. 岩土参数的不确定性来源于哪几个方面?
3. 通常处理岩土参数不确定性的方法有哪些?
4. 何谓工程地质单元体? 如何划分统计单元?
5. 基本的统计特征值有哪些? 如何计算? 有何意义?
6. 简述"概率法"确定岩土参数取值的方法。
7. 简述试验数据的检验与取舍的方法。

第 10 章　地基土岩土工程评价的任务和方法

地基评价是在岩土工程勘察的最后阶段进行的,是在对勘察工作所取得的大量实际资料,包括对当地建筑经验的调查研究、现场勘探描述、室内水土分析、现场原位测试等分别进行整理后,从工程地质和水文地质条件出发,结合上部结构要求和施工特点而进行的综合评价。

10.1　地基评价的任务和内容

地基评价一般是在场地稳定性评价的基础上进行的。它的任务主要是确定地基类型、选择合适的持力层、评价地基的均匀性、地基变形和地基承载力等。地基评价的内容包括:

(1) 划分地基土的类型,并确定各层地基土的空间分布情况;

(2) 确定地基土的状态、物理力学性质,并评价各层地基土的均匀性;

(3) 评价地下水位变化范围、趋势及其腐蚀性;

(4) 针对地基基础类型和上部结构特点选择持力层,确定地基土的承载力或单桩(群桩)承载力;

(5) 地基变形量计算与评价,必要时进行稳定性验算;

(6) 对地基土在施工及使用过程中可能的变化及趋势进行评价,并提出应采取的措施。

地基评价的核心问题是在勘探和测试成果的基础上,正确选择基础的持力层,并合理地确定地基土的承载力,或不同条件下、不同类型的单桩承载力。

10.2　地层划分和土性参数确定

岩土工程勘察的最直接的成果就是拟建设场地内地表以下的地层划分,获得每个勘探孔的地质剖面,进而建立场地不同方向上的工程地质剖面图和对场地地质剖面的感性认识。该项工作应该在已有研究成果和工程经验的基础上进行,在制定勘察纲要阶段,首先应对已有资料进行分析和现场踏勘,初步建立场地的地质剖面,预判在勘探深度范围内可能会遇到的土层及其状态;然后在岩土工程钻探、原位测试过程中不断修正和完善场地的地质剖面,定量化不同土层的分层界限位置;最后在包括测试和试验结果在内的所有资料基础上,根据工程地质原理评价勘探孔之间的地层变化,最终确定包含地下水位的场地的工程地质剖面(参见图 10-1)。除此之外,对于场地内存在的可能影响工程建设的地下障碍物、地下洞穴等,也应进行分析研判,并标注在工程地质剖面上。

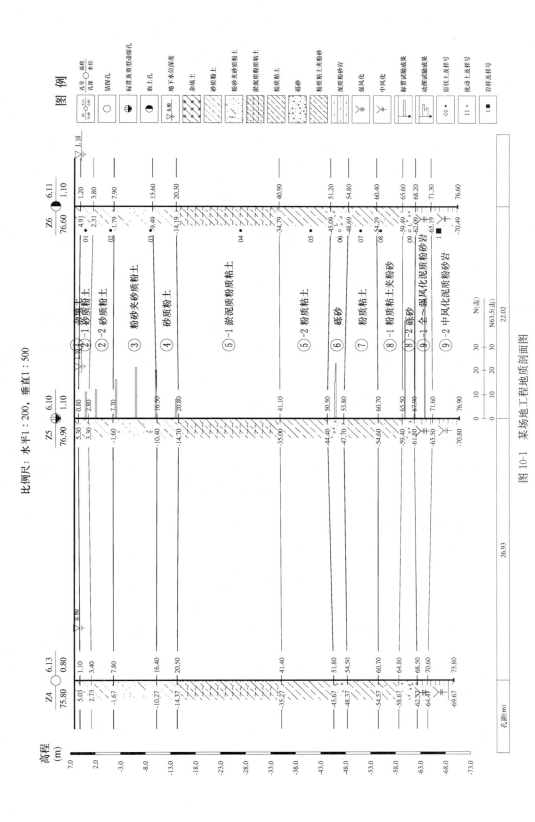

图 10-1　某场地工程地质剖面图

岩土工程勘察的主要目的和任务是认识场地内各层地基土的工程地质特性,提供地基土的物理力学性质参数,为岩土工程设计服务。为此,应基于现场钻探记录、现场测试和室内试验结果进行综合分析,针对工程建设项目的特点和要求提供如下参数和评价:

(1) 地基土的状态(黏性土的稠度状态或颗粒土的密实状态)评价;

(2) 地基土的物理性质参数,如容重、孔隙比、含水量和饱和度等;

(3) 地基土的应力历史状态,如超固结比、静止土压力系数等;

(4) 地基土的力学性质参数,如强度、模量等参数;

(5) 地基土的渗透性系数及固结参数;

(6) 地基土的化学性质及其腐蚀性评价。

10.3 确定地基承载力的原则和方法

地基的承载能力称为地基承载力。根据极限状态法,在进行基础工程设计时,要避免出现两种极限状态:地基土中出现破坏的极限状态和因地基变形过大而影响上部结构正常使用功能的极限状态。前者要求地基不会失稳,对应于地基的极限承载力;后者要求建筑物的变形不超过容许值,对应于地基的容许承载力或承载力设计值。因此,在确定地基承载力时应遵循如下原则:

(1) 保证地基不发生强度破坏而丧失稳定性;

(2) 保证建筑物不产生影响其安全与正常使用的过大沉降或不均匀沉降。

确定地基承载力的方法有承载力公式法、载荷试验法和经验法。

1. 承载力公式法

在地基承载力研究成果基础上,按照上述确定地基承载力的原则,遵照国家或地方(行业)的相关规范和标准,采用地基土的强度设计参数按地基承载力公式直接计算地基承载力。应用该方法估算地基承载力的关键问题是选取恰当的地基土强度参数。

《建筑地基基础设计规范》(GB 50007—2011)规定:当基础的偏心距 e 小于或等于 0.033 倍基础底面宽度时,可根据土的抗剪强度指标按式(10-1)计算地基承载力特征值 f_a,并应满足变形要求。

$$f_a = M_b \gamma b + M_d \gamma_m d + M_c c_k \qquad (10\text{-}1)$$

式中　γ——基础底面以下土的重度,kN/m^3,地下水位以下取浮容重;

　　　γ_m——基础底面以上土的加权平均重度,kN/m^3,位于地下水位以下的土层取有效重度;

　　　b——基础底面宽度,m,大于 6m 时按 6m 取值,对于砂土小于 3m 时按 3m 取值;

　　　d——基础埋置深度,m;

　　　c_k——基础下一倍短边宽度的深度范围内土的黏聚力标准值,kPa;

　　　M_b、M_d、M_c——承载力系数,根据基础下一倍短边宽度的深度范围内土的内摩擦角标准值,按表 10-1 确定。

表 10-1　　　　　　　　　　　　　承载力系数表

内摩擦角 φ_k/(°)	M_b	M_d	M_c
0	0	1.00	3.14
2	0.03	1.12	3.32
4	0.06	1.25	3.51
6	0.10	1.39	3.71
8	0.14	1.55	3.93
10	0.18	1.73	4.17
12	0.23	1.94	4.42
14	0.29	2.17	4.69
16	0.36	2.43	5.00
18	0.43	2.72	5.31
20	0.51	3.06	5.66
22	0.61	3.42	6.04
24	0.80	3.87	6.45
26	1.10	4.37	6.90
28	1.40	4.93	7.40
30	1.90	5.59	7.95
32	2.60	6.35	8.55
34	3.40	7.21	9.22
36	4.20	8.25	9.97
38	5.00	9.44	10.80
40	5.80	10.84	11.73

在利用式(10-1)确定地基承载力时,需要注意以下两点:①该公式是在竖向中心荷载条件下推导出来的,因此它适用于偏心距较小的情况,即规范中要求偏心距不大于 0.033 倍基础宽度;②该式采用的强度参数是采用三轴试验得到的标准值,是基于不少于 6 组的试验结果,按第 9 章给出岩土参数统计方法求得。

2. 载荷试验法

即直接采用第 8 章所述的静力平板载荷试验确定地基承载力。在工程实践中,对于难以取得原状土样的地基,或者由填土、碎石土等构成的非均匀地基,可采用载荷试验法获得地基承载力。

3. 经验法

经验法是指人们根据长期的工程实践积累的确定地基承载力的方法,一般以表格的形式或经验公式的形式给出。

1) 查表法

在钻孔取样、室内实验或现场测试结果基础上,结合基础类型、宽度和埋深等具体条件,依据地基土的物理状态参数和原位测试指标等,查询相关规范提供的经验表格确定地基承载力。在应用此类经验表格时,应注意地区经验的差异,不应生搬硬套。

2）原位测试经验公式法

即采用第 8 章论述的动力触探试验、标准贯入试验、旁压试验、扁铲侧胀试验等现场原位测试手段，在测试成果基础上利用相关经验公式间接地确定地基承载力。该方法适用于有丰富经验积累的地区。

根据《建筑地基基础设计规范》（GB 50007—2011），当基础宽度大于 3m，或基础埋深大于 0.5m 时，采用载荷试验法、其他原位测试经验公式、查表法获得的地基承载力值，应根据建筑基础的实际尺寸和埋深按下述方法进行必要的修正，以确定地基承载力特征值 f_a。

$$f_a = f_{ak} + \eta_b \gamma (b-3) + \eta_d \gamma_m (d-0.5) \tag{10-2}$$

式中　f_{ak}——由载荷试验和经验法确定的地基承载力特征值，kPa；

　　　η_b,η_d——基础宽度和埋深的地基承载力修正系数，按基础下地基土类别查表 10-2 取值；

　　　b——基础底面宽度，m，当基础底面宽度小于 3m 时按 3m 取值，大于 6m 时按 6m 取值；

　　　d——基础埋深，m，宜自室外地面标高算起。在填方整平区，可自填土地面标高算起，但填土在上部结构施工后完成时，应从天然地面标高算起。对于地下室，当采用箱形基础或筏基时，基础埋设自室外地面标高算起；当采用独立基础或条形基础时，应从室内地面标高算起。

表 10-2　　　　　　　　　　　　　承载力修正系数

土的类别		η_b	η_d
淤泥和淤泥质土		0	1.0
人工填土及 e 或 I_L 大于等于 0.85 的黏性土		0	1.0
红黏土	含水比 a_w 大于 0.8	0	1.2
	含水比 a_w 不大于 0.8	0.15	1.4
大面积压实填土	压实系数大于 0.95、黏粒含量 ρ_c 不小于 10% 的粉土	0	1.5
	最大干密度大于 2100kg/m³ 的级配砂石	0	2.0
粉土	黏粒含量 ρ_c 不小于 10% 的粉土	0.3	1.5
	黏粒含量 ρ_c 小于 10% 的粉土	0.5	2.0
$I_L < 0.85$ 的黏性土		0.3	1.5
粉砂、细砂（不包括很湿与饱和的稍密状态）		2.0	3.0
中砂、粗砂、砾砂和碎石土		3.0	4.4

注：含水比是指土的天然含水量与液限之比；大面积压实填土是指填土范围大于两倍基础宽度的填土。

根据确定地基承载力的基本原则，除了保证地基土不发生强度破坏以外，还应保证地基土不发生过大的沉降和不均匀沉降。因此，按上述方法确定的地基承载力，还应验算地基变形是否满足工程要求。特别是在地基受力层范围内存在软弱下卧层时，应验算软弱下卧层的地基承载力。

10.4　地基沉降的分析方法

为了避免建(构)筑物出现正常使用极限状态,在设计时应遵守"建筑物地基变形计算值不应大于地基变形允许值"的原则。建筑物的地基变形包括沉降量、沉降差、倾斜和局部倾斜。道路与铁路路基也有相同或相似的概念,其允许值在各自现行的规范和标准中均有明确的规定。

地基变形评价的基础工作是地基沉降量计算,常用的方法是基于单向压缩和线性变形假设条件下的分层总和法或应力面积法,详细计算方法参详《土力学》教科书。

10.5　地基稳定性问题与评价

一般建(构)筑物基础上作用的荷载主要以垂直向为主,在均质土半无限体空间条件下,设计时满足了地基承载力条件,也就同时满足了地基稳定性条件。但在各种不均匀地基和斜坡体上的房屋以及挡土结构,较高建(构)筑物承受较大的风荷载、倾斜荷载或偏心荷载作用时,以及由深基坑开挖、基底土体卸荷和地下水渗流条件剧烈变化时,应当验算地基(含邻近基坑的建筑物地基)的稳定性,以保证不会出现整体失稳的情况。

地基的稳定性取决于坡体、不均匀地基和其他复杂条件下地基的土层构造、土的抗剪强度、水文地质条件及其变化、建(构)筑物与坡肩的距离、建(构)筑物基础埋置深度、荷载大小、荷载偏心或倾斜程度,以及开挖基坑的深度、支护结构和排水措施的有效程度。因此,在建筑场地处于整体稳定状态下,除偏心荷载、倾斜荷载等影响地基稳定性问题外,在山区和山前的残坡积、坡洪积、淤积地区及河谷地带,遇有下列情况均应考虑地基稳定性问题。

(1) 位于稳定土坡坡顶上的建(构)筑物地基。对于这种地基,《建筑地基基础设计规范》(GB 50007—2011)规定:当垂直于坡顶边沿线的基础底面边长小于或等于 3m 时,其基础底面外沿线至坡顶的水平距离应符合式(10-3)和式(10-4)要求,并不得小于 2.5m(图 10-2)。

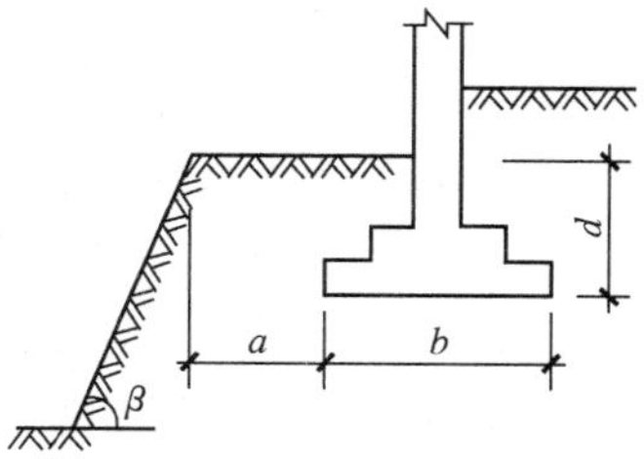

对于条形基础

$$a \geqslant 3.5b - \frac{d}{\tan\beta} \tag{10-3}$$

对于矩形基础

$$a \geqslant 2.5b - \frac{d}{\tan\beta} \tag{10-4}$$

图 10-2　稳定土坡坡顶上的
地基基础示意图

式中　a——基础底面外边沿线至坡顶的水平距离,m;

　　　b——垂直于坡顶边沿线的基础底面边长,m;

　　　d——基础埋置深度,m;

　　　β——边坡坡角,(°)。

当基础底面外边沿线至坡顶的水平距离不满足上述要求时,可根据基底压力大小,采用圆弧滑动面法对地基稳定性进行验算,以重新确定基础与坡顶边缘的距离和基础埋深,安全系数应满足式(10-5)的要求。

$$F_s = \frac{M_R}{M_S} \geqslant 1.2 \qquad (10\text{-}5)$$

式中,M_R、M_S分别为最危险滑动面对应于滑弧中心的抗滑力矩和滑动力矩。

但是当基础宽度较大时,由于地基不满足半无限空间体条件,应减小地基承载力设计值;对过重的基础则宜采用桩基。

当边坡坡角大于45°、坡高大于8m时,按式(10-3)和式(10-4)确定的基础底面外边沿线至坡顶的水平距离值偏小,有可能出现滑坡的危险。此时应对坡体进行稳定性验算,以确保建(构)筑物的安全。对于土质边坡,坡体的整体稳定性可采用圆弧滑动面法进行验算,其中最危险滑动面对应的安全系数应满足式(10-5)的要求。

上述规定适用于均质稳定土坡,对具有不利于边坡稳定的软弱构造面或软弱夹层的边坡,则须验算沿各种不利界面滑动的可能性,并进行相应的处理。

(2)位于斜坡上或软弱土层上的压实填土地基,尤其当天然地面坡度大于20%时,或无可靠的地面和地下排水设施时,应采取有效的排水、支挡、护坡、防渗等治理措施,防止填土在上部荷载作用下沿坡面滑动。

(3)边坡坡体地下水位上升或被地面水浸润,使所处建(构)筑物地基土强度降低,可能引起地基失稳。

(4)深开挖基坑的侧壁、坑底及其附近的已有建筑地基,特别是在软土地基上,由于开挖卸荷作用、土压力作用以及降水导致土体浮力卸除并承受动水压力作用,可能引起稳定性问题。

(5)近基底的主要受力层范围内发育软弱层或软弱夹层,特别是具有倾斜坡度大于10%的软弱层时,地基设计不仅需作软弱下卧层强度核算,尚应进行地基稳定性验算。

(6)近基底下伏基岩表面坡度大,且基岩透水性差,则可能会形成沿基岩表面的软弱滑动面,引起稳定性问题。

(7)基底下有岩溶或土洞。

当溶洞顶板与基础底面之间的土层厚度小于地基压缩层深度时,应根据洞体大小、顶板形态、岩体结构及强度、洞内充填情况以及岩溶水活动等因素,进行洞体稳定性分析。

在地下水强烈活动于岩土交界面的岩溶地区,应注意分析由于地下水作用形成的土洞对建筑地基稳定性的影响。

在地下水位高于基岩表面的岩溶地区,应注意由人工降水引起土洞或地面塌陷的可能性。

复习思考题

1. 地基评价的主要任务和主要内容有哪些?
2. 地基评价时需对哪些土性参数和状态提出评价和建议?
3. 确定地基承载力的原则和方法有哪些?
4. 哪些情况下,应考虑地基稳定性问题?

第 11 章 黏性土和软土地基的岩土工程评价

11.1 黏性土按年代分类及其基本特征

依据《土的工程分类标准》(GB/T 50145—2007),把塑性指数 I_P 大于 7 且在 A 线之上的细颗粒土定名为黏土;在建筑工程领域,直接把 I_P 大于 10 的细颗粒土定名为黏性土。以上黏性土分类的主要依据是土的塑性及塑性指数的大小。但是,我国幅员辽阔,地质条件复杂,土的类型繁多,工程性质各异,尤其是黏性土在我国分布很广,受气候和地理条件的影响,其工程性质差异很大。为了合理评价黏性土的工程性质,不能仅仅按塑性指数进行分类,还应该考虑其地质年代、成因类型、应力历史等特征进行科学的划分。

根据已有的研究成果和大量的工程实践经验,单纯依据土的物理性质指标很难反映出各种不同沉积年代、不同历史成因的黏性土的工程性质。例如武钢地区 Q_3 的下蜀组黏性土,曾按物理性质指标被认为是一般黏性土,深入研究后发现按"一般黏性土"查规范表格确定的地基承载力远比工程实际要低,应属于老黏性土。又如河北及北京地区一些建在古河道泛滥区和低阶地上的建筑物,按土的物理性质指标查表进行承载力设计,结果出现了不允许的沉降,造成不少建筑事故,深入研究后发现这些地段发育着一层沉积年代较短的黏性土,属于新近沉积黏性土,其承载力远比按物理性质指标查表确定的数值要低。至于各种特殊形成环境和成因的特殊黏性土,如软土、膨胀土、红黏土等,其工程性质的差异就更加突出。这些实例说明,黏性土的承载力等工程性质与土的沉积年代和成因类型密切相关。不同年代和成因的黏性土,尽管其物理性质指标相近,但工程性质可能相差悬殊。因此,对黏性土进行工程分类时,应以其沉积年代和成因类型为基础,结合考虑土的物理力学性质指标。

黏性土按地质年代可划分为老黏性土、一般黏性土和新近沉积黏性土,不同地质年代的黏性土的工程性质分述如下。

1. 老黏性土

老黏性土是指第四纪上更新世(Q_3)及其以前沉积的黏性土,一般分布于山麓、山坡、河谷高阶地或伏于现代沉积第四纪全新世(Q_4)之下。分布于湖北、江西、安徽、江苏等长江中下游地区的下蜀组黏性土,这些地区以及浙江等地的网纹状黏土,上海、浙江一带的暗绿色硬塑状黏性土等都属于老黏性土。

由于它沉积年代较久,因而具有较高的结构强度和较低的压缩性,一般处于超固结状态。其承载力标准值一般大于 350kPa,压缩模量 E_s 大于 15MPa,标准贯入击数 N 大于 15。以南京地区长江二、三级阶地上发育的下蜀组黏性土为例,其物理、力学性质指标的范围为含水量 ω 在 19%～25%,孔隙比 e 在 0.56～0.68,液限 ω_L 在 30%～44%,固结快剪黏聚力 c

在 $45\sim78\text{kPa}$、内摩擦角 φ 在 $15°\sim22°$，压缩模量 E_s 在 $17\sim22\text{MPa}$。其承载力标准值可达 450kPa，明显地大于具有相似物理性质指标的一般黏性土。

在工程实践中，应注意从地形、地貌的对比上鉴别它的地质成因与年代，并结合物理力学性质指标进行综合判断。个别情况下，老黏性土由于受后期扰动或其他条件的影响，其工程性质也可能较差。

2. 一般黏性土

一般黏性土是指第四纪全新世 (Q_4) 沉积的工程性质一般的黏性土，广泛分布于河谷各级阶地(主要在低阶地)、山前及平原地区。

一般黏性土通常处于正常固结状态或略微超固结状态。其承载力标准值一般为 $120\sim300\text{kPa}$，压缩摸量 E_s 在 $4\sim15\text{MPa}$，标准贯入击数 N 在 $3\sim15$。

3. 新近沉积黏性土

新近沉积黏性土是指第四纪全新世 (Q_4) 中近期(文化期)以来沉积的、年代较新的黏性土，多分布于湖、塘、沟、谷和河漫滩地段以及超河漫滩低阶地、古河道、洪积冲积锥(扇)和山前斜地的顶部。

新近沉积黏性土一般未经很好的压密固结作用，多处于欠固结状态，结构强度较小。其物理性质指标与一般黏性土相近，但其工程性质与一般黏性土有明显差别。根据北京地区的资料：新近沉积黏性土的承载力标准值在 $80\sim140\text{kPa}$，比孔隙比 e 和 I_L 相同的一般黏性土低 $20\%\sim30\%$(表 11-1)；压缩模量 E_s 在 $2\sim6\text{MPa}$；轻型动力触探击数 N_{10} 小于 22 击，显著低于相同孔隙比 e 的一般黏性土(图 11-1)。

表 11-1 　　　　　　　　　　新近沉积黏性土与一般黏性土承载力标准值之比

I_L ＼ e	0.8	0.9	1.0	1.1	平均值
0.25	0.61	0.65	0.71	0.72	0.68
1.00	0.69	0.77	0.82	-	0.76

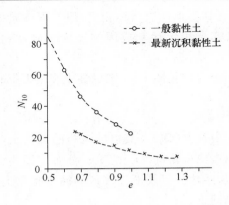

图 11-1 　N_{10} 与 e 的关系图

由于新近沉积黏性土的物理性质指标与一般黏性土相近，所以划分依据主要根据年代鉴定和地层划分，力学指标可作为参考。只有从地形、地貌的历史考察和土层野外特征的鉴别相结合，并参考物理力学指标进行综合分析，才能得出比较可靠的结论。从野外特征来看,新近沉积黏性土的颜色一般较深且暗,常呈褐色、灰色或暗黄色,含有机质较多时带灰黑色;结构稳定性差,用手很容易使它扰动而显著变软;在完整的剖面中找不到明显的淋滤和蒸发作用形成的原生粒状结核体;在城镇附近可能含有少量碎砖、瓦块、陶瓷、朽木屑等人类活动的遗迹。

11.2　软土的生成环境与工程特性

软土泛指在静水或缓慢的流水环境中沉积、并经生物化学作用形成的土。在建筑工程领域,从物理性质指标上将软土定义为天然孔隙比 e 大于或等于 1.0、且天然含水量 ω 大于液限 ω_L 的细粒土。

软土属于黏性土的特殊类型,包括淤泥、淤泥质土、泥炭质土、泥炭等。其中淤泥是指天然含水量 ω 大于液限 ω_L、且天然孔隙比 e 大于或等于 1.5 的土;而淤泥质土则指天然含水量 ω 大于液限 ω_L 且天然孔隙比 e 小于 1.5 但大于或等于 1.0 的土。泥炭质土、泥炭是含有较多有机质成分的软土。根据土中有机质的含量 W_u,可以将土按表 11-2 进行分类。

表 11-2　　　　　　　　　　土按有机质含量分类

有机质含量 W_u/%	土类
$W_u < 5$	无机土
$5 \leqslant W_u \leqslant 10$	有机质土
$10 < W_u \leqslant 60$	泥炭质土
$W_u > 60$	泥炭

11.2.1　软土的生成环境与组成成分

一些湖泊等水体发展到后期,没有水流入或者流入的水量不断减少,悬浮于水中的细粒物质逐渐缓慢沉积,植物丛生,就会演变成沼泽,充满淤泥、淤泥质土及有机质。第四纪全新世(Q_4)近期以来,沿海地区的滨海相、泻湖相、三角洲相和溺谷相,以及内陆或山间盆地湖泊相和冲洪积沼泽相等静水或非常缓慢流水沉积环境中,由于水流不通畅的饱和缺氧条件,经复杂的生物化学作用形成的淤泥、淤泥质土、泥炭和泥炭质土,通称为软土。在沿海地区,软土分布主要有长江口和珠江口地区的三角洲相,天津塘沽、浙江温州、宁波等地区的滨海相,闽江口平原地区的溺谷相沉积等;在内陆和山区,软土主要分布于洞庭湖、洪泽湖、太湖流域和昆明滇池等湖泊沼泽地区,以及大江大河古河道和山前洪积扇的边沿、山间盆地等低洼地带。

软土的组成成分由其生成环境决定。由于软土形成于上述水流不通畅、饱和缺氧的准静水环境中,其主要成分为黏粒、粉粒等细小颗粒及有机质。

1. 粒度成分和塑性指数

从粒度成分和塑性指数上判别,淤泥和淤泥质土一般属于黏土或粉质黏土,黏粒(粒径 $d < 0.005\text{mm}$)含量一般达 30%～60%。大量黏粒的存在,导致吸水能力强、结合水膜厚,是软土天然含水量往往超过液限的根本原因。

2. 矿物成分

黏粒的矿物成分以蒙脱石和水云母类为主,反应了软土的生成环境是缺氧的碱性环境。这些黏土矿物与水的作用非常强烈,比高岭石类及其他成分的黏土颗粒的吸水性更大,因而在其颗粒外围形成很厚的结合水膜,使得淤泥和淤泥质土的天然含水量很大。

3. 富含大量微生物和各种有机质

富含微生物和有机质是软土的一大特点。大量有机质的存在,使软土具有一系列的特殊性质,如颗粒比重小、密度小、天然含水量大(多以结合水膜形式存在)且很难排出等。这是由于有机质这种胶体颗粒的结合水膜厚度比一般黏土矿物颗粒更大的缘故。因此,土中有机质的分解程度愈高、含量愈大,则土的含水量愈大、工程性质愈差。我国各种成因类型的有机质软土中,有机质的含量一般为 5%～15%,最大可达 17%～25%(如贵州省水城、盘县等地的湖湘淤泥)。

11.2.2 软土的结构性和物理力学性质

1. 软土的结构性

由于软土形成于静水或非常缓慢的水流环境中,多呈现出蜂窝状、絮凝结构,通过凝聚联结,使软土具有一定的粒间联结强度。但这种联结强度不高,取决于结合水膜的厚度。软土的结构性表现在当土体受到扰动,粒间联结破坏,土体强度会剧烈降低,甚至呈流动状态。

2. 软土的物理力学性质

基于对软土生成环境、物质组成和结构性的认识,可以归纳出软土的主要物理力学性质和工程特性。

1) 天然含水量高、孔隙比大

据统计,淤泥和淤泥质土的天然含水量多为 50%～70%,有些可达 127%(贵州中曹司湖积淤泥);液限一般为 40%～60%,天然含水量随着液限的增大成正比增大;天然孔隙比一般为 1.0～2.0,有些可达 2.47(昆明滇池淤泥层);其饱和度一般大于 95%,故其天然含水量与天然孔隙比呈正比关系。

2) 渗透性差

淤泥和淤泥质土的渗透系数在 10^{-10}～10^{-8} m/s。然而大部分软土地层中通常发育着数量不等的薄层或极薄层粉细砂或粉土等,故其水平渗透系数要高于垂直渗透系数。

软土含水量高,且呈饱和状态,又因渗透性差,所以固结过程非常缓慢。在加荷(如填方)初期,通常会出现较高的超孔隙水压力,导致软土的有效应力降低,从而容易引起地基破坏。在工程实践中,应对此引起重视。

3) 压缩性高

淤泥和淤泥质土的压缩系数一般为 0.7～1.5MPa^{-1},最大可达 4.5MPa^{-1}(渤海滨海相淤泥),与土的液限和天然含水量呈正比关系(图 11-2)。

软土的高压缩性是引起其地基沉降量大的主要原因,而且因为其固结历时长,一些建在软土地区天然地基上的多层

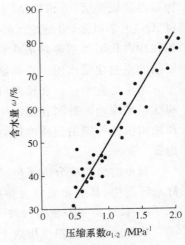

图 11-2 软土含水量与压缩系数的关系

建筑物,地基沉降会持续十几年甚至更长时间。由于软土地基的高压缩性和沉降历时长的特点,若上部结构出现荷重差异或体型复杂,均会引起差异沉降和倾斜。

4) 抗剪强度低

软土的抗剪强度与加载速率和排水条件密切相关。不固结不排水三轴试验得到的抗剪强度很低,其内摩擦角为零,黏聚力一般小于 20kPa;快剪试验得到的内摩擦角一般为 2°～5°,黏聚力为 10～15kPa;在排水条件下,抗剪强度随着固结程度的提高而增大,固结快剪试验得到的内摩擦角可达 8°～12°,黏聚力在 20kPa 左右。因此在工程实践中,要提高软土地基的强度,应注意控制加载速率,特别是在开始阶段的加荷不能过大,以便地基土有时间完成排水固结,使地基土强度的增长能够满足后续加载的要求。否则,软土中的孔隙水来不及排出,土的强度不仅来不及提高,反而会产生较高的超孔隙水压力,导致有效应力降低,容易引起地基土的挤出破坏。

5) 触变性

软土的触变性是指其强度因受扰动而削弱,又因静置而增长的特性。这一特性与软黏性土的粒间联结特征和结构性有密切的联系。淤泥和淤泥质土多呈凝聚联结,通过颗粒外的水膜联系在一起。这种结构特征是软土具有塑性的本质原因。结构没有破坏时一般呈软塑状态,但一经扰动(振动、搅拌或揉搓等),结构遭受破坏,土的强度将急剧变小,甚至呈现流塑状态;如果扰动后的软土静置一段时间,粒间联结会在一定程度得到恢复,强度随时间有所增大。表 11-3 给出的是上海某码头十字板测试结果,从中可以看出:原状土的强度远大于扰动土的;扰动土静置一段时间,强度有一定的恢复。

表 11-3　　　　　　　　　　上海某码头软基十字板剪切试验结果

标高 /m	c_u/kPa		灵敏度 S_t	备注
	原状土	扰动土		
−7.50	37.1	10.1	3.7	—
	(10.9)*	7.0	1.6	重塑后静置 1h
	(12.5)*	7.2	1.7	重塑后静置 68h
−16.50	43.4	5.6	7.8	
	(12.6)*	6.9	1.8	重塑后静置 1.5h
	(8.2)*	7.5	1.1	重塑后静置 14h

* 表中括号内的数字为软土重塑后静置一段时间后的十字板强度。

土力学中采用灵敏度 S_t 来定量评价软土的灵敏性和结构性(表 11-3)。灵敏度反映了软土强度因结构破坏而丧失的程度,灵敏度越高,表明扰动后强度损失越大。我国几个软土分布区中,其软土一般属于中等灵敏度,比如上海地区的软土,S_t 大多介于 3～6;特殊成因环境下的软土,S_t 可达 10～13。

表 11-3 的试验结果同时表明,软土扰动后静置若干小时,其粒间联结可以得到一定程度的恢复,但还有相当一部分的强度在短时间内是不可恢复的;而且扰动后,土的灵敏度显著降低。

11.2.3　不同成因软土的工程地质特性

按我国软土的成因和分布,基本上可以归纳为两大类:第一类属于海洋沿岸的淤积;第二类是内陆和山区河、湖、山间谷地的淤积。第一类分布范围广,厚度大且稳定;第二类大多呈零星分布,沉积厚度也较小,但也有例外,与当地地壳运动和湖盆面积等有关。

1. 海洋沿岸发育的软土

根据其生成环境和地貌特征,又可细分为4类。

1)泻湖相沉积

这类沉积的特征是土层结构比较单一,发育厚度大,分布范围宽广,在地貌上呈滨海平原。如温州地区地表为厚约1m的一般黏性土层,其下发育厚度超过30m的淤泥,组成颗粒细小且均匀,塑性高($I_p=30\pm$),孔隙比大(1.3～1.8),强度低,快剪$c=2\text{kPa}$,$\varphi=6°$,极限承载力强度为30～60kPa。

2)溺谷相沉积

如闽江口地区的软土,其高压缩性和低强度等特点更甚于泻湖相沉积,但分布范围略窄。

3)滨海相沉积

如天津塘沽和连云港地区的软土,其淤泥发育厚度大,中间夹粉砂薄层或透镜体,薄的不足1mm,厚的可达4～5cm(甚至10cm),整个土层呈现"千层饼"状的细微层状构造,其工程性质一般比泻湖相沉积和溺谷相沉积稍好。

4)三角洲相沉积

三角洲相沉积的主要特点是海相与陆相交替沉积,分布宽广,发育厚度比较均匀、稳定,但分选程度差,多交错的斜层理或不规则透镜体夹层。如上海地区表层为1～3m厚的褐黄色粉质黏土;第②层和第③层一般为灰色淤泥质粉质黏土和淤泥质黏土层,具有薄层粉砂夹层或粉砂、砂质粉土透镜体,厚度大约18～25m;再往下为更新世(Q_3)晚期的暗绿色硬土层和较密实的粉砂层。这类软土比沿海地区其他沉积类型软土的工程性质要好一些。

2. 内陆及山区发育的软土

1)湖相沉积

如滇池东部及周围地区,洞庭湖、洪泽湖及太湖流域的杭嘉湖地区发育的软土,其组成和构造特点是:颗粒细微、均匀,富含有机质;淤泥成层较厚,不夹或很少夹砂,且往往具有厚度和大小不等的泥炭质土与泥炭夹层或透镜体。湖积淤泥一般比滨海相沉积更差。以滇池为例,淤积厚度一般为10～20m,近岸处最大可达100m以上;其中泥炭质土和泥炭层厚2m左右,天然含水量达200%,压缩系数一般为1～2MPa^{-1},工程性质极差。

2)河漫滩与废河道沉积

河漫滩相的沉积特征有明显的二元结构:上部为粉质黏土、砂质粉土,具微层理,一般层厚3～5cm(厚的十几厘米);下部为粉砂、细砂。由于河流作用复杂,常夹有各种成分的透镜体(淤泥、粗砂、砂卵石等);特别是局部淤泥透镜体的存在,造成地基不均匀,使工程性质变差。

废河道牛轭湖相沉积物一般包括淤泥、淤泥质黏性土、泥炭质土及泥炭等,处于流动或潜流状态。其工程性质与内陆湖相沉积类似,但分布范围略狭,一般呈透镜体状掩埋于冲积层的下部,在进行地基评价时需慎重对待。

3)山地型软土

在我国广大山区有一类形成环境、物质成分和物理力学性质不同于内陆平原和沿海地区的淤泥和淤泥质土,称为"山地型"软土或"山间洼地"软土。这类软土受山区地形特征和气候条件限制,由于当地的泥灰岩、炭质页岩、泥砂质页岩等风化产物和地表有机物质经水流搬运、沉积于原始地形的低洼处,经长期饱水软化及微生物作用而形成。

山地型软土的成因类型主要有坡积洪积、冲积和湖积,其中以坡积洪积相分布居多。据统计,其物理力学性质方面的差异表现为:冲积相的土层很薄,土质好些;湖沼相的一般有较厚的泥炭层和泥炭质土,土性往往比平原地区的湖相沉积还差;坡积洪积相的性质介于两者之间。

山地型软土总体上呈现"分布面积不大、厚度变化悬殊"的特点,软土层之间有时发育粗颗粒土层。这是因为山区软土的沉积严格地受到母岩出露位置和地形地貌(沉积环境)的控制,一般分布于冲沟、谷地、河流阶地和各种洼地里。在我国广大山区(特别是属于山地型高原的西南地区)中,上述地貌形态数量多、面积小、起伏大,兼之山区地表径流易于消涨、沉积物质分选条件极差,故而造成了山地型软土的分布特点,从而导致了山区软土地基的严重不均匀性。据不完全统计,贵州省的软土分布面积不超过 $500m^2$,总厚度不超过 20m;但厚度变化较大,多呈透镜体状或鸡窝状分布,有时相距仅 2～3m 而厚度相差竟达 7～8m。这种情况在平原地区是很少见的。

通常人们称软土具有"三高两低"的特征,即高含水量、高孔隙比和高压缩性,以及低强度和低渗透性。其实这些特性都与上述软土的物质成分和结构密切相关,由于软土的黏粒含量高,且矿物成分以蒙脱石和水云母等为主,吸水能力强,结合水膜厚,因此其天然含水量高、孔隙比大、渗透性差;又由于软土松散的蜂窝状结构或絮凝结构,以及较弱的粒间联结,导致它的高压缩性和低强度特性,以及流变性和震陷等其他特性。

11.3　黏性土及软土地基承载力的综合评价

11.3.1　影响黏性土及软土地基承载力的因素

软土的主要工程特性可以概括为强度低、压缩性高、排水固结过程缓慢而历时长。在软土地区进行工程建设,务必要考虑这些特点。以上海地区为例,早期习惯上采用软土地基的承载力为 80kPa,俗称"老八吨",后经勘察、设计和施工方面科技人员的共同努力,经过不断的工程实践和科学试验,对软土地基的工程特性有了进一步的认识,积累了一些好的经验。到 20 世纪 90 年代,对于六七层的民用建筑一般均采用天然地基和浅埋宽基的做法,上海软土天然地基承载力的取值提高了 25%～80%,这样在保证工程质量的前提下,大大节省了基建投资。但是,在后来的工程实践中也出现了一些问题,比如地基沉降过大,影响了建筑物的正常使用;即使采取一些地基加固措施(注浆、复合地基等),也还会出现地基沉降不均匀,导致一些房屋倾斜、开裂等工程事故。可见,挖掘软土地基的潜力是一个比较复杂的问题,尚需勘察、设计、施工和科研人员的相互协作和共同努力。其中勘察人员对于软土的工程特性能否正确认识与准确反映是挖掘软土地基潜力的主要依据。

一般在评价地基土的承载力时,要考虑强度和变形两个方面,既要保证地基土不发生强度破坏而丧失稳定性,又要保证建筑物不产生影响其安全与正常使用的过大沉降或不均匀沉降。早期，人们简单地认为地基的承载力取决于地基土本身的性质，因此孤立地根据地基土的物理力学性质，分层地评价和提供地基土的承载力以供设计使用。事实上，对于软土地基来说，在强度与变形两者之间，起控制作用的往往是变形。

地基土的承载力除了与其自身特性有关，还与基础、上部结构与地基土之间的相互作用有关。在评价地基承载力时，只考虑地基土的性质，而忽视基础和上部结构的特点，显然是片面的。而且地基土的工程性质也不是一成不变的，而是随着施工方法、施工程序和加荷方式等的变化而变化。

下面以软黏性土为主论述影响地基承载力的主要因素。

1) 上部结构与基础的整体刚度

工程实践表明，在其他条件相同的情况下，上部结构连同基础的整体刚度越大，建筑物的差异沉降就越小，地基土的承载力可以适当地取高一些。以福州地区的经验为例，对于刚度较大、沉降要求不高的建筑物，淤泥层的附加应力可采用 60kPa；而一般建筑物则只能用到 50kPa；对于刚度不大、沉降要求较高的，则只能取用 40kPa。相应地，上部结构与基础的整体刚度增大后，地基承载力可以适当地取高，但基底的附加应力也会随之提高。

2) 加荷大小、加荷方式及加荷速率

室内试验及现场观测均表明，不同加荷方式、不同加荷速率，以及加荷的大小对软基变形均有影响。图 11-3 显示了不同的加荷方式对沉降的影响。一种连续加荷；一种间歇加荷，两者最终荷载均为 125kPa，分 5 次施加、每级荷载 25kPa，每次加荷都待沉降稳定后再施加下一级荷载。由图可知，间歇加荷的最终沉降比连续加荷的要小；而连续加荷的沉降主要集中在前期，以后随着时间缓慢增长。

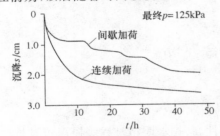
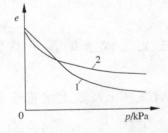

图 11-3 不同加载方式对沉降的影响　　　　图 11-4 不同加载速率的固结试验结果

图 11-4 所示为不同加荷速率下的室内固结试验成果。曲线 1 的加荷时间间隔为 30min，曲线 2 的加荷时间间隔为 1h。从图 11-4 可以看出，加荷快的，其初期固结沉降较之加荷慢的要小，但最终沉降则较之要大。

加荷的大小同样影响软土地基的变形特征。根据福州地区经验，当基底压力小于 40～70kPa 时变形较小，随着压力的增大，每增大 10～20kPa，沉降就要增加 0.5～1.0 倍，而且变形速率较高，延续时间也长。上海地区的工程经验也表明，在淤泥质土地基中，当基底压力小于 70～80kPa 时变形就较小，基底压力超过这一数值，沉降就会增大一倍甚至几倍。

理论上，软土地基在加荷过程中，始终存在着剪应力与抗剪强度这一对矛盾。当地基土受荷载作用后，若加荷速率控制适当，使排水固结占主导地位，地基土的强度逐渐增长，并能适应外加荷载所产生的剪应力的增长，地基的变形就小，承载力也就得以提高。反之，若加荷速率过快，由于软黏土排水固结比较缓慢，则地基土的强度的增长不适应由于外加荷载所产生不断增长的剪应力时,地基土会发生局部剪切(塑性)变形,使变形大为增加,甚至发生剪切破坏。

3)土的结构扰动

天然成因的黏性土都具有一定程度的结构性,特别是软土灵敏度较高,具有一定的结构强度,当土的结构遭到扰动或破坏后,土体强度会急剧降低。例如,江苏某大型厂房,采用箱形基础,宽 63.3m,高 6m,基础埋深较大,开挖基坑时未采取必要的保护措施。由于挖土卸重、长期大量抽水加剧地下水渗流、施工操作时践踏坑底土体以及基坑周边堆土等原因,造成基底软黏土受到多方面的扰动,土的天然结构遭到严重破坏,土体强度明显降低、压缩性大大增加,以致厂房建成后沉降显著,大大超过了设计时预估的沉降值。

因此,在软土地基中应避免深挖卸荷。不可避免时,应采取相应的保护措施,如事先对坑底土体进行加固、做好止水帷幕、基坑开挖到设计底标高后马上进行后续施工等,以减少施工扰动对软土地基承载力的过大影响。

4)软土层上"硬壳层"的利用

在我国软土分布地区,表层多发育一层"硬壳层",一般为中压缩性的可塑黏性土层。如上海地区,在淤泥质黏性土层之上发育一层褐黄色黏土或粉质黏土层。由于人类活动及蒸发干缩作用等,"硬壳层"的力学性质比下卧软土层要好。因此充分利用软土层上的"硬壳层",采用浅埋基础,可使基底与软土层的间距增加,以减少软土层的附加压力,从而减少地基变形、提高地基承载力。相反,如果基础深埋,开挖或部分开挖掉硬壳层,不仅浪费了人力物力,而且使基础落在软土层或较薄的硬壳层上,地基变形反而增大,承载力也往往不能满足要求。福州地区进行过不同埋深的载荷试验,试验结果见图 11-5。从图中可见,基础埋深越小,其下保留的硬壳层越厚,硬壳层的潜力发挥越充分,地基承载力就越高。在同一地点,地基潜力的发挥与持力层(硬壳层)厚度 h 和基础宽度 b 的比值有关。试验结果(图 11-6)表明,当 $h/b > 2.3 \sim 2.5$ 时,上部硬壳层的承载力有较好地发挥;当 $h/b < 1.3 \sim 1.4$,则硬壳层过薄,对减少沉降作用不大,但仍然对防止下卧层软土结构的扰动有好处。

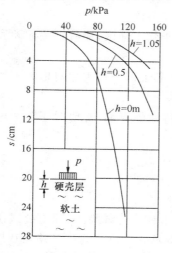

图 11-5 载荷试验结果(不同硬壳层厚度)

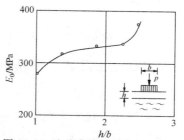

图 11-6 地基变形模量与 h/b 的关系

上述试验成果也在工程实践中得到了证实。福州某中学的教学楼与某公司的办公楼,相距200m,工程地质条件相近,地表均有一层厚1m左右的可塑黏性土"硬壳层",其下为淤泥。教学楼基础埋深为0.7m,办公楼基础埋深为0.3m。结果教学楼地基沉降较大,以致拆除重建,而办公楼情况良好。

因此,在软土分布地区,应当重视和查清"硬壳层"的空间分布、发育厚度以及软土在深度方向上的稠度状态变化,在评价地基承载力时结合具体地基条件进行综合分析。在"硬壳层"缺失的地方,往往原为池塘、河浜,现多为人工填土,其工程性质与硬壳层相差较大,容易引起不均匀沉降,应予以重视。

5)微地貌的影响

软土地区的微地貌对软土地基的受荷变形特征的影响不可忽略。比如,原始地面高低不平的场区,近期人工整平后,从外观上看是平坦的,但原来低处的现有表层土体是新近填土,可能处于欠固结状态;而原来高处的原有土体被开挖,现状保留的土体相当于经过预压,可能处于超固结状态(图11-7)。这种情况下,高、低两处的地基承载力应该是不同的。如果设计时基底附加压力均为 p_0,则事实上,原来高处的实际附加压力为 $p_0 - \gamma h_2$,而原来低处的实际附加压力为 $p_0 + \gamma h_1$。因此即使基础以下土层分布是均匀的,两者的沉降也将是不同的。

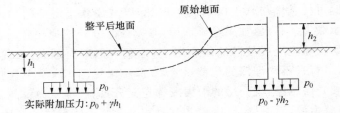

图11-7 微地貌对地基承载性能的影响

综上分析,影响软黏性土地基承载力的因素是复杂的、多方面的。从工程地质勘察的角度来看,在评价黏性土及软土地基承载力时应注意以下几个方面:

(1)地层的空间分布特征,软、硬土层的分布规律;对于软土地区,要特别关注硬壳层的厚度;

(2)基础的类型、形状、大小、埋深和刚度;应注意基础和上部结构类型对地基不均匀沉降的敏感性,以及相邻建筑物的影响;

(3)荷载的性质、大小、加荷速率等对地基土的变形特性的影响;必要时还需考虑应力历史条件;

(4)施工扰动对地基承载力的影响,特别是深基坑工程。

11.3.2 确定黏性土及软土地基承载力的方法

如第10章所述,确定黏性土及软土地基承载力的方法有载荷试验法、理论公式法和经验法。载荷试验法确定地基承载力的原理和方法参详第8章。理论公式法是建立在地基极限承载力理论基础上,采用地基土的强度指标,通过理论计算,并考虑基础条件,确定地基承载力特征值,除第10章介绍的方法外,这里再做一些补充。本节重点论述确定黏性土及软土地基承载力的经验公式和经验表格。

1. 理论公式法

经典土力学理论中,有许多基于特定假设条件下根据极限平衡原理建立的地基极限承载力计算理论公式,其中以太沙基极限承载力公式应用最广。其条形基础的极限承载力公式为

$$p_u = \frac{1}{2}\gamma b N_\gamma + q N_q + c N_c \qquad (11\text{-}1)$$

式中　γ——基础下地基土的重度,kN/m^3,地下水位以下取土的浮重度;

　　　b——基础宽度,m;

　　　q——基础底面以上的附加荷载,kPa;

　　　c——地基土的黏聚力,kPa;

　　　N_γ、N_q、N_c——承载力系数,可查表(表 11-4)或查图(图 11-8)获得。

表 11-4　　　　　　　　　　太沙基公式承载力系数表

φ	0°	5°	10°	15°	20°	25°	30°	35°	40°	45°
N_r	0	0.51	1.20	1.80	4.00	11.0	21.8	45.4	125	326
N_q	1.0	1.64	2.69	4.45	7.42	12.7	22.5	41.4	81.3	173.3
N_c	5.71	7.32	9.58	12.9	17.6	25.1	37.2	57.7	95.7	172.2

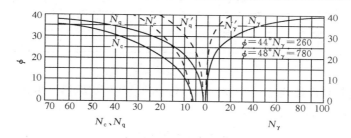

图 11-8　太沙基公式承载力系数

对于饱和软黏土,在不排水条件下,$\varphi_u = 0$,太沙基公式简化为

$$p_u = q + 5.71 c_u \qquad (11\text{-}2)$$

在传统地基基础设计中,通常采用"容许地基承载力"的概念,这是一个综合考虑地基强度、变形和上部结构要求的承载力值。其值等于极限承载力除以一个考虑了各种不利因素的大于 1 的安全系数,或者根据地区经验取用临塑荷载 p_{cr}(详见第 8 章)。

采用理论公式确定地基承载力关键问题是选取地基土强度参数。根据上海地区的经验,一般采用固结快剪试验,取峰值强度的 70% 确定强度指标 c、φ 值。

2. 经验法

1) 查表法

按《建筑地基基础设计规范》(GBJ7—89),以室内试验指标确定黏性土和软土地基的承载力标准值时,应按表 11-5 和表 11-6 查得的承载力基本值乘以回归修正系数 ψ_f。

$$\psi_f = 1 - \left(\frac{2.884}{\sqrt{n}} + \frac{7.918}{n^2}\right)\delta \qquad (11\text{-}3)$$

式中　n——据以查表的土性指标的统计子样数,应不少于 6 个;

δ——变异系数,当依据两个土性指标查表时,$\delta = \delta_1 + \xi\delta_2$;

δ_1, δ_2——第一指标和第二指标的变异系数;

ξ——第二指标变异系数的折减系数。

表 11-5   黏性土承载力基本值   单位:kPa

液性指数 I_L(第二指标)		0	0.25	0.50	0.75	1.00	1.20
孔隙比 e（第一指标）	0.5	474	430	390	(360)	—	—
	0.6	400	360	325	295	(265)	—
	0.7	325	295	265	240	210	170
	0.8	275	240	220	200	170	135
	0.9	230	210	190	170	135	105
	1.0	200	180	160	135	115	—
	1.1	—	160	135	115	105	—

注:① 括号内的数值仅供内插使用;

② 折减系数 ζ 为 1.0;

③ 对新近沉积的黏性土和老黏性土应根据当地实践经验取值。

表 11-6   沿海地区软土承载力基本值 f_0

天然含水量 $\omega/\%$	36	40	45	50	55	65	75
f_0/kPa	100	90	80	70	60	50	40

注:对于内陆软土,可参考使用

按《建筑地基基础设计规范》(TJ 7—74),可查表 11-7 和表 11-8 取老黏性土和新近沉积黏性土的容许承载力,供参考。

表 11-7   老黏性土容许承载力

含水比 α_ω	0.4	0.5	0.6	0.7	0.8
容许承载力/kPa	700	580	500	430	380

注:① 含水比 α_ω 为天然含水量 ω 与液限 ω_L 的比值;

② 本表仅适用于压缩模量 E_s 大于 15MPa 的老黏性土。

表 11-8   新近沉积黏性土容许承载力   单位:kPa

液性指数 I_L		$\leqslant 0.25$	0.75	1.25
孔隙比 e	$\leqslant 0.8$	140	120	100
	0.9	130	110	90
	1.0	120	100	80
	1.1	110	90	—

虽然上述确定黏性土地基承载力的经验表格在现行的《建筑地基基础设计规范》(GB 50007—2011)中不再出现,但这些成果是根据我国多年来的工程实践,以载荷试验成果为基本资料,参考各地实际工程经验,经过统计分析得来的,在今后的工程建设中仍然可以参考借鉴。

2）原位测试经验公式法

（1）用十字板剪切试验强度 c_u 估算软黏性土地基承载力。

对于 $\varphi_u \approx 0$ 的饱和软黏性土，根据十字板剪切试验所测定的 c_u，按临塑荷载 p_{cr} 确定地基承载力，其公式为

$$p_{cr} = 3.14c_u + \gamma h \tag{11-4}$$

根据上海地区有关单位与载荷试验对比及使用的经验，一般用式（11-5a）和式（11-5b）估算软黏性土的天然地基容许承载力。

$$f_a = 2c_u + \gamma h \tag{11-5a}$$

或

$$f_a = (2 \sim 3)c_u + \gamma h \tag{11-5b}$$

应用式（11-5）的关键在于测得 c_u 值的十字板剪切试验方法和 c_u 计算值的选择。根据在上海漕河泾、闵行等地区的试验，认为按式（11-5a）提供天然地基容许承载力与载荷试验结果接近。对饱和软黏性土地基，不论用 $2c_u$ 或 $3c_u$ 计算确定地基容许承载力，都需考虑地基变形问题。

（2）利用静力触探指标评定黏性土地基承载力。

国内的一些勘察设计单位在这方面积累了大量的资料，并建立起一些适用于特定地区和土性的经验公式。例如，原湖北省水利电力勘测设计院提出的利用静探指标 p_s 估计地基容许承载力的经验公式

$$f_a = 0.7879p_s + 120 \tag{11-6}$$

式（11-6）对于 $p_s = 300 \sim 3500 \text{kPa}$ 范围的一般黏性土较为适用。

（3）用标准贯入试验 N 值评定黏性土地基容许承载力。

标准贯入试验锤击数 N 值综合反映了地基土的强度和状态，在国内外采用 N 值评定地基承载力的做法很普遍。例如，武汉城市规划设计院、湖北勘察院和湖北水利电力勘测设计院提出了关于一般黏性土和老黏性土中标贯击数与地基容许承载力的经验关系式为

对于 N 为 $3 \sim 18$ 的一般黏性土

$$f_a = 20.2N + 80 \tag{11-7a}$$

对于 N 为 $18 \sim 22$ 的老黏性土

$$f_a = 17.48N + 152.6 \tag{11-7b}$$

（4）用旁压试验特征参数评定地基承载力。

利用旁压试验成果评定浅基础地基土承载力的方法已在第 8 章第 7 节"旁压试验"的相关部分介绍。

11.4　黏性土及软土地基的工程勘察要点

11.4.1　软土地区工程勘察中需要关注的问题

（1）查明软土的成因类型和古地理环境。

不同成因类型和沉积环境的软土，其分布、结构、构造特征及物理力学特性存在差异。

因此,在软土地区进行工程勘察时,首先应查明软土的成因类型和沉积环境。例如,选择一个厂区,如果厂区跨越古湖盆地的中部,则所遇淤泥层不仅强度小,而且厚度往往很大,其强度和变形特性必然较差;如果厂区处于古湖盆地的边缘地带,则其淤泥层中会夹有较粗碎屑的沉积,或间有坡积层的交替,且整个淤泥层的厚度也较薄,必然使地基土体的渗透性及其相应的强度和变形特性有显著改变,给厂区建筑地基承载力的提高以有利条件。

另外,在内地近代河谷边缘、阶地和山间盆地的中部,因为这种情况往往不能从近代地貌上来判定,所以要特别注意古河道和古湖沼相淤泥分布的勘察工作。在滨海平原及河口三角洲地区,水网密布,且地下暗浜、暗塘较多,如不查清该地区软土地基的有关特点,容易造成工程事故。

(2)查明软土的分布规律、层理特征。

关于这方面的问题,在山区或某些山前地带比较突出,因为这些地带软土层分布范围有限、构造一般比较复杂。当这种软土层处在地基压缩层范围内,如果厚度不等(即使厚度相差并不悬殊),由于它压缩性甚大的特性,往往会产生较大的不均匀变形,而使建筑物出现裂缝。

(3)查明下伏硬土层或基岩的埋深和起伏。

对于山地型软土或山间洼地软土,还要特别注意查明软土层下伏基岩(或其他比较坚硬的土层)的埋深和起伏,以确定地基的抗滑稳定性和不均匀沉降的可能性及其程度,同时可为桩基设计提供相关的资料。图11-9为舟山某工厂主厂房的地基条件,足可说明查清下伏基岩的起伏这一问题的重要性。

该厂房为钢筋混凝土条形基础,埋深1.65m,用砂垫层处理,砂垫层厚度2m,局部地方为1m。垫层直接放在淤泥和粉质黏土层上。地基下伏基岩顶面向东、北、南方向倾斜,向北坡度约为1:2.63,向南1:51,因此淤泥层厚度变化大,最薄仅2.00m,最厚达6.00m。

厂房建成后不久,东西两边山墙出现严重开裂,致使砖墩裂断,缝口上下叉开。整个厂房呈南北向反弯曲变形,其中锅炉房部分横向向东南倾斜,其东南角沉降最大达20.5cm。总之,厂房地基变形与基岩坡向一致。

分析其原因主要由基岩起伏、淤泥层厚薄不等导致。尽管当时采用了2m厚的砂垫层来处理地基,但还是造成了主厂房与基岩坡度一致的反弯曲变形和局部倾倒变形。主要原因在于工程地质勘察时采用50m的钻孔间距,未能发现基岩面起伏、淤泥层厚度剧烈变化的情况(厂房开裂后补钻时才查明),以为淤泥层比较均匀,导致了不合适的地基基础设计方案。这个问题如果能在勘察中查明,并在地基基础设计时采用合适的方案,这一工程事故是完全可以避免的。

(4)查明地表硬壳层的分布与厚度。

应充分重视软土地区地表"硬壳层"的调查工作,查明其厚度及物理力学性质沿深度的变化规律。如前文所述,硬壳层具有比下伏软土层更好的工程特性,如能充分利用,可以节省造价、加快施工进度。另外,在进行地基评价时,不仅要计算持力层(硬壳层)的承载力,还应验算下卧层(特别是软土层)的承载能力。

(5)查明微地貌形态及暗埋的塘、浜,沟、坑等的分布规律和填埋情况。

对于浅基础,软土地区的微地貌形态和暗埋的塘、浜,沟、坑等对地基承载力,特别是不均匀沉降存在重要的影响。应在勘察阶段采用麻花钻等浅层勘探工具,查明暗埋的塘、浜、

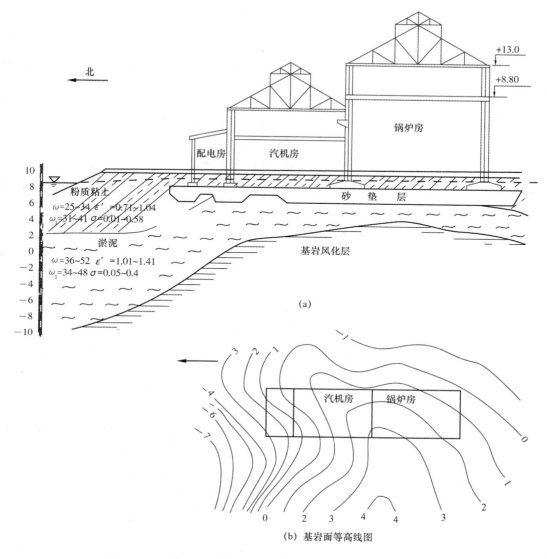

图 11-9　舟山某工厂主厂房的地基条件

沟、坑、人工洞穴等的分布范围、埋深和填埋情况,为建筑基础设计和地基处理提供可靠依据。

（6）查明砂土或粉土的夹层和透镜体。

应注意是否存在砂土或粉土的夹层和透镜体等,查明它们的位置和厚度变化情况,以便考虑它们作为天然排水层,加速软黏土的固结过程,以利于提高地基强度。同时,应考虑施工过程中可能产生的流砂问题,以便预先采取措施。

此外,对软土地基,还应调查土的固结历史、应力水平,分析评价在工程建设过程中开挖、回填、支护、工程降水、打桩、沉井等施工措施对软土应力状态、强度和压缩性的影响,并结合当地经验,提出防止或减少施工扰动的建议。

11.4.2　勘探、取样与原位测试

软土土质松软,结构性强,具有触变性。对这种土进行取样,无论所用取土器设计得多么完善,其保持原状的程度总有一定限度,并且在运输以及制样的过程中,又难免受到某种程度的人为扰动。采用扰动土样进行试验,再精密的仪器和试验方法得到的土性参数也会存在一定的误差,更何况目前采用的直剪试验和三轴试验等试验方法本身也存在一些不完善的地方。因此,对于软土,室内测定的指标,设计人员往往还需要结合工程实际和工程经验进行修正。

但是,对于一个新的地区,已有的工程经验很少时,要提供比较确切的指标就有一定的困难了。目前不少国内外的勘察设计单位对软土及其他易受扰动的土类,除了不断改进取土技术、减少对土样扰动以外,越来越注重原位测试的成果。这就要求相关单位加强现场的观测描述和现场测试工作。

对于软土地基,宜采用钻探取样与静力触探、标准贯入等原位测试相结合的手段进行勘察。勘探点布置应根据土的成因类型和地基复杂程度等因素确定,当土层变化较大或遇到暗埋的塘、浜、沟、坑、穴时应适当地加密。软土地区的原位测试宜采用静力触探试验、旁压试验、十字板剪切试验、扁铲侧胀试验和螺旋板载荷试验。

软土的取样应采用薄壁取土器、快速静力连续压入法。钻进方式应采用回转式提土钻进,并采用清水加压或泥浆护壁。土样在采取、运送、保存、制备的过程中,要精心操作,尽最大努力避免扰动。

软土的力学参数宜根据室内试验和原位测试的成果,结合当地工程经验确定。有条件时,可根据现场监测资料进行"反分析"确定。抗剪强度指标的测定,室内试验宜采用三轴试验,原位测试宜采用十字板剪切试验。压缩性指标包括压缩系数、先期固结压力、压缩指数、回弹指数、固结系数等,可分别采用常规固结试验、高压固结试验等方法测定。

另外,在软黏土的勘探过程中,对土样的现场观察、描述也尤为重要。有些单位,对软土及其他易受扰动的土类的土样定名与土质鉴定,实行以野外观察为主、参考室内试验指标的办法。这对高灵敏度的、呈潜液状态的软土以及含极薄层粉细砂夹层的软土的土质鉴定和定名具有特别重要的意义。例如,通过室内液、塑限试验所确定的软土的塑性指数及液性指数(状态指标),往往会与天然状态下的实际情况有一定差距。因为液、塑限指标是用扰动土做出的,特别是不能正确反映土中细微砂夹层的影响,所以有时会出现把含有极薄层粉细砂夹层或透镜体的淤泥质黏土定名为淤泥质粉质黏土(甚至粉土)的问题。重视现场直接观察、描述,并与试验数据互相校验,则可以及时发现问题,并能及时补取土样以便解决问题。

11.4.3　软土的岩土工程评价

在查明地基条件的基础上,根据上部结构特征和工程建设要求,应对软土地基进行下列(但不限于)岩土工程评价。

(1)根据场地条件和地基土特性,应分析判断地基产生失稳和不均匀变形的可能性;当工程位于池塘、河岸、边坡附近时,应验算其稳定性。当地基的不均匀变形、稳定性不满足工程要求时,应提出处置措施的建议。

(2)软土地基承载力应根据室内试验、原位测试结果和当地经验,并结合下列因素,采

用本章所述的方法进行综合确定：

①　软土成层条件、应力历史、结构性、灵敏度等力学特性和排水条件；

②　上部结构的类型、刚度、荷载性质和分布，对不均匀沉降的敏感性；

③　基础的类型、尺寸、埋深和刚度等；

④　施工方法和程序。

（3）当建筑物相邻高低层荷载相差较大时，应分析其变形差异和相互影响；当地面有大面积的堆载时，应分析它对相邻建筑物的不利影响。

（4）地基沉降计算可采用分层总和法或土的应力面积法，应根据当地经验进行修正。必要时，应考虑软土的次固结效应。

（5）提出基础形式和持力层的建议。对于上为硬层、下为软土的双层土地基，应进行下卧层验算。

复习思考题

1. 在建筑工程领域，黏性土和软土的定义是什么？
2. 如何按地质年代划分黏性土，各种黏性土有什么特点？
3. 软土包括哪些亚类？试说明软土的沉积环境、物质组分和结构特征。
4. 概述软土的物理力学特性及其内在联系？
5. 从沉积环境上，软土分为哪几种类型？"山地型"软土有什么特点？
6. 试综述影响黏性土地基承载力的因素，并说明是如何影响的。
7. 为什么加载方式（大小、速率）会直接影响软土地基的沉降？
8. 对于天然地基上的浅基础，为什么充分利用"硬壳层"很重要？
9. 试述软土地基的勘察要点。

第 12 章　砂土和粉土地基的岩土工程评价

12.1　砂土和粉土的基本特征及岩土工程问题

砂土和粉土分属于粗颗粒和细颗粒土,本不应放在一起讨论。但粉土中黏粒含量少,粉粒含量高,其工程性质与中等塑性的黏性土比较,其渗透性和抗剪强度明显增大,压缩性则显著降低,标准贯入锤击数和静力触探比贯入阻力一般增大 2 倍以上。在粉土中钻探、取原状土样或打桩均较困难,施工开挖时容易产生流土现象。其中,砂质粉土的一系列工程性质更接近粉砂。另外,粉细砂和砂质粉土在地震液化效应上具有相似性,因此,把粉土与砂土放入本章一起讨论。

按第 5 章"土的工程分类"所述,粒径大于 2mm 的颗粒质量不超过总质量的 50%、且粒径大于 0.075mm 的颗粒质量超过总质量 50% 的土定名为砂土。再按粒组的相对含量,砂土细分为砾砂、粗砂、中砂、细砂和粉砂 5 个亚类。

《岩土工程勘察规范(2009 版)》(GB 50021—2001)规定,粒径大于 0.075mm 的颗粒质量不超过总质量的 50%、且塑性指数等于或小于 10 的土定名为粉土,但并未对粉土进行亚类划分。在一些文献和地方(或行业)标准中,往往将粉土再按黏粒含量分为砂质粉土和黏质粉土。黏粒质量小于或等于总质量 10% 的粉土称为砂质粉土;黏粒质量超过总质量 10% 的粉土定名为黏质粉土。

12.1.1　砂土及砂质粉土的基本特征

砂土及砂质粉土具有一些与黏性土绝然不同的基本特征,主要体现在如下几个方面。

1. 矿物成分

砂土的矿物成分主要是石英,其次为长石、云母及少量其他矿物。砂质粉土中含极少量黏土矿物。石英是稳定矿物,长石、云母等抗风化稳定性较差,而且不同矿物成分颗粒的形状和坚硬程度不同,并且因为砂土组成颗粒较粗,所以矿物成分对其物理力学性质的影响更大。这里引用由不同矿物成分、各种粒径组成的砂土的孔隙比资料(表 12-1)来说明这种特征。

从表 12-1 可以看出以下规律性变化:

(1) 当颗粒大小相同时,由不同矿物成分组成的同一紧密程度的孔隙比由大到小依次为云母、长石、棱角石英、浑圆石英,前后相差 10 倍左右。这显然与云母呈片状有关。

(2) 由云母组成的砂,在同一紧密状态下,砂的孔隙比随着颗粒的变细而减小;而由长石、石英(棱角及浑圆)组成的砂则相反,砂的孔隙比随着颗粒变细而增大。

因此,在自然界,云母的含量对砂土的孔隙比及其一系列物理力学性质的影响很大。例如,均匀的棱角砂,在无云母颗粒的情况下,孔隙度 $n=47\%(e=0.89)$;当云母含量增加时,其孔隙度与云母含量呈曲线增长(图 12-1)。

表 12-1　　　　　　　　各种矿物的孔隙比(不同粒组)

粒组 /mm	云母		长石		棱角石英		浑圆石英	
	松散	密实	松散	密实	松散	密实	松散	密实
2~1	6.7	4.3	0.905	0.805	0.91	0.60	0.566	0.502
1~0.5	5.75	3.4	1.18	0.86	0.89	0.635	0.57	0.528
0.5~0.25	5.13	2.6	1.21	0.895	0.888	0.67	0.66	0.51
0.25~0.1	4.78	1.97	1.41	0.97	1.105	0.712	0.81	0.508
0.1~0.06	4.89	1.94	1.58	1.06	1.20	0.76	0.80	0.56
<0.06	—	1.89	1.66	—	1.27	0.655	—	—

2. 毛细作用和"黏聚力"

砂土和砂质粉土以各种大小的砂粒和粉粒为主要成分,因此,与水的结合能力小。当砂粒变细或粉粒为主要成分时,毛细作用逐渐显著。当含水量不大时,土体处于非饱和状态,由于毛细吸力作用,使砂土和砂质粉土表现出一定的"黏聚力";但砂土和粉土饱水时,毛细吸力消失,由毛细负压引起的"黏聚力"不复存在,而呈现很小或无黏聚力的散粒体,不具有塑性或微有塑性。因此,砂土和砂质粉土也被称为无黏性土。

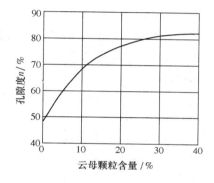

图 12-1　孔隙度与云母含量的关系

3. 透水性

砂土和砂质粉土的颗粒组成中,以各种大小的砂粒和粉粒占绝对优势,黏粒含量极少,因此,孔隙水中结合水所占比例较小,透水能力强。砂粒愈粗、愈均匀、愈浑圆时,孔隙愈大,透水性愈好。

4. 静荷载作用下的压缩特性

一般砂土和砂质粉土在静荷载作用下,压缩性较小,其压密过程也较快。工程实践表明,砂土地基的变形在施工期即可完成 $70\%\sim80\%$ 以上,甚至可以认为已全部完成。砂土的颗粒愈粗,压缩性愈低,压密愈快。

5. 抗剪强度

砂土和砂质粉土的抗剪强度由内摩擦角决定。由石英组成的内摩擦角最大,云母则最小。矿物成分对于较粗粒组的内摩擦角影响较显著,这种影响随着粒度的变小而递减。砂土和砂质粉土的紧密程度增大时,内摩擦角随之增加。砂粒的形状及级配对其内摩擦角也有影响,一般浑圆的、均匀的砂粒内摩擦角较小。

6. 其他特征

除了疏松的砂土和砂质粉土之外,一般均可作为各种房屋建筑物和构筑物的良好地基,这类土的地基承载力与土的紧密状态、基础大小及埋深、地下水位等有关。对于饱和的粉、细砂和砂质粉土地基,由于地下水的渗流,易于发生流土(砂)现象;在遭受振动作用时(如地震、机器振动等),其强度会突然降低,易于发生液化现象。

12.1.2　砂土和砂质粉土地基的主要岩土工程问题

由于砂土和砂质粉土的基本特征,故在岩土工程勘察与设计中要特别注意以下问题。

(1) 砂土和砂质粉土紧密状态的评定问题。砂土和砂质粉土的紧密状态是判定其工程性质的重要指标。它综合反映了这类土的矿物成分、粒度成分、颗粒形状等对其工程性质的影响。因此,合理评定砂土和砂质粉土的紧密状态是其地基评价的重要课题。但是这类土黏聚力很小或无黏聚力,要采取保持天然结构的试样非常因难。在工程勘察中,除了采取专门的设备和方法来保证一定质量的试样外,还发展了现场测定砂土紧密状态的一些特殊测试手段。

(2) 砂土和砂质粉土地基承载力的评定问题。由于砂土和砂质粉土的勘探取样存在较多问题,通过室内试验准确测定这类土的抗剪强度指标并不容易。因此在评定其地基承载力时,除了利用一些承载力经验表格,更多地还要通过原位试验来研究解决问题。

(3) 砂土和砂质粉土液化可能性的评定问题。饱和粉细砂或饱和砂质粉土构成的地基,在动荷载作用下易于发生液化而失去承载能力,往往使建筑物发生灾害性的破坏,故在工程勘察中,如何来判定砂类土地基发生液化的可能性,往往成了建筑场地评价的关键问题。

(4) 流砂问题。由于砂土和砂质粉土几乎没有黏聚力,因此,如果在这类土层中施工不当,在地下水渗流作用下,往往易于发生流动现象,使地基强度降低并失去稳定性,甚至危及邻近建筑。但如果预先估计到可能发生流砂,在施工中采取适当的施工预防措施,流砂的危害是完全可以避免的。因此,在工程勘察中,对于什么样的土质条件,在何种水文地质条件下易于发生流砂的分析研究也是一个重要问题。

12.2　砂土和粉土紧密状态的评定问题

砂土和粉土的紧密状态是判定其工程性质的重要指标。在静荷载作用下,密砂具有较高的强度,结构稳定,压缩性小;而松砂则相反,强度低,稳定性差,压缩性高。粉土,尤其是砂质粉土的强度和变形也有相似的规律。因此,在工程勘察时,首先需要对砂土和粉土的紧密程度做出判断。

一般情况下,孔隙比越小则越密实。但正如第 3 章所述,仅用孔隙比的大小来表征颗粒土的紧密状态并不全面。对于级配不同的土,即使具有相同的孔隙比,其密实状态也可能不同。因此,在评价砂土的密实度时应同时考虑其级配和孔隙比,采用相对密度(相对密实度)来表示颗粒土的紧密状态。砂土相对密度 D_r 按式(12-1)计算。

$$D_r = \frac{e_{\max} - e_0}{e_{\max} - e_{\min}} \tag{12-1}$$

$$D_r = \frac{\rho_{d\max}(\rho_d - \rho_{d\min})}{\rho_d(\rho_{d\max} - \rho_{d\min})} \tag{12-2}$$

式中　D_r——砂的相对密度;

$\rho_{d\max}$, $\rho_{d\min}$, ρ_d——分别为最大干密度、最小干密度和天然干密度,g/cm³;

e_{max}，e_{min}，e_0——分别为最大孔隙比、最小孔隙比和天然孔隙比。

当天然孔隙比等于最大孔隙比时,其相对密度等于 0,表明砂土处于最松散的状态;而当天然孔隙比等于最小孔隙比时,其相对密度等于 1,表明砂土处于最密实的状态。正常情况下相对密度介于 0~1。

根据相对密度,砂土的密实度按如下规定划分为三种状态:$D_r \geqslant 0.67$,密实;$0.33 \leqslant D_r < 0.67$,中密;$D_r < 0.33$,松散。采用相对密度来评定砂土的密实度,考虑了颗粒级配因素的影响,在理论上要比仅用孔隙比评价合理些。但是,采用砂的相对密度也存在不足之处,原因在于测定天然孔隙比或天然干密度的原状砂样往往难以保证质量,而测定最大干密度和最小干密度的试验也易产生人为误差。无论是按天然孔隙比,还是按相对密度来评定砂土的密实度,都要采取原状砂样,而地下水位以下的砂层中采取原状砂样常具有一定困难,这就使得这些方法的应用受到限制。因此,在工程实践中,常用原位测试成果,包括标准贯入试验和圆锥动力触探试验等,来评定砂土的紧密状态,避免了原状砂样的取样问题。

《岩土工程勘察规范(2009 版)》(GB 50021—2001)规定,砂土的密实度应根据标准贯入试验的锤击数实测值 N 划分密实状态(表 12-2)。亦可在当地经验基础上,用静力触探的锥尖阻力划分砂土的密实度。

表 12-2　　　　　　　　　　　　砂土密实度分类(根据标准贯入锤击数)

标准贯入锤击数 N	密实度	标准贯入锤击数 N	密实度
$N \leqslant 10$	松散	$15 < N \leqslant 30$	中密
$10 < N \leqslant 15$	稍密	$N > 30$	密实

粉土颗粒相对均匀且细小,级配的影响不明显,其密实度可根据粉土的孔隙比 e 按如下规定划分密实状态:$e < 0.75$,密实;$0.75 \leqslant e \leqslant 0.90$,中密;$e > 0.90$,稍密。

不管是按相对密度评价砂土的紧密状态,还是采用孔隙比评价粉土的密实程度,都需要采取原状土样,以测定砂土和粉土的天然孔隙比或天然干密度。

当土层位于地下水位以上时,可用环刀法、灌砂法或灌水法测定砂土和砂质粉土的天然重度,求得天然孔隙比或天然干密度。

环刀法适用于地下水以上的湿砂和砂质粉土。当地下水位以上的砂为干砂时,环刀法则不适用,可用灌砂法(或灌水法)。如图 12-2 所示,灌砂法是先在选定取样位置整平地面,在整平地面上铺置灌砂器底盘(底盘中部为一直径 12~15cm 圆孔),在圆孔内向下挖一小圆坑,将挖出的砂土全部称重,记为 g_1。用灌砂器盛足够数量的标准砂,称重得 g_2。使灌砂器漏斗对准底盘圆孔,打开漏砂开关,向小圆坑内灌砂,待砂停止流动时关闭开关,称取灌砂器连同余下标准砂的重量,记为 g_3。按式(12-3)计算砂土的天然重度。

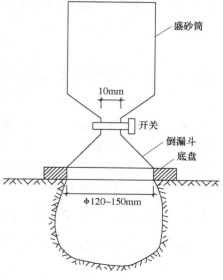

图 12-2　灌砂法求砂土重度

$$\gamma = \frac{g_1}{g_2 - g_3 - g_0}\gamma_s \qquad (12\text{-}3)$$

式中　g_0——灌砂器底盘圆孔和灌砂器倒漏斗中标准砂的重量；

　　　γ_s——标准砂（0.5～0.25mm 粒径）模拟灌砂条件的堆积重度。

也可用灌水法代替灌砂法测定砂土的天然重度。在整平的测试位置上挖一个圆形小坑，将挖出的砂土称重；用塑性薄膜紧贴坑壁衬入坑内，然后向坑内注水，以测定小圆坑的容积；可计算砂土的天然重度。但采用灌水法时，坑口水平面观测往往带来较大的人为误差，应引起注意。

对于地下水位以下的砂土和砂质粉土，特别是粉细砂，采取原状试样是比较困难的，需要在满足特定技术要求的前提下精心操作，一般情况下只能在钻孔内取样。按《建筑工程地质勘探与取样技术规程》(JGJ/T 87—2012)的规定，为采取Ⅰ级、Ⅱ级砂土和砂质粉土试样，应采用单动三重管或双动三重管回转取土器，原状取砂器适用于采取Ⅱ级砂土和粉土试样。

采取原状砂样，不只与取土工具有关，还需配合钻探工艺。特别是在砂土和砂质粉土层中作业，钻探至地下水位以下一定深度后，往往会出现涌砂、塌孔现象，砂层愈厚，涌砂愈严重，清孔作业难以奏效；易于发生埋钻卡钻事故，造成钻杆起拔困难。这些都会使土层发生严重扰动，导致无法采取原状试样。

在钻进过程中发生涌砂的原因有：①钻进清孔时，土的结构被破坏，局部处于流动状态；②上提钻具时，孔内水位下降，孔外水位高，造成水位差，渗流使砂处于悬浮状态；③由于上提钻具时的真空活塞作用而造成涌砂。因此，遇到涌砂时，不要盲目急于清孔，而应根据不同情况具体对待。如，由于孔内外水位差造成涌砂，可将套管加长，或是提升钻具时往孔内灌注清水，边轻提边加水，以减少水头差；或由于真空活塞作用引起涌砂，则可改用较小直径钻头清孔，提升钻具时，可转动钻杆使钻具紧靠一侧，以便于另一侧留出较大间隙，所使用的取土器排水孔必须保持畅通；或由于动水压力发生涌砂，则可在孔内注入浓稠泥浆进行护壁，效果也比较好。

另外，在砂土和砂质粉土中进行钻探作业，钻进过程不能间歇，要求不停顿地连续钻进，直至完成一孔为止。这也是很重要的经验。

12.3　砂土和粉土地基在静载作用下的承载力

砂土地基与黏性土地基一样，地基承载力取决于地基土本身的工程性质，也与基础和上部结构的特性以及施工工艺有关；确定地基承载力的方法，既有载荷试验法和经验法，也可根据地基土强度指标按承载力公式计算确定。因此，为避免重复，本节着重讨论有关砂土和粉土地基承载力的一些特殊方面。

12.3.1　影响砂土和粉土地基承载力的因素

根据国内外的工程实践经验，影响砂土和粉土地基承载力的因素，可以归纳为以下几个方面。

1. 密实度和颗粒级配

粗颗粒土的工程性质密切依赖于它自身的密实状态，砂土和粉土也不例外。在其他条件相同的情况下,砂土和粉土越密实,承载力越高。如前文所述,密实度与颗粒级配有关,级配良好的砂土容易密实,往往具有更高的承载力。

2. 颗粒大小

具有相同密实度(比如相对密度相同),但不同粒度成分的砂土,砾砂和粗砂、中砂在外力作用下,粒间摩阻力和咬合阻力大,工程性质优良且透水性好,故其承载力一般均大于细砂、粉砂和粉土,并很少受到地下水及饱和度因素的影响。

3. 地基沉降

一般认为砂土和粉土地基的承载力是由强度控制的。除了松散、稍密的以外,砂土地基的总沉降量不大,而且在施工期结束时就能完成总沉降的 $70\% \sim 80\%$ 以上,甚至全部完成。但也有意见认为砂土地基的极限承载力很高,实际上很少会发生强度破坏,应当由变形要求进行控制。

基础宽度越大,附加应力影响越深,砂土地基的沉降量随着基础宽度的增大而增大,可以通过载荷试验成果按式(12-4)来估算。

$$s = s_1 \left(\frac{2B}{B+0.3} \right)^2 \qquad (12\text{-}4)$$

式中　s_1——30cm×30cm 正方形承压板在特定荷载 P_1 作用下的沉降量,cm;

s——同一荷载 p_1 作用下基础宽度为 B 的基础的沉降量,cm。

一定条件下,基础宽度 B 的基础的沉降量还随基础埋深的增加而减小。因此,在建筑物基础尺寸、埋置深度以及允许沉降量确定以后,可通过式(12-4)反算 s_1,然后再根据 p-s 曲线,得出对应于 s_2 的压力,即为地基的承载力特征值。

4. 施工方法

由于饱和砂土及粉土易于受到渗流、振动等的影响,因此,在一定意义上,施工方法对饱和粉砂、细砂和粉土地基的承载力起着控制作用。例如,采用大面积井点降水进行基坑开挖,地基承载力可以得到充分发挥;如果排水不当或没有排水措施,则易于发生流土、涌砂现象,使砂土和粉土的天然结构遭到破坏,地基承载力大幅度降低。这是一条很重要的经验。

12.3.2　砂土和粉土地基承载力的确定方法

第 10 章和第 11 章论述的承载力公式同样适用于砂土及粉土地基。这里主要介绍确定砂土及粉土地基承载力的经验方法,包括基于工程实践和原位测试结果的查表法和经验公式法。这些表格和经验公式虽然不再出现在有关标准中,但是作为长期工程经验的总结,仍不失参考价值。但需考虑其适用条件,一方面,经验公式(包括表格)具有地区性;另一方面,随着科技进步和原位测试技术的不断改进,测试结果可能存在差异。

1. 查表法

根据砂土和粉土的物理指标,通过查表大致确定一般建筑物地基的承载力。其主要依据是土的粒度成分、密实状态(相对密度 D_r 或天然孔隙比 e)、饱和度以及与地下水的关系。

《铁路桥涵地基和基础设计规范》(TB 10002.5—2005)规定,当基础宽度 $B \leqslant 2m$、埋深 $D \leqslant 3m$ 时,砂土地基的容许承载力可按表 12-3 确定。

表 12-3		砂类土地基的容许承载力			单位:kPa
土名	密实程度 湿度	稍 松	稍 密	中 密	密 实
砾砂、粗砂	与湿度无关	200	370	430	550
中砂	与湿度无关	150	330	370	450
细砂	稍湿或潮湿	100	230	270	350
	饱和	—	190	210	300
粉砂	稍湿或潮湿		190	210	300
	饱和	—	90	110	200

当建筑地基的基础尺寸和埋置深度不满足上述各规范规定的范围时,查表确定的承载力应进行深、宽修正,所得结果还应满足建筑物沉降控制的要求。

除了上述铁路工程中的砂土地基承载力经验表格外,在公路工程、港口工程及原冶金工程领域,以及我国部分地区,如北京、天津、成都、广东等,也有类似的经验,即根据砂土密实度查表确定地基承载力。在工程实践中,当没有直接的岩土参数以资评价承载力时,可以参考使用。

2. 原位测试经验公式法

利用原位测试成果确定地基承载力,在砂土和粉土地基中用得比较广泛的是标准贯入试验和静力触探试验,也有一些利用圆锥动力触探锤击数确定地基承载力的经验。这些成果可以采用经验公式、图、表的形式给出。

1)标准贯入试验

国内建立了砂土地基承载力与标准贯入锤击数的经验关系。《建筑地基基础设计规范》(GBJ 7—89)规定,当基础宽度 B 不大于 3m、埋置深度 D 不大于 0.5m 时,砂土地基的承载力标准值按标准贯入击数 N 查表 12-4 确定。

表 12-4	砂土地基承载力标准值 f_k			单位:kPa
N 土类	10	15	30	50
中、粗砂	180	250	340	500
粉、细砂	140	180	250	340

注:$N = \mu - 1.645\sigma$,μ 为标贯击数的算术平均值,σ 为标准差。

《港口工程地基规范》(JTS 147—1—2010)给出了按标准贯入锤击数 N 确定砂土地基承载力设计值的经验表格(表 12-5)。当基础有效宽度 B_e 大于 3m 或基础埋深 D 大于 1.5m 时,由表 12-5 查得的砂土地基承载力 f_d' 应按式(12-5)进行修正。

$$f_d = f_d' + m_b \gamma_1 (B_e - 3) + m_d \gamma_2 (D - 1.5) \tag{12-5}$$

式中　γ_1——基础底面下土的重度,kN/m³,水下用浮重度;

　　　γ_2——基础底面以上土的加权平均重度,kN/m³,水下采用浮重度;

　　　B_e——$B_e = B - 2e_b$,基础的有效宽度,m,其中 B 为基础宽度,e_b 为宽度方向上的偏心距;

m_b, m_d——基础的宽度和深度修正系数,查表 12-6 获得。

表 12-5　　　　　　　　　　　　砂土地基承载力设计值 f'_d　　　　　　　　　　　　单位:kPa

土类	$\tan\delta$	标准贯入锤击数 N		
		50～30	30～15	15～10
中粗砂	0.0	500～340	340～250	250～180
	0.2	400～272	272～200	200～144
	0.4	180～122	122～90	90～65
粉细砂	0.0	340～250	250～180	180～140
	0.2	272～200	200～144	144～112
	0.4	122～90	90～65	65～50

注:$\tan\delta$ 表示基础底面上合力的斜率,其中,δ 为基础底面上合力作用线与竖直线的夹角,(°)。

表 12-6　　　　　　　　基础宽、深承载力修正系数 m_b 和 m_d

土类	$\tan\delta$					
	0.0		0.2		0.4	
	m_b	m_d	m_b	m_d	m_b	m_d
粉砂、细砂	2.0	3.0	1.6	2.5	0.6	1.2
砾砂、粗砂、中砂	4.0	5.0	3.5	4.5	1.8	2.4

应注意《港口工程地基规范》(JTS 147—1—2010)确定地基承载力设计值及深、宽修正方法,即式(12-5),与《建筑地基基础设计规范》(GB 50007—2011)有明显区别。在港口规范中,考虑了作用在基底上合力的偏心距和斜率对地基承载力的影响。不仅查表取值时,合力斜率不同,取值不同,而且在修正公式中,采用有效基础宽度,修正系数的取值也与合力的斜率有关。这说明了在确定地基承载力设计值时,尽管基本原则类似,比如考虑基础深、宽的影响,但是还需结合不同建(构)筑物及其承受荷载的特点,区别对待。

除了采用表格的形式,更多采用经验关系式将地基承载力与原位测试指标建立联系。如原纺织工业部设计院(1981)根据对比试验提出砂土地基容许承载力 f_a 与标准贯入锤击数 N 的经验公式,式(12-6)—式(12-7)。

对粉土

$$f_a = \frac{100N}{0.308N + 1.504} \tag{12-6}$$

对细砂、中砂

$$f_a = 105 + 10N \tag{12-7}$$

也可将地基承载力与标准贯入锤击数之间的关系用图 12-3 表示。图 12-3 给出了包括式(12-6)和式(12-7)在内的经验成果。

2) 静力触探试验

静力触探试验在岩土工程勘察中应用广泛,特别是在我国,单桥静力触探积累了大量的工程实践经验,应予以继承和发展。双桥静力触探试验可以得到锥尖阻力 q_c 和侧壁摩阻力 f_s 两个指标,但鉴于锥尖阻力 q_c 的稳定性,在建立地基承载力与静力触探指标经验关系式

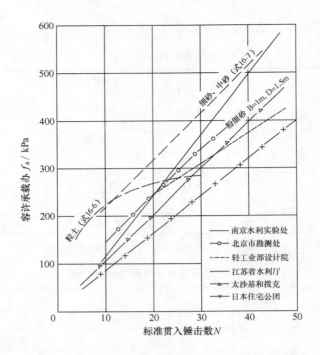

图 12-3　砂土及粉土地基承载力与标贯击数的关系图

时,多采用 q_c,这些成果多来自国外的科研和实践总结。近年来,孔压静力触探技术受到重视,国内科研和勘察单位也开展了这方面的工作,已取得一定成果,相信也可以用于评价地基土的承载力。

例如,在原《工业与民用建筑工程地质勘察规范》(TJ21—77)的基础上,"用静力触探测定砂土承载力"联合试验研究组(1980)进一步开展试验,共获得水上、水下各类砂土的静力触探比贯入阻力 p_s 值与对应的荷载试验结果 73 组(加上原规范的 39 组,共 112 组),经统计分析汇总于表 12-7。

表 12-7　　砂土及粉土地基容许承载力与静力触探比贯入阻力的关系式

序号	经验关系式	适用范围	来源
1	$f_a = 0.2381 p_s^{0.64} - 12$	$1000 < p_s < 12000$,中、粗砂	TJ 21—77 规范编制组
2	$f_a = 0.0197 p_s + 65.5$	$5000 < p_s < 16000$,粉、细砂	
3	$f_a = 0.525 \sqrt{p_s} - 103.3$	$1000 < p_s < 10000$,中、粗砂	"用静力触探测定砂土承载力"联合试验研究组(1980)
3	$f_a = 0.02 p_s + 59.5$	$1000 < p_s < 15000$,粉、细砂	
5	$f_a = 0.036 p_s + 4.48$	$1000 < p_s < 14000$,粉土: $I_p = 6 \sim 10$(25 组)	

注:容许承载力 f_a 和比贯入阻力 p_s 均以 kPa 计。

3)动力触探试验

相对于标准贯入试验在岩土工程勘察中的广泛应用,圆锥动力触探一般应用于粗颗粒土的原位测试,特别是碎石土或含碎石的土层。因此,在用动力触探锤击数评价碎石土和砂土地基承载力方面也积累了许多经验。

《铁路工程地质原位测试规程》(TB 10018—2003)给出了利用重型圆锥动力触探锤击数评价中砂、砾砂和碎石土地基容许承载力取值的经验表格,见表 12-8(表中容许承载力值未经深、宽修正)。

表 12-8　　　　　　　　　　用 $\overline{N}_{63.5}$ 确定地基承载力 p_u 值　　　　　　　　　　单位:kPa

$\overline{N}_{63.5}$	3	4	5	6	7	8	9	10	12	14
碎石类土	140	170	200	240	280	320	360	400	480	540
中砂~砾砂	120	150	180	220	260	300	340	380	—	—
$\overline{N}_{63.5}$	16	18	20	22	24	26	28	30	35	40
碎石类土	600	660	720	780	830	870	900	930	970	1000

注: $\overline{N}_{63.5}$ 为经过杆长修正后的重型动力触探锤击数的算数平均值。

广东、陕西、四川、辽宁等地的一些设计研究单位也开展了许多这方面的工作,积累了用动力触探指标进行地基评价的经验。其中,成都和沈阳地区的地基基础设计标准已经吸收了这些经验成果。以广东省建筑设计研究院的研究成果为例,用 $N_{63.5}$ 确定砂土地基承载力标准值 f_k 的成果见表 12-9。

表 12-9　　　　　　　用 $N_{63.5}$ 确定砂土地基承载力标准值 f_k　　　　　　　单位:kPa

$N_{63.5}$		3	4	5	6	7	8	9	10
中、粗、砾砂		120	160	200	240	280	320	360	400
粉、细砂	稍湿	60	80	100	120	140	160	180	200
	很湿	90	120	150	180	210	240	270	300

12.4　饱和砂土和粉土在动荷载作用下的液化问题及其评价

液化是指饱和砂土或饱和粉土在动荷载(地震、爆炸、设备基础振动或打桩等)作用下,由于超孔隙水压力急剧增大,使土体抗剪强度大幅减小或消失而呈流态的现象。发生液化的机理在于松散的砂土受到震动时有变紧密的趋势,而饱和砂土的孔隙充满了水,这种变紧密的趋势导致孔隙水压力急剧上升;如果短时间内(地震作用往往很短暂)超孔隙水压力来不及消散,就会导致有效应力骤然减小;当有效应力等于零时,砂土会完全丧失抗剪强度和承载能力,或者由于有效应力减小使土体抗剪强度降低到不足以抵抗动荷载引起的动剪应力,从而引起变形和破坏。

如果地震引起了饱和砂土或饱和粉土地基液化,将极大地加重震害。例如,1964 年 6 月 16 日日本新潟地震,由于砂土液化,地基丧失承载力,使工程建筑物遭到广泛的破坏,许多构筑物下沉大于 1m,并有一栋公寓倾斜达 80°,液化时,有地下水从地表裂缝冒出,房屋和其他物体下沉到液化的砂土中,而有的地下构筑物则被托浮到地面上,港口设施等也遭到严重破坏。1964 年 3 月 28 日阿拉斯加发生里氏 8.4 级强震,地震引起细砂层液化,有的房屋横移了 18m。

又如,我国 1975 年的海城地震和 1976 年的唐山地震,烈度分别为 7 度、8 度、9 度的营口地区、北京通县及天津古河道区均普遍发生喷水冒砂、房屋大幅下沉及河岸滑塌等现象。2016 年 2 月 6 日我国台湾高雄发生里氏 6.7 级地震,地震造成台南市维冠大楼倒塌。该区域过去曾是鲫鱼大湖,地震后土体液化严重,造成不少房子严重倾斜,甚至下陷半层楼。

因此,地震作用下饱和砂土及粉土的液化问题一直受到人们的重视。通过大量的震后现场调查和试验研究,对砂土及粉土液化发生的机理和条件已有比较全面的认识,形成了一些地基液化判别方法,并根据场地的液化等级提出了相应的抗液化技术措施。

12.4.1 影响砂土和粉土液化的因素

从砂土液化的本质而言,人们开始的认识是密砂不容易液化,而松砂则容易液化,因此,认为砂土的密实度是关键问题。随着对不同密实度的砂土剪切时的变化的研究的不断深入,人们发现松砂在剪切时体积会发生收缩,而密砂在剪切时体积会发生膨胀(剪胀性),于是提出"临界孔隙比"的概念,即当孔隙比 e 等于临界孔隙比时,砂受剪,体积既不发生收缩也不发生膨胀。当砂土的孔隙比低于临界孔隙比时,就不会发生液化;只有当砂土的孔隙比高于临界孔隙比,受振时体积发生收缩,孔隙水压力上升,粒间有效应力减小,使砂土的强度降低甚至丧失,则会发生液化。

对砂土液化进行大量试验研究后发现,仅按临界孔隙比评价是否液化是片面的,因为孔隙比小于临界孔隙比的砂,在某些条件下也会发生液化。这说明孔隙比大小(密实度)不是砂土液化的唯一因素。根据已有的研究和经验,影响砂土及粉土液化的因素既包括土质特性(内因),也与液化前土体所处的应力状态和动力作用特性等(外因)有关。

1. 砂土和粉土的特性

影响砂土及粉土液化的土的特性包括颗粒组成(级配)、密实度、渗透性和结构性等。根据已经发生液化的现场调查和土质分析,如图 12-4 所示,一般认为特别容易发生液化的砂土的平均粒径 d_{50} 介于 $0.075 \sim 0.20$mm,即细颗粒容易液化,平均粒径在 0.1mm 左右的粉细砂抗液化能力最差;颗粒大小越均匀,不均匀系数 c_u 小于 5 者,较之级配良好的砂土易于液化;土中黏土颗粒具有抑止液化的作用,因此,纯净的砂土比含有一定数量的黏粒的砂土容易液化。1975 年海城地震和 1976 年唐山地震中大面积已液化饱和粉土的土工分析统计资料表明,粉土中黏粒含量不大于 10% 的砂质粉土更易于液化。因此,国家规范把黏粒含量定为判别粉土液化可能性的一个重要指标。

土工分析与现场观测均表明,液化的敏感性在很大程度上取决于砂土或粉土的密实度。均匀的砂土比不均匀系数大的砂土孔隙比大,所以易于液化。前述的临界孔隙比概念也证明密实度是影响砂土液化的重要因素之一。例

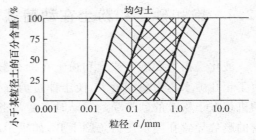

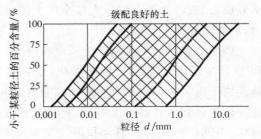

图 12-4 发生地震液化场地的土质统计分析

如,1964 年日本新潟地震时,在烈度为 7 度的区域,$D_r < 0.5$ 的地段液化很普遍,而 $D_r > 0.7$ 的地段没有发生液化。

除上述因素外,经验表明土的渗透性、结构性和应力历史对砂土及粉土液化也存在一定的影响。但土的各方面的特性往往不是独立的,而是相关的。一般条件下,饱和粉砂、细砂比中砂、粗砂的透水性差,易于液化,这与砂土的平均粒径的影响是一致的;从结构性上讲,受扰动结构破坏的砂土比原状土容易液化,新近沉积砂比老砂层易液化,而超固结砂土比正常固结砂土抗液化能力强,这些因素与前述的密实度对砂土液化的影响具有内在相关性。

2. 液化前砂土和粉土的埋藏条件

这里的埋藏条件是指埋藏深度、地表有无附加荷载、地下水位和排水条件等。埋藏深度、地表有无附加荷载和地下水位决定了液化前砂土或粉土所处的有效应力状态(初始应力条件),排水条件则影响到超孔隙水压力的消散。

天然砂土或粉土由于地面有无超载、埋深和地下水位不同,使土体处于不同的初始有效应力状态。上覆土层越厚(荷载越大),砂土或粉土层埋藏越深,地下水位越低,则土层受到的围压越大,就越不容易液化,或发生液化所需的动力作用强度也就增大。例如,1966 年我国邢台地震时,该地一村庄下面埋藏砂层与周围地区相同,但因该村庄填土 2~3m 厚,未发生液化,而其周围地区广泛液化。又如,1966 年日本新潟地震时,当地有 2.75m 厚的填土处的地层是稳定的,而无填土处则液化很严重。

排水条件取决于孔隙水的排水距离和易液化土层周围土层的渗透性。排水条件良好,则有利于超孔隙水压力的消散,能降低液化发生的可能性。

3. 动力作用的特性

对类别和密实度一定的砂土或粉土,初始应力状态也一定时,要使之产生液化就必须使动力作用的强度超过某一临界值,这是液化的外因。对地震来说,动力作用特性包括地震强度(如震级)和持续的时间。地震强度可用地面最大加速度 a_{max} 表示;持续时间可用等效循环次数作为指标。一般来讲,地震烈度越高,a_{max} 越大,就容易造成土体液化;地震持续时间长,或震动循环次数多,也容易发生液化。

一般经验是,当地面最大加速度不小于 0.1g 时,可能发生液化。这与我国地震设防烈度为 7 度是一致的。现场观测和室内外的实验资料还表明,土在动力作用下液化的产生还与应力应变的变化频率及振动延续时间有关。如阿拉斯加地震时,由砂土边坡液化而产生的滑坡多产生在地震后 90s,如果地震延续时间只有 45s,则不发生液化,也不发生滑坡现象。

综上可知,是否发生液化受制于土性条件、应力状态和震动特性,要正确地评价饱和砂土及粉土地基的液化问题,就需要通过工程勘察以查清土体的特性和埋藏条件,并认真分析这些因素及它们之间的相互关系。

12.4.2　判别砂土和粉土液化可能性的方法

影响砂土或粉土液化的因素是多方面的,目前已发展了多种综合考虑这些因素的判别液化的方法,归纳起来有两大类,一类是以地震现场的宏观调查及现场试验为依据的方法;另一类是以计算的地震剪应力与实验室确定的砂土或粉土在相应动力作用下的抗剪强度相比较的方法。当前,由于受原状土取样和室内液化试验等条件的限制,应用于工程实际的判别常以前者为主,并已纳入有关规范。根据产生液化的各主要影响因素,通过某种或几种现场试验取得能够综合反映土的工程性质的参数,与地震经验相结合,找出影响因素相互关系的规律性,用以进行液化判别,是一种简便且行之有效的方法。标准贯入试验、静力触探试验及剪切波速试验等都能提供这种参数,其中标准贯入试验是许多国家惯用的一种原位测试方法。一些国家,尤其是中国、日本和美国,通过标准贯入试验进行地震现场调查,发表过大量文献。所以,采用标准贯入法进行砂土和粉土地基液化的判别具有比较充分的条件。

1. 地震液化的初步判断

1)判别范围

从上述地震液化影响因素的讨论可知,震动特性是砂土及粉土液化的外因,只有地震达到一定强度时才可能发生液化。

抗震设防烈度为6度时,一般情况下,对饱和砂土、粉土(不含黄土)可不考虑液化的影响;但对于沉陷敏感的乙类建筑,可按7度进行液化判别。

2)初步判断

应从以下几个方面,从宏观上判断是否具备液化的条件。

(1)区域地震地质条件。场地及其附近的地震液化史、震级、断裂错动等历史地震背景及发震条件。

(2)场地条件。场地地形、地貌、地层、地下水及倾斜场地或液化土层倾向临空面等与液化有关的场地条件。

(3)地基土条件。是否存在可液化土层及可能液化土层的埋藏条件和物理力学性质,如埋深、地下水位、相对密实度、黏粒含量等。

当地面以下存在饱和砂土或饱和粉土时,除6度区及6度以下区域以外,应进行液化判别。当符合下列条件之一时,可初步判别为不液化或不用考虑液化的影响;否则,应作进一步的分析判别。

(1)地质年代为第四纪晚更新世(Q_3)及以前的地层,抗震设防烈度为7度或8度时,可判为不液化土;

(2)对应抗震设防烈度为7度、8度和9度,粉土的黏粒(粒径小于0.005mm的颗粒)含量分别不小于10%、13%和16%时,可判为不液化土;

(3)浅埋天然地基的建筑物,当上覆非液化土层的厚度和地下水位的深度符合下列条件之一时,可不考虑液化的影响。

$$d_u > d_0 + d_b - 2 \tag{12-8}$$
$$d_w > d_0 + d_b - 3 \tag{12-9}$$
$$d_u + d_w > 1.5d_0 + 2d_b - 4.5 \tag{12-10}$$

式中　d_u——上覆非液化土层的厚度,m,计算时宜将淤泥和淤泥质土层扣除;

d_w——地下水位的深度,m,宜按建筑物使用期内年平均最高水位或近期内年最高水位采用;

d_b——基础埋置深度,m,不超过2m时应取2m;

d_0——液化土特征深度,m,可按表12-10采用。

表 12-10 液化土特征深度 d_0 单位:m

饱和土类别	抗震设防烈度		
	7	8	9
粉土	6	7	8
砂土	7	8	9

注:当区域的地下水位处于变动状态时,应按最不利的情况考虑。

2. 地震液化的进一步判别

经初步判断,认为饱和砂土、粉土存在液化可能性时,需作进一步判别。可采用标准贯入试验、静力触探试验等判别法,通过定量计算来判断浅层地基土液化的可能性,并给出液化等级的评价。

如前文分析,标准贯入试验判别法在国内外应用经验丰富,接受程度高,也是我国《建筑抗震设计规范》(GB 50011—2010)规定的方法。因此,下文主要介绍标准贯入试验判别法,其他方法作为补充。

1) 标准贯入试验判别法

《建筑抗震设计规范》(GB 50011—2010)明确规定,当饱和砂土或粉土初判认为需作进一步判别时,应采用标准贯入试验判别法判别地面以下 20m 深度范围内的液化,而对于那些可不进行天然地基及基础抗震承载力验算的各类建筑,可只判别地面以下 15m 深度范围内的液化。

当饱和砂土或粉土的标准贯入锤击数(未经杆长修正)小于或等于液化判别标准贯入锤击数临界值 N_{cr} 时,应判为液化土。

在地面以下 20m 深度范围内,N_{cr} 可按式(12-11)计算。

$$N_{cr} = N_0 \beta [\ln(0.6d_s + 1.5) - 0.1d_w] \sqrt{\frac{3}{\rho_c}} \qquad (12\text{-}11)$$

式中　N_{cr}——液化判别标准贯入锤击数临界值;

$\quad\quad d_s$——饱和土中标准贯入试验点深度,m;

$\quad\quad d_w$——地下水位深度,m;

$\quad\quad \rho_c$——黏粒含量百分率,当小于 3 或为砂土时,应取 3;

$\quad\quad \beta$——调整系数,设计地震第一组取 0.80,第二组取 0.95,第三组取 1.05;

$\quad\quad N_0$——液化判别标准贯入锤击数基准值,按表 12-11 取值。

表 12-11 液化判别标准贯入锤击数基准值 N_0

设计基本地震加速度 g	0.10	0.15	0.20	0.30	0.40
N_0	7	10	12	16	19

2) 静力触探试验判别法

该判别方法为铁道部科学研究院等提出,并已在国际专业会议上得到推荐应用的方法。该判别法主要根据 1976 年唐山地震不同烈度区 125 份试验资料,用统计方法的判别函数进行了分析。在统计中考虑了砂层埋深(1~15m)、上覆非液化土层厚度(0~10.6m)、地下水位深度(0.2~6.8m)、震中距(3.1~105km)及比贯入阻力(3.4~42.3MPa)5 个因素,提出了饱和砂土液化临界比贯入阻力的判别式。当实测值小于临界值时,可判别为液化土。

$$p_{scr} = p_{s0}[1-0.05(d_u-2)][1-0.065(d_w-2)] \qquad (12\text{-}12)$$

式中　p_{scr}——饱和砂土液化临界比贯入阻力,MPa;

　　　d_u——上覆非液化土层厚度,m,计算时应将淤泥和淤泥质土层厚度扣除;

　　　d_w——地下水位深度,m;

　　　p_{s0}——当 $d_u=2m$、$d_w=2m$ 时,饱和砂土的液化临界比贯入阻力,MPa,可按表 12-12 取值。

表 12-12　　　　　　　　　　　　　　　液化判别 p_{s0} 和 q_{c0}

烈度	7 度	8 度	9 度
p_{s0}	5.0~6.0	11.5~13.0	18.0~20.0
q_{c0}	4.6~5.5	10.5~11.8	16.4~18.2

式(12-12)适用于采用单桥静探判别地面以下 15m 深度范围内的液化,当采用双桥静力触探试验指标时,其判别式雷同。

$$q_{ccr} = q_{c0}[1-0.05(d_u-2)][1-0.065(d_w-2)] \qquad (12\text{-}13)$$

式中　q_{ccr}——饱和砂土液化临界锥尖阻力,MPa;

　　　q_{c0}——当 $d_u=2m$、$d_w=2m$ 时,饱和砂土液化静探锥尖阻力临界值,MPa,按表 12-12 取值。

经后期地震实践经验总结,在采用式(12-5)和式(12-16)计算饱和土液化静力触探指标临界值时,需乘以一个土性综合影响系数 α_p 进行修正。α_p 可按表 12-13 取值。

表 12-13　　　　　　　　　　　　　　　土性综合影响系数 α_p

土类	砂土	粉土	
静力触探摩阻比 R_f	$R_f \leqslant 0.4$	$0.4 < R_f \leqslant 0.9$	$R_f > 0.9$
α_p	1.0	0.6	0.45

3) 剪切波速试验判别法

对于地面以下 15m 深度范围内存在的饱和砂土和粉土,当实测的剪切波速值 v_s 大于按式(12-14)计算的土层剪切波速临界值 v_{scr} 时,可判为不液化土。

$$v_{scr} = v_{s0}(d_s - 0.0133d_s^2)^{0.5}\left(1-0.185\frac{d_w}{d_s}\right)\sqrt{\frac{3}{\rho_c}} \qquad (12\text{-}14)$$

式中　v_{scr}——饱和砂土或饱和粉土液化剪切波速临界值,m/s;

　　　d_s——饱和砂层或粉土层剪切波速测点深度,m;

　　　v_{s0}——与地震烈度和土类相关的波速基准值,m/s,按表 12-14 取值。

表 12-14　　　　　　　　　　　　　液化判别波速基准值 v_{s0}　　　　　　　　　　　　单位:m/s

土类　　　地震烈度	7 度	8 度	9 度
砂土	65	95	130
粉土	45	65	90

4）应力比较简化方法

该方法的实质是通过比较饱和砂土或粉土中由地震作用产生的剪应力与产生液化所需的剪应力（即在相应动力作用下的砂土抗剪强度），来判别可能产生液化的范围。要达到这个目的，就需要获得：①饱和砂土或粉土在地震荷载作用下不同深度处的剪应力值（通过实测或理论计算）；②不同应力状态下，在同样动力作用下产生液化所需的剪应力（对发生液化地区及未发生液化地区进行实地分析，或通过室内试验来测定）。解决这两个问题的工作是比较繁重的，为此 Seed（美国）提出了简化方法。

（1）确定地震产生的剪应力。

$$\tau_{av} \approx 0.65 \frac{\gamma h}{g} a_{max} \gamma_d \tag{12-15}$$

式中　τ_{av}——土层中地震产生的平均剪应力，kPa，因实际剪应力是随时间变化的；

γ——所研究深度以上土体的重度，kN/m³；

h——所研究土体的埋深，m；

a_{max}——地震时地面最大加速度，m/s²；

γ_d——动应力衰减系数，其值小于1，随深度而减小，并依土类而变化。但在地震液化判别深度范围内（地面以下 15m），不同土类差别不大，可取平均值，按表 12-15 取值。

表 12-15　　　　　　　　　　　　动应力衰减系数

深度/m	0	1.5	3.0	4.5	6.0
γ_d	1.000	0.985	0.975	0.965	0.955
深度/m	7.5	9.0	10.5	12.0	13.5
γ_d	0.935	0.915	0.895	0.850	0.820

按式（12-15），只要根据地震设防烈度确定地震时地面最大加速度，并测定土的重度，就可以估算不同深度处由于地震而产生的平均剪应力。

（2）产生液化所需的剪应力的简化计算。

在一定反复周数的剪应力作用下产生液化的剪应力值可以用分析地震地区砂土液化的应力条件来确定，也可以用专门的室内试验方法来确定。在采用室内动三轴试验获取产生液化所需的剪应力时，试样的选择和制备非常关键。根据前人积累的资料和经验，现场条件下产生液化的剪应力比与室内动三轴试验产生液化的应力比的关系为

$$\frac{\tau_d}{\sigma_0'} = \frac{\Delta\sigma_1}{2\sigma_3} C_r \frac{D_r}{50} \tag{12-16}$$

式中　τ_d——产生液化的水平剪应力，kPa；

σ_0'——初始有效应力，kPa；

$\sigma_1 \pm \Delta\sigma_1$——规定周数周期变化的垂直应力，kPa；

σ_3——使土样固结的初始围压，kPa；

C_r——修正系数，见图 12-5；

$\Delta\sigma_1/2\sigma_3$——三轴试验产生液化的应力比，试验时控制砂样 D_r 等于 50%。

比较式（12-15）和式（12-16）计算所得的 τ_{av} 和 τ_d，τ_d

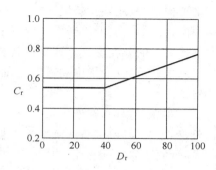

图 12-5　修正系数 C_r 与 D_r 的关系

小于 τ_{av} 处即为液化可能发生的范围。

3. 液化指数与液化等级评价

对存在液化砂土层、粉土层的地基,应探明各液化土层的深度和厚度,按式(12-17)计算每个钻孔的液化指数,并按表 12-16 综合评价地基的液化等级。

$$I_{LE} = \sum_{i=1}^{n} \left(1 - \frac{N_i}{N_{cri}}\right) d_i W_i \tag{12-17}$$

式中　I_{LE}——液化指数;

n——在判别深度范围内每一个钻孔标准贯入试验点的总数;

N_i,N_{cri}——第 i 点的标准贯入击数的实测值和临界值,当实测值大于临界值时应取临界值;当只需判别 15m 深度范围以内的液化时,15m 以下的实测值可按临界值采用;

d_i——第 i 点所代表的土层厚度,m,可取用与该标准贯入试验点相邻的上、下两个试验点深度差的一半,但上界不得高于地下水位深度,下界不得深于液化判别深度;

W_i——第 i 土层的单位土层厚度的层位影响权函数值,m^{-1},当该层中点深度不大于 5m 时应取用 10m,等于 20m 时应取用零值,5~20m 时应按线性内插法取值,即

$$W = 10, \quad h \leqslant 5$$

$$W = \frac{2}{3}(20 - h), \quad 5 < h \leqslant 20$$

表 12-16　　　　　　　　　　　　液化等级与液化指数的对应关系

液化等级	轻微	中等	严重
液化指数 I_{LE}	$0 < I_{LE} \leqslant 6$	$6 < I_{LE} \leqslant 18$	$I_{LE} > 18$

12.5　流砂问题

流砂属于土的渗透变形的特殊情形。土的渗透变形是指由于地下水渗流作用而引起的土工构筑物、地基及基坑土体出现的变形或破坏,主要有流土、管涌、接触流失和接触冲刷 4 种模式。如在向上渗透力作用下土颗粒悬浮、细颗粒被带走、地面隆起及土层剥落等都属于渗透变形的外在形式。这里仅就流土的形成机理、判断准则和防治措施加以论述。流砂属于流土的范畴,专指饱和松散的细砂、粉砂或粉土由于地下水的渗透力作用而失去稳定的现象。

实际工程中,在地下水位以下开挖基坑时,往往会发生地下水带着泥砂一起涌冒的现象,称之为涌砂现象;或坑壁土由板桩缝隙中流出。它不仅给施工造成困难,而且破坏地基强度,危及邻近已有建(构)筑物的安全。这个现象可以用一个简单的模型试验来说明,如图 12-6 所示。打开阀门 A,使砂土试样中产生向上的水流,当渗流的水力梯度 $i(=h/L) \approx 1.0$ 时,会发现砂土失去稳定,放在砂土表面的一块小石子就沉下去了,即表面的砂土丧失了承

载能力;再将阀门 A 关闭,砂土就恢复稳定状态。把土体开始发生流土时的水力梯度称为临界水力梯度,用 i_{cr} 表示。

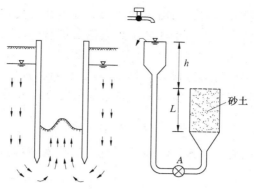

图 12-6　流砂现象模型试验

1. 流土发生的条件

在向上渗流作用下,局部土体出现表层隆起、顶穿或颗粒群同时浮动、流失的现象称为流土。理论上,任何类型的土,只要水力梯度达到一定的大小,都会发生流土变形。而实际工程中,流土发生的条件主要包括以下两个方面。

1) 土的特性

这是内因。土层由粒径均匀的细颗粒组成,孔隙比大,排列疏松,黏粒含量少,黏聚力低。

如上海地基规范组(1961)根据普陀、闸北两区 15 个工程发生流砂现象地点的钻孔资料及土工分析数据,统计后得出以下结果:

(1) 黏粒含量小于 10%～15%;粉粒含量大于 65%～75%;

(2) 不均匀系数在 1.6～3.2 之间,$c_u < 5$;

(3) 土的孔隙比大于 0.85;

(4) 含水量大于 30%～35%;

(5) 厚度大于 250mm 的粉砂及砂质粉土层。

以这 5 个条件来衡量流砂发生与否是符合上海地区的具体情况的。

2) 水动力条件

这是外因。当沿渗流方向的渗透力大于土的有效重度时,将使土颗粒悬浮流动,如图 12-6 的模型试验。

2. 流土可能性判别

如果不考虑土体的结构性和黏聚力,按定义,临界水力梯度 $i_{cr} = \gamma' / \gamma_w$。根据浮重度的三相指标换算公式,得

$$\gamma' = \frac{(G_s - 1)\gamma_w}{1 + e}$$

则

$$i_{cr} = \frac{G_s - 1}{1 + e} \qquad\qquad (12\text{-}18)$$

可见,土的临界水力梯度与土颗粒比重 G_s 和孔隙比 e 直接相关。由于 G_s 变化不大,e 对 i_{cr} 的影响更为显著。

在进行流土可能性判别时,需先采用流网法或其他方法确定渗流溢出处的水力梯度 i,然后按下列条件进行判别:① $i<i_{cr}$,土体处于渗流稳定状态;② $i=i_{cr}$,土体处于渗流临界状态;③ $i>i_{cr}$,土体将会发生流土破坏。

如果发生流土破坏,很可能会造成灾难性的事故。因此,在实际工程中是不允许 $i>i_{cr}$ 的情况发生的。在设计时,应采用一定的安全系数来确定容许水力梯度 i_a,并满足

$$i<i_a=\frac{i_{cr}}{F} \tag{12-19}$$

式中,F 为防止流土发生的安全系数,在《建筑基坑支护技术规程》(JGJ 120—2012)中,F 取 $1.5\sim2.0$。

3. 流土的防治措施

土的渗透变形,特别是流土,是水利堤坝、建筑基坑及边坡失稳的主要原因之一,在设计中,针对可能发生流土破坏的情况,应采取相关措施加以预防。

对于堤坝地基的渗透变形防治,可以在上游做防渗帷幕、水平铺盖,以阻断渗透路径或者延长渗透距离来降低水力梯度;也可以在下游铺设透水的压重,或者在溢流处挖沟减压。

对于基坑工程,可采取上述针对堤坝地基的防治措施。当透水层厚度不大时,可将垂直防渗帷幕打入下部不透水层,完全阻断地下水渗流;当透水层厚度较大时,可采用悬挂式帷幕,以降低溢出水流的水力梯度。根据工程经验,在坑底以下土层中采用高压喷射注浆法形成水平隔水层也可以达到防止流土的效果。

复习思考题

1. 与一般黏性土相比,试述砂土和砂质粉土的一般特征。
2. 在评价砂土与粉土的密实度时,主要困难和问题是什么?在工程实践中如何克服这些困难?
3. 我们说,用孔隙比评定粗颗粒土(包括砂土)的密实度并不全面;为什么现行规范仍采用孔隙比评定粉土的密实度?
4. 试述砂土地基承载力的影响因素。施工方法如何影响砂土地基的承载力?
5. 什么是砂土和粉土的振动液化现象?试分析其实质与机理。
6. 请详述砂土和粉土液化的影响因素。
7. 在进行砂土及粉土地基液化可能性初判时,应考虑哪些条件?
8. 满足哪些条件可初判为不液化或不用考虑液化问题?
9. 有哪些方法可用来对砂土及粉土液化作进一步判别?
10. 土的渗透变形有哪些类型?什么是流土?流土问题的实质是什么?
11. 如何判别是否会发生流土?工程实践中如何防治?

第13章 碎石土地基的岩土工程评价

13.1 碎石土地基的基本特征及岩土工程问题

根据《土的工程分类标准》(GB/T 50145—2007),粒径大于 60mm 的颗粒含量超过 15% 的土称为巨粒类土。按其粒组的相对含量,巨粒类土可进一步划分为巨粒土、混合巨粒土和含巨粒混合土 3 个亚类,共 6 种。根据《岩土工程勘察规范(2009 年版)》(GB 50021—2001),粒径大于 2mm 的颗粒质量超过总质量 50% 的土定名为碎石土,然后再按颗粒级配和颗粒形状分为漂(块)石、卵(碎)石和圆(角)砾 3 组,6 个亚类(参详第 5 章)。可见,两种分类方法并不一致,勘察规范定义的碎石土包括了《土的工程分类标准》中的巨粒类土和部分粗粒土。在工程实践中,碎石土的概念与勘察规范的定义基本一致。

碎石土的粒径分布很宽。自然成因的碎石土一般具有如下基本特征。

1. 组分特征

碎石土的颗粒组成特点是粒径大小往往相差悬殊,缺乏中间粒径。颗粒级配曲线有一段近似水平,即该范围内的颗粒含量极少。例如,山区洪坡积层中常见以角砾、碎石甚至块石作为骨架或者包含物,以黏性土为充填物的碎石土。在河床冲积层中常见以圆砾、卵石为骨架或包含物,以砂土为充填的碎石土。

2. 结构特征

碎石土骨架颗粒为连续接触时,其强度由组成骨架的碎石起控制作用;碎石土骨架颗粒为不连续接触,而为充填物所包裹时,碎石土的强度由充填物起控制作用。研究表明,当作为充填物的细粒含量接近或超过其土体全重的 40% 时,整个土体则表现出相应细粒土的性状。

一般而言,碎石来自结晶岩的,其强度比来自沉积岩的要高一些;充填物为砂土的,其强度比充填物为黏性土的要高。充填物为砂土时,含水量对其强度的影响不大,而密实度对强度的影响很大。一般碎石土粒径愈大,含量愈多,承载力愈高;骨架颗粒呈圆形并充填砂土的比呈棱角状并充填黏性土的要高;同类土中密实的比松散的承载力要高。

3. 密实状态

碎石土的力学特性和工程性质与其密实状态关系密切。但由于取样困难,一般不能采用常规土工试验的方法及其相关物理指标(如孔隙比、相对密度)评价碎石土的密实状态。在工程实践中,可根据碎石土骨架颗粒的含量和排列方式,结合野外钻探、掘进的困难程度及坑壁稳定情况进行定性描述和分类,见表 13-1。

表 13-1　　　　　　　　　　　　碎石土密实度野外鉴别

密实度	骨架颗粒含量和排列	可挖性	可钻性
松散	骨架颗粒质量小于总质量的 60%，排列混乱，大部分不接触	锹可以挖掘，井壁易坍塌，从井壁取出大颗粒后，立即塌落	钻进较易，钻杆稍有跳动，孔壁易坍塌
中密	骨架颗粒质量等于总质量的 60%~70%，呈交错排列，大部分接触	锹镐可挖掘，井壁有掉块现象，从井壁取出大颗粒处，能保持凹面形状	钻进较困难，钻杆、吊锤跳动不剧烈，孔壁有坍塌现象
密实	骨架颗粒质量大于总质量的 70%，呈交错排列，连续接触	锹镐挖掘困难，用撬棍方能松动，井壁较稳定	钻进困难，钻杆、吊锤跳动剧烈，孔壁较稳定

注：碎石土的密实度应按表列各项特征综合确定。

碎石土的密实度可根据圆锥动力触探锤击数进行定量判定，对于重型圆锥动力触探，按锤击数 $N_{63.5}$ 查表 13-2；对于超重型圆锥动力触探，按锤击数 N_{120} 查表 13-3。表中 $N_{63.5}$ 和 N_{120} 应进行杆长修正。

表 13-2　　　　　　　　　依据重型动力触探确定碎石土密实度

重型动力触探锤击数 $N_{63.5}$	密实度	重型动力触探锤击数 $N_{63.5}$	密实度
$N_{63.5} \leqslant 5$	松散	$10 < N_{63.5} \leqslant 20$	中密
$5 < N_{63.5} \leqslant 10$	稍密	$N_{63.5} > 20$	密实

注：① 本表适用于平均粒径等于或小于 50mm，且最大粒径小于 100mm 的碎石土。

② 对于平均粒径大于 50mm，或最大粒径大于 100mm 的碎石土，可用超重型动力触探或用野外观察鉴别。

表 13-3　　　　　　　　　依据超重型动力触探确定碎石土密实度

超重型动力触探锤击数 N_{120}	密实度	超重型动力触探锤击数 N_{120}	密实度
$N_{120} \leqslant 3$	松散	$11 < N_{120} \leqslant 14$	密实
$3 < N_{120} \leqslant 6$	稍密	$N_{120} > 14$	很密
$6 < N_{120} \leqslant 11$	中密		

4. 分布特征

常见碎石土，特别是碎石、卵石、块石、漂石类，一般分布范围有限，在其他土层中呈透镜体或尖灭夹层存在，厚度变化剧烈，故对这类地基土需查明其构造在各个方向上的变化所造成的地基土工程性质的不均匀性和各向异性等特点。

5. 湿陷性

部分松散及稍密的碎石土，尤其是西北地区的洪积、坡积角砾，结构松散，常具有湿陷性。由于取样困难，对于可能具有湿陷性的碎石土，应采用现场浸水载荷试验方法判别其湿陷性。

由于碎石土地基具有上述物质组成和结构等特征，常有不同含量的巨粒和粗粒，因此在现场很难取得有代表性的原状土样，也往往无法在室内采用常规土工试验测定其物理力学性质指标，而必须采用现场试验对碎石土地基的工程性质进行评价。针对碎石土的特殊性，在进行碎石土地基评价时，有以下岩土工程问题需要讨论和注意：① 碎石土物理性质指标的测定；② 碎石土强度指标（力学性质指标）的测定；③ 碎石土地基承载力的确定。

13.2　碎石土物理性质指标的测定

土的物理性质指标很多,这里主要涉及与碎石土力学性质关系密切的天然孔隙比、天然含水量和相对密度等物理指标。

1. 碎石土的天然容重和天然孔隙比

由于碎石土含有粗大颗粒,因此不能利用取土器采取原状土样,也不能采用环刀法切取试样测定天然容重及天然含水量。对于地下水位以上的碎石土,可以采用灌水法或灌砂法测定天然容重。为保证试验质量,试坑体积一般不宜小于 $3000cm^3$。

在测定碎石土的天然容重 γ 和天然含水量 w 以后,可用式(13-1)或式(13-2)计算天然孔隙比 e_0:

$$e_0 = \frac{G}{\gamma_d} - 1 \tag{13-1}$$

$$e_0 = \frac{G(1+0.01w)}{\gamma} - 1 \tag{13-2}$$

式中　G——土的颗粒比重;

　　　w——土的含水量。

由于碎石、卵石等粗颗粒本身密度很大,必然使其 γ 偏大、ω 偏小。因此按式(13-1)或式(13-2)计算得到的 e_0 值偏小。根据碎石土的结构特征,当碎石、卵石不能形成连续承力骨架时,在外力作用下的工程性质主要由细颗粒充填物的特性(如孔隙比)决定。而细颗粒的孔隙比,较包含粗颗粒在内的孔隙比大,如果不考虑这一特点,在工程实践中就会做出不符合实际情况的判断,把本来高压缩性的碎石土体当作低压缩性土看待。在实际工作中,可按下列方法和步骤来处理解决这一问题。

(1)将已测过天然重度 γ 的土样,选取足够的均匀试料,烘干后求出其天然含水量 w。

(2)将烘干的土全部磨细过筛,获取土中大于 2mm 颗粒的质量百分比 $P\%$。

(3)将已知干重 M 的一堆粗颗粒试样,置于水中充分饱和,然后取出立即投入图 13-1 所示的虹吸筒,观测其从筒中排出的水量 V,可求得粗颗粒的比重 $G_c = \frac{M}{V}$。

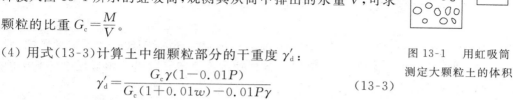

图 13-1　用虹吸筒测定大颗粒土的体积

(4)用式(13-3)计算土中细颗粒部分的干重度 γ_d':

$$\gamma_d' = \frac{G_c \gamma (1-0.01P)}{G_c(1+0.01w) - 0.01P\gamma} \tag{13-3}$$

(5)用式(13-4)计算土中细颗粒部分的孔隙比 e_0':

$$e_0' = \frac{G_X}{\gamma_d'} - 1 \tag{13-4}$$

式中,G_X 为细颗粒部分的颗粒比重。

2. 碎石土的天然含水量

在现场,碎石土的天然含水量可用比重筒法测定。测定的方法与步骤如下:

(1) 以容积为 $3\sim4L$ 金属圆筒,装满水使水面与其顶缘齐平,称其重量 g_1;

(2) 取 $1\sim2kg$ 具有天然含水量的试样,称重为 g_2;

(3) 将金属圆筒中的水倒出一部分,然后将已称重的试样放入筒中,为使其中空气排出,应边放边用细棒轻轻搅动。待空气排完后,再注水于筒中,仍使水面与其顶缘齐平,称其重量为 g_3。

则碎石土的天然含水量可按式(13-5)计算:

$$w=\left[\frac{g_2(1-G)}{(g_1-g_3)-G}-1\right]\times100\%\tag{13-5}$$

式中,G 为土的颗粒比重。

3. 碎石土的相对密度

碎石土的相对密度 D_r 与砂土的定义相同,即:

$$D_r=\frac{e_{max}-e_0}{e_{max}-e_{min}}\tag{13-6}$$

测试时,可用 $10\,000\text{cm}^3$ 体积的桶,将碎石土混合均匀后较缓慢地注入桶内,表面抹平计算而得 e_{max};e_{min} 可用木棍将碎石土捣至最密实后测得。然后依据上述测定的天然孔隙比 e_0,即可计算碎石土的相对密度。

由于碎石土的物理指标测定比较麻烦和困难,为了更有效地完成勘察评价工作,原陕西省冶金勘察设计院根据对西北地区冲洪积角砾土的级配参数与重度的统计分析结果,初步认为碎石土的干重度 γ_d 与级配参数 K_d 和 d_{10} 具有较好的相关性,并提出如下经验关系式以供参考。

$$\gamma_d=2.13-1.15K_d+0.9\overline{K}_d^{-2}\tag{13-7a}$$

$$\gamma_d=1.83-0.28d_{10}+0.56d_{10}^{-2}\tag{13-7b}$$

式中 K_d——级配参数,$K_d=d_{90}/d_{10}$;

       d_{90}——颗粒级配曲线上对应累计百分数为90%的粒径;

       d_{10}——限制粒径。

13.3   碎石土强度指标的测定

碎石土强度指标的测定与其物理性质指标的测定一样,受颗粒尺寸效应的影响,应采用大尺寸的试样在现场直接测定,或采用大型三轴试验测定。这里介绍适用于碎石土的现场直剪试验和水平推剪试验。

现场直接剪切试验按破坏模式和剪切条件可分为抗剪断试验、抗剪试验和抗切试验。抗剪断试验是指试验体在法向应力作用下沿剪切面剪切破坏的现场直接剪切试验;抗剪试验是指试验体剪断后沿剪切面继续剪切的试验,又称摩擦试验;抗切试验是法向应力为零时的剪切试验。这里的现场直剪试验是指抗剪断试验,水平推剪试验是指抗切试验。

13.3.1　现场直剪试验

1．试验原理和适用范围

现场直剪试验的原理与室内直剪试验类似。根据摩尔-库伦强度理论，在给定法向应力 σ 下，通过施加推力（即剪切荷载）使试验体在剪切面上产生剪应力，将试验体剪切破坏，此时剪切面上的剪应力（抗剪强度）τ_f 是岩土体的黏聚力 c 和内摩擦角 φ 的函数，即

$$\tau_f = c + \sigma \tan\varphi \tag{13-8}$$

因此，通过一组不同法向应力下的现场直剪试验，根据试验结果可在 τ-σ 直角坐标系中绘制强度包络线，然后确定岩土体的抗剪强度指标。

现场直剪试验可用于测定岩土体本身、岩土体沿软弱结构面、岩土体与其他材料（如混凝土等）接触面的强度参数，一般用于比较重要的工程。当室内试验难以取得有关参数时，可采用现场试验方法。

2．试验方法和技术要求

现场直剪试验可在试洞、试坑、探槽或大口径钻孔内进行。当剪切面水平或近于水平时，可采用平推法或斜推法；当剪切面较陡时，可采用楔形体法（图 13-2—图 13-4）。

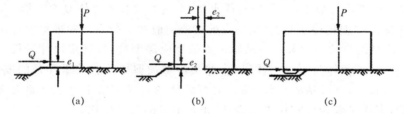

图 13-2　平推法示意图

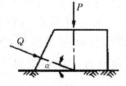

图 13-3　斜推法示意图

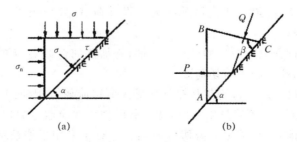

图 13-4　楔形体法示意图

对于土体，包括碎石土，宜采用平推法。如图 13-2 所示，平推法中剪切荷载平行于剪切面，但根据剪切荷载和法向荷载施加的位置不同，又可分为：

（1）施加的剪切荷载有一力臂，剪切面上的法向应力和剪切应力分布不均匀，见图 13-2(a)。

（2）使法向荷载产生的偏心力矩与剪切荷载产生的力矩平衡（相互抵消），从而改善剪切面上的应力分布，见图 13-2(b)。

（3）剪切荷载与剪切面在同一水平面上，剪切面上的应力分布是均匀的，但这对土体并不适用，对岩体在操作上也存在一定困难，见图 13-2(c)。

为获得能够反映现场实际情况的试验结果，碎石土的现场直剪试验应符合如下技术要求：

（1）同一组试验体的土性应基本相同，受力状态应与土体在工程中的实际受力状态相近。

（2）现场直剪试验每组试验体不宜少于 3 个。剪切面积不得小于 $0.3m^2$，以使试验具有代表性。试验体高度不宜小于 0.2m 或为最大粒径的 5～6 倍，剪切面开缝应为最小粒径的 ¼～⅓。

（3）开挖试坑时，应避免试验体扰动和含水量的显著变化；在地下水位以下试验时，应避免水压力和渗流对试验的影响。

（4）施加的法向荷载、剪切荷载应分别位于剪切面中心和剪切缝的中心；或使法向荷载与剪切荷载的合力通过剪切面的中心，并保持法向荷载不变。

（5）试验在地下水位以下时，应先降低水位，安装试验装置并恢复水位后，再进行试验。

根据上述试验原理和技术要求，现场直剪试验一般按下列方法和步骤进行。

（1）试验体制作与试验准备。在试验位置的相应深度处，按规定尺寸开挖、切削试验土体，除剪切面外，将试验体与周围土体隔离，并预留施加剪切荷载的千斤顶的安放位置。在开挖试验体的过程中，务必精心操作，防止对试验体的扰动。由于每组试验有多个试验体，可以一起开挖，但应采取相应的保护措施，防止含水量的明显变化。

（2）设备安装。现场直剪试验的设备包括施加法向荷载的竖向千斤顶和施加剪切荷载的千斤顶、相应的量测仪器（千分表或位移计等）及附属装置。安装法向荷载千斤顶和沉降量测仪器的方式与平板载荷试验类似。对于土体中的直剪试验需要地锚、横梁等反力装置，需采用基准梁和磁性表座将千分表或位移计设置在加载板的适当位置；施加剪切荷载的千斤顶的基座应支撑于原状土上，安装前应将支撑位置整平，并在基座与土体之间垫放刚性木板或钢板。

（3）施加法向荷载。施加法向荷载的要点是要求法向应力在剪切面上均匀分布，并在整个剪切过程中维持不变；最大法向荷载应大于设计荷载，并分级等量施加；荷载精度应为试验最大荷载的 ±2%。

每一试验体的法向荷载可分 4 级～5 级施加；施加法向荷载后应测读法向变形，当法向变形达到相对稳定时，即可施加剪切荷载。

（4）施加剪切荷载。每级剪切荷载按预估最大剪切荷载的 8%～10% 分级等量施加，或按法向荷载的 5%～10% 分级等量施加；剪切荷载的作用线应通过剪切面中心。

在试验体被剪切前，应预估最大剪切荷载 Q_{max}。对于采用平推法的剪切面面积为 F 的矩形试验体，可按式（13-9）预估 Q_{max} 值。

$$Q_{max} = (c + \sigma \tan\varphi)F \tag{13-9}$$

剪切荷载的施加方式有时间控制法和剪切位移控制法之分。剪切位移控制法比较符合工程实际。试验结果表明，在剪应力与剪切位移呈线性变化的初始阶段，即出现剪切屈服点之前,两种方法得到的试验结果基本一致。

(5)试验终止条件。当剪切变形急剧增长或剪切变形达到试验体尺寸的$\frac{1}{10}$时,可终止试验。

3. 试验资料整理与分析

在进行现场直剪试验资料整理时,应绘制剪应力与剪切位移关系曲线和剪应力与垂直位移关系曲线,以确定比例强度、屈服强度、峰值强度和残余强度等;应绘制法向应力与比例强度、屈服强度、峰值强度、残余强度的关系曲线,以确定相应的强度参数。

1)比例强度、屈服强度、峰值强度和残余强度的确定

应依据同一组直剪试验结果,以剪切位移为横坐标、剪应力为纵坐标,绘制剪应力与剪切位移关系曲线(图 13-5)。按如下方法确定各抗剪强度特征值。

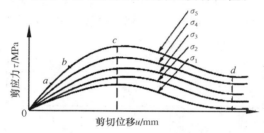

图 13-5　现场直剪试验剪应力与剪切位移关系曲线

(1)比例强度。

比例强度定义为剪应力与剪切位移关系曲线上初始直线段的末端相对应的剪应力,如图 13-5 上 a 点对应的剪应力。

如果初始直线段不甚明显,可采用一些辅助手段确定,如采用循环荷载方法,在到达比例强度之前进行卸荷,其剪切位移基本都能恢复,过后则不然,由此寻找其临界点即为比例强度。或利用试验体以下基底岩土体的水平位移与试验体的水平位移之间的关系进行判断:在比例界限之前,两者相近;过比例界限以后,试验体的水平位移大于基底岩土的水平位移。

(2)屈服强度。过比例强度后,剪应力与剪切位移的关系开始偏离直线,随着剪应力增大,剪切位移增速更快,试验体的体积由收缩转为膨胀。如图 13-5 中 b 点对应的剪应力即为屈服强度。

(3)峰值强度。试验体的体积膨胀加速,剪切位移随剪应力加速增长。在剪应力与剪切位移关系曲线上,尽管剪应力仍然随着剪切位移的增长而增大,但曲线斜率越来越小,到 c 点时(图13-5)剪应力达到最大值,即为峰值强度。

(4)残余强度。过了峰值以后,剪应力开始衰减,但抗剪强度并不为零,随着剪切位移的增大,剪应力维持在一个较低的水平,即为残余强度,如图 13-5 上的 d 点。

通过现场直剪试验还可以得到试验体的剪胀强度。试验体在受剪过程中由于剪切带体积变大而引起剪应力的变化,剪胀强度相当于剪切带体积最大时对应的剪应力,可根据剪应力与垂直位移的关系曲线进行判定。

2)抗剪强度参数的确定

通过绘制法向应力与不同特征强度(比例强度、屈服强度、峰值强度或残余强度)的强度

包络线,确定相应的强度参数。如图 13-6 是剪应力峰值、残余值与法向应力的关系曲线,从中可以得到峰值强度参数和残余强度参数。

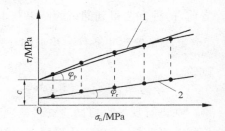

图 13-6　现场直剪试验剪应力
与法向应力关系曲线

13.3.2　水平推剪试验

1. 试验原理

在不施加竖向荷载的情况下,通过施加水平推力推挤土体,直至土体出现剪切破坏,如图 13-7 所示。基于极限平衡理论,假定整个剪切面上土体的抗剪强度指标不变,根据一次试验结果,即可计算土体的抗剪强度指标 c 和 φ。在水平推剪试验中,土体实质上是被动破坏,当水平推力等于被动土压力时,则达到极限平衡;大于被动土压力时,发生挤压破坏。剪切破裂面并不一定是圆弧面,而是一个受制于土体特性的非规则曲面,因此水平推剪试验的难点是确定滑动面。

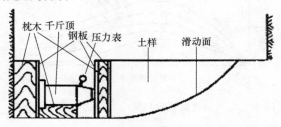

图 13-7　水平推剪试验原理及装置

2. 试验方法简介

水平推剪试验装置示意如图 13-7 所示。试验方法和步骤如下。

1)试坑开挖与试验体隔离

在预定试验位置和深度预留出一个三面临空的长方体作为试验体,高度 H 应大于土中最粗颗粒直径的 5 倍以上,宽度 B 应满足 $H/B = \frac{1}{4} \sim \frac{1}{3}$,长度 $L = 0.8 \sim 1.0B$。在试验体宽度一侧开挖试坑,尺寸应满足安装卧式千斤顶的要求。在试验体两侧各开一宽为 $10 \sim 12\mathrm{cm}$ 的边槽,在槽中靠近试验体一侧放置平滑的薄钢板(或光滑的硬塑料板),然后回填并稍加夯实。开挖过程中取样测定土的重度。

2)施加推力

在千斤顶前后设置枕木,试验体一端的枕木大小与试验体断面尺寸 $B \times H$ 相同,如果枕木刚度不足,可采用钢板加固,以试验中自身不发生挠曲为原则。调整千斤顶下的垫块厚度使施力点距离坑底高度约 $\frac{1}{3}H$,并位于 $\frac{1}{2}B$ 处。活动挡板可以用普通厚钢板制成,以施力后钢板本身不挠曲为原则。

通过千斤顶缓慢施加水平推力,同时量测试验体的水平位移和竖向变形。水平推力的加荷速率宜控制在 $10 \sim 15\mathrm{mm/min}$;当试验体发生隆起,土体中出现剪切面时,推力达到最大值(可由千斤顶油压表读数显示);继续加荷,推力不升反降,表面试验体已剪切破坏。记录千斤顶的最大推力 $P_{\max}$。

当发现试验体已剪切破坏并获得最大推力 $P_{\max}$ 后,卸荷至零;然后重新加荷,并测其推

力峰值记为 $P_{\min}$，该值对应于剪切面上的摩擦力。

3）剪切破裂面的确定

剪切面的位置往往不易确定。在试验体剪切破坏后，将上部松散土体移开并小心清理，观测破裂面。为了使剪切面容易判断，可在土体剪切破坏后，循环施加荷载，以使剪出块体与下部土层的界限明显。

3. 试验资料整理与分析

通过水平推剪试验，可测得最大推力 $P_{\max}$、土体剪损后的推力 $P_{\min}$ 及剪切面的位置与轮廓。根据这些试验结果，可用半图解法近似确定碎石土的强度指标。

如图 13-8 所示，先绘制滑动体的实测断面图；如果滑动面呈折线形，则在转折点处把滑动体划分为若干土条，否则按等间距划分土条。

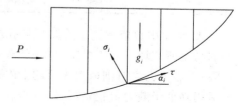

图 13-8　滑动体断面图

然后根据试验测定的土的天然重度计算各土条的单宽重力 g_i。最后按公式（13-10）确定碎石土的强度指标（对于碎石土，一般认为其残余黏聚力 $c_r \approx 0$）：

$$\tan\varphi = \frac{\dfrac{P_{\min}}{G}\displaystyle\sum_{i=1}^{n} g_i\cos\alpha_i - \displaystyle\sum_{i=1}^{n} g_i\sin\alpha_i}{\dfrac{P_{\min}}{G}\displaystyle\sum_{i=1}^{n} g_i\sin\alpha_i + \displaystyle\sum_{i=1}^{n} g_i\cos\alpha_i} \tag{13-10}$$

$$c = \frac{\dfrac{P_{\max}-P_{\min}}{G}\Big[\big(\displaystyle\sum_{i=1}^{n} g_i\cos\alpha_i\big)^2 + \big(\displaystyle\sum_{i=1}^{n} g_i\sin\alpha_i\big)^2\Big]}{\Big(\dfrac{P_{\min}}{G}\displaystyle\sum_{i=1}^{n} g_i\sin\alpha_i + \displaystyle\sum_{i=1}^{n} g_i\cos\alpha_i\Big)B\displaystyle\sum_{i=1}^{n} l_i} \tag{13-11}$$

式中　G——滑动土体的重力，kN；

　　　$P_{\max}$——现场实测最大推力，kN；

　　　$P_{\min}$——土体剪损后的推力，kN；

　　　g_i——各土条的单宽重力，kN/m；

　　　c——剪切面土体的粘聚力，kPa；

　　　φ——剪切面土体的内摩擦角，(°)；

　　　α_i——第 i 土条滑动面与水平面的夹角，(°)；

　　　l_i——第 i 土条的滑动线长度，m。

13.4　碎石土地基承载力评定

根据国内一些勘察、设计单位几十年来的工程实践经验和科学研究成果，提出了表 13-4 所示的碎石土地基承载力经验取值表。对于一般建筑物，当基础埋深小于或等于 0.5m、基础宽度小于或等于 3m 时，可根据碎石土的野外特征鉴别其密实度，然后直接应用表 13-4 确定其地基承载力。

表 13-4　　　　　　　　　　碎石土地基承载力标准值 f_k　　　　　　　　　单位:kPa

土的名称	密实度		
	稍密	中密	密实
卵石	300～500	500～800	800～1100
碎石	250～400	400～700	700～900
圆砾	200～300	300～500	500～700
角砾	200～250	250～400	400～600

　　表 13-4 中数值适用于骨架颗粒孔隙全部由中砂、粗砂或硬塑、坚硬状态的黏性土或稍湿的粉土所充填。对于中密、稍密的碎石土,当充填物以黏性土为主时,承载力取用表值的下限;以砂土为主时则取用表值的上限。当骨架颗粒为中等风化或强风化时,可按其风化程度适当降低承载力值;当颗粒间呈半胶结状态时,可适当提高承载力值。

　　《铁路工程地质勘察规范》(TB 10012—2007)给出了根据密实度查表确定碎石土地基承载力的方法。在铁路隧道和桥涵工程中,当基础宽度 B 不大于 2m、基础埋深 d 不大于 3m 时,碎石土地基的容许承载力如表 13-5 取用。

表 13-5　　　　　　　　　　碎石类土地基的容许承载力 f_a　　　　　　　　　单位:kPa

土名	密实度			
	松散	稍密	中密	密实
卵石土、粗圆砾土	300～500	500～650	650～1000	1000～1200
碎石土、粗角砾土	200～400	400～550	550～800	800～1000
细圆砾土	200～300	300～400	400～600	600～850
细角砾土	200～300	300～400	300～500	500～700

　　对于表 13-5 中列出的承载力,由硬质岩块构成且充填砂类土者取高值,由软质岩块构成且充填黏性土者取低值;对于半胶结的碎石类土,可按密实度相同的同类土的表值提高10%～30%;对于巨粒类漂石土、块石土,可参照卵石土、碎石土的承载力适当提高。在自然界中,松散的碎石类土很少见,在鉴别其密实度时应慎重考虑。

　　除了根据密实度查表确定碎石土地基承载力,重型动力触探和超重型动力触探也常用于碎石土地基的勘探测试,可依据 $N_{63.5}$ 或 N_{120} 评价碎石土的地基承载力。

　　辽宁省《建筑地基基础设计规范》(DB 21-907—96)提供了用 $N_{63.5}$ 确定碎石土和砂土地基承载力的经验表格(表 13-6)。

表 13-6　　　　　辽宁地区用 $N_{63.5}$ 确定碎石土、砂土地基承载力标准值 f_k　　　　　单位:kPa

$N_{63.5}$	f_k					
	卵石	圆砾	砾砂	粗、中砂	粉、细砂	
					稍湿	很湿
3	200	195	180	120	90	60
4	275	250	225	160	120	80

续表

$N_{63.5}$	f_k					
	卵石	圆砾	砾砂	粗、中砂	粉、细砂	
					稍湿	很湿
5	340	310	270	200	150	100
6	400	360	320	240	180	120
8	495	450	400	320	240	160
10	580	540	480	400	300	200
12	660	620	555	480	—	—
14	725	690	625	—	—	—
16	785	760	695	—	—	—
18	840	815	760	—	—	—
20	885	865	815	—	—	—
22	930	910	865	—	—	—
24	970	950	910	—	—	—
26	1010	985	945	—	—	—
28	1045	1015	970	—	—	—
30	1080	1045	995	—	—	—

表 13-6 适用于深度范围在 15m 以内的砂土和碎石土,其中砂土为冲积和洪积成因类型,中、粗砂的不均匀系数大于 6。

《成都地区建筑地基基础设计规范》(DB51/T 5026—2001)规定可用 N_{120} 确定卵石土的极限承载力标准值,如表 13-7 所示。

表 13-7　　　　　　　　成都地区卵石土极限承载力标准值 f_{uk}　　　　　　　单位:kPa

N_{120}	4	5	6	7	8	9	10	12	14	16	18	20
f_{uk}	700	860	1000	1160	1340	1500	1640	1800	1950	2040	2140	2200

注:表中 N_{120} 未经过杆长修正。

鉴于碎石土含有一定大颗粒的特点,像标准贯入试验、静力触探试验等原位测试技术在碎石土层中难以适用。同时,考虑到圆锥动力触探试验也会受到粗大颗粒的影响,试验结果的重复性差,因此在使用动力触探测试指标评价碎石土地基承载力时,更应注意上述经验表格的地区性。

关于碎石土地基承载力评价问题,在工程经验不足的地区,以及对于重要工程项目,应采用载荷试验或载荷试验与其他方法结合使用来确定地基承载力。

复习思考题

1. 试述碎石土的组分特点和结构特征。

2. 根据碎石土的分布特征,在工程勘察中应查明哪些问题?

3. 评价碎石土密实状态的难点在哪里？如何解决？

4. 试说明现场直剪试验测定碎石土抗剪强度的理论依据和基本思路。

5. 试说明水平推剪试验测定碎石土抗剪强度的理论依据和基本思路。

6. 利用经验表格确定碎石土的地基承载力时，需要关注哪些因素？

第14章　特殊土地基的岩土工程评价

按土的颗粒级配或塑性指数,把土分为碎石土、砂土、粉土和黏性土以及特殊土。概括来讲,特殊土是指在特定地理环境中或人为条件下形成的具有特殊性质的土,包括湿陷性黄土、红黏土、膨胀土、软土、人工填土、盐渍土和多年冻土等。这些土的分布一般具有明显的地域性,由于其特殊的性质,不仅需要采取一些特殊的技术手段进行勘探、测试和地基土评价,而且在工程建设中也需要采取有针对性的防治措施,避免造成不必要的损失。

需要指出的是,特殊土地基评价同样需要遵守第10章论述的地基评价的一般原则,满足地基稳定性、承载力和变形的设计要求。本章主要论述湿陷性黄土、膨胀土、红黏土、填土和冻土的特殊性及其在勘察测试和地基评价中的要求。

14.1　湿陷性黄土地基评价

14.1.1　黄土的形成、分布及工程特性

黄土是干旱和半干旱气候条件下形成的一种特殊沉积物,颜色多呈黄色、淡灰黄色或褐黄色;颗粒组成以粉土粒(其中尤以粗粉土粒,粒径为 0.01~0.05mm)为主,占 60%~70%,粒度大小较均匀,黏粒含量较少,一般仅占 10%~20%;含碳酸盐、硫酸盐及少量易溶盐;孔隙比大,一般在 1.0 左右,且具有肉眼可见的大孔隙;具有垂直节理,常呈现直立的陡壁。

黄土按其成因可分为原生黄土和次生黄土。不具有层理的风成黄土为原生黄土。原生黄土经过水流冲刷、搬运和重新沉积而形成的为次生黄土。次生黄土有坡积、洪积、冲积、坡积-洪积、冲积-洪积及冰水沉积等多种类型,一般具有层理,并含有较多的砂粒以至细砾,称之黄土状土。

黄土及黄土状土(以下统称黄土)在我国分布很广,主要分布在北纬 33°~47° 之间的陕西、山西、河南、宁夏等地区。该地区一般气候干燥,降水量小,蒸发强烈,属于干旱半干旱地区。黄土的分布与大区域地形关系密切,其东、西、南三面均以大山为界,西面是贺兰山脉,西南为祁连山脉,正南为秦岭山脉,东为太行山脉。在平面上形成向西北方向张开的弧形,其西北渐为沙漠取代。

黄土在天然含水量时往往具有较高的强度和低—中等偏低的压缩性,但遇水浸湿后,有的即使在其土自重作用下也会发生剧烈地沉陷,强度也随之降低;而有些地区的黄土却并不发生湿陷。可见,同是黄土,但遇水浸湿后的反应却有很大差别。

研究认为,黄土的结构特征及其物质组成是产生湿陷的内在因素。而水和压力的作用

是产生湿陷的外部条件。黄土的结构是其形成环境造成的,在干旱和半干旱的气候条件下,季节性的短期降雨把松散的粉粒"黏"聚起来,而长期的干旱气候又使土中水分不断蒸发,水中所含的碳酸钙、硫酸钙等盐类逐渐在土颗粒表面析出,逐渐沉淀而形成胶结物。随着含水量的减少土颗粒彼此靠近,颗粒间的分子引力以及结合水和毛细水的联结力也逐渐加大,这些因素都增强了土粒之间抵抗滑移的能力,阻止了土体的自重压密,形成了以粗粉粒为主体骨架的多孔隙结构(图 14-1)。黄土结构中零星散布着较大的砂粒,附于砂粒和粗粉粒表面的细粉粒和黏粒等胶体以及集合于大颗粒接触点处的各种可溶盐和水分子形成胶结性

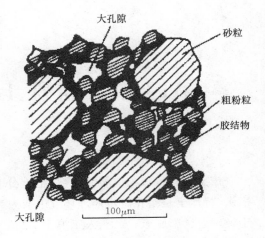

图 14-1　黄土结构示意图

联结,从而构成了矿物颗粒的集合体。周边有几个颗粒包围着的孔隙就是肉眼可见的大孔隙。当黄土受水浸湿时,结合水膜增厚楔入颗粒之间,结合水联结减弱,盐类溶于水中,骨架强度随之降低,土体在上覆土层的自重压力或在自重压力与附加压力共同作用下,其结构迅速破坏,土粒向大孔滑移,粒间孔隙减小,导致大量的附加沉陷产生,这就是黄土湿陷现象的根本原因所在。

在一定压力下受水浸湿后,土的结构迅速破坏,产生显著附加下沉的黄土称为湿陷性黄土。在上覆土的自重压力作用下受水浸湿,发生显著附加下沉的湿陷性黄土称为自重湿陷性黄土。我国湿陷性黄土主要分布在山西、陕西、甘肃的大部分地区,河南西部和宁夏、青海、河北的部分地区,以及新疆、内蒙古和山东辽宁、黑龙江等的局部地区。湿陷性黄土是一种非饱和的欠压密土,在附加压力或在附加压力与土的自重压力下引起的湿陷变形对建筑物的危害很大。黄土的湿陷性是黄土分布区工程地质勘察与地基评价的核心问题。

湿陷性黄土的工程性质一般具有如下特征:

(1)压缩性。湿陷性黄土由于所含可溶盐的胶结作用,天然状态下的压缩性较低,一旦遇到水的作用,可溶盐类溶解,压缩性骤然增高,此时土即产生湿陷。

(2)抗剪强度。天然状态下,湿陷性黄土由于存在可溶盐胶结的原始黏聚力,具有较高的结构强度。但受水浸湿时,易产生胶溶作用,使土的结构强度减弱,甚至丧失。湿陷性黄土的抗剪强度与含水量关系密切,含水量越大,抗剪强度越低。

(3)渗透性。湿陷性黄土由于具有垂直节理,因此其渗透性具有显著的各向异性,垂直向渗透系数要比水平向大得多。

(4)湿陷性。湿陷性黄土的湿陷性与物理性指标的关系极为密切。干密度越小,湿陷性越强;孔隙比越大,湿陷性越强;初始含水量越低,湿陷性越强;液限越小,湿陷性越强。黄土湿陷性还与其微结构特征、颗粒组成、化学成分等因素有关。

黄土的湿陷性除了与上述因素有关外,其堆积年代和成因对黄土的湿陷性具有决定性影响。晚更新世(Q_3)马兰黄土及其以后堆积的黄土一般具有湿陷性,而早更新世(Q_1)午城黄土由于盐分溶滤较充分,固结程度高,结构强度高,不具有湿陷性。根据《湿陷性黄土地区建筑规范》(GB 50025—2004),我国黄土地层按表 14-1 划分。

表 14-1		黄土的地层划分	
时　　代		地层的划分	说　明
全新世(Q_4)黄土	新黄土	黄土状土	一般具有湿陷性
晚更新世(Q_3)黄土		马兰黄土	
中更新世(Q_2)黄土	老黄土	离石黄土	上部部分土层具有湿陷性
早更新世(Q_1)黄土		午城黄土	不具有湿陷性

注:全新世(Q_4)黄土包括湿陷性(Q_4^1)黄土和新近堆积(Q_4^2)黄土

　　所谓新近堆积黄土是指沉积时代短(全新世 Q_4^2),具有压缩性高、承载力低、均匀性差的特点,在 50～150kPa 压力下变形较大的黄土。由于沉积时间短,往往具有自重湿陷性或强烈的湿陷性。

14.1.2　黄土湿陷性和湿陷类型的划分及判别方法

1. 黄土湿陷性判别

　　黄土的湿陷性及其评价是黄土分布区工程地质勘察的核心问题,湿陷性也正是其特殊性所在。黄土的湿陷性可按室内浸水(饱和)压缩试验,在一定压力下测定的湿陷系数 δ_s 来判定。

　　湿陷系数 δ_s 定义为单位厚度的试样在一定压力下稳定后,浸水饱和所产生的附加下沉量。根据室内压缩试验结果,按式(14-1)计算

$$\delta_s = \frac{h_p - h_p'}{h_0} \tag{14-1}$$

式中　h_p——保持天然结构、天然湿度的试样加荷至给定压力时,下沉稳定后的高度,mm;

　　　　h_p'——同一压力下稳定后,试样浸水饱和附加下沉稳定后的高度,mm;

　　　　h_0——试样的原始高度,mm。

　　当湿陷系数 δ_s 的值小于 0.015 时,应定为非湿陷性黄土;当湿陷系数 δ_s 等于或大于0.015时,应定为湿陷性黄土。

　　采用室内压缩试验测定黄土的湿陷系数 δ_s,所用黄土试样应是保持天然结构、天然湿度的不扰动土样。为了使试验结果具有可比性和一致性,试验用水应该为蒸馏水。所用环刀面积应不小于 5000mm²,环刀和透水石都应保持干燥。试验按下列要求进行。

　　(1)采用分级加荷方式,逐级加荷至试样的规定压力;每级压力下观测试样竖向变形至下沉稳定。在 0～200kPa 压力以内,每级增量宜为 50kPa;大于 200kPa 压力,每级增量宜为100kPa。下沉稳定标准应为每小时的下沉量不大于 0.01mm。

　　(2)等试样下沉稳定后,将试样浸水饱和,观测试样的附加下沉量,直至下沉稳定,试验终止。

　　(3)试验施加的最大压力应自基础底面算起,当基础埋深尚不确定时,自地面下 1.5m算起。10m 以内的土层应用 200kPa,10m 以下至非湿陷性黄土层顶面,应用其上覆土的饱和自重压力,当大于 300kPa 时,仍应用 300kPa;当基底压力大于 300kPa 时,采用实际压力。对压缩性较高的新近堆积黄土,基底下 5m 以内的土层宜采用 100～150kPa 压力;5～10m和 10m 以下至非湿陷性黄土层顶面,应分别采用 200kPa 和上覆土的饱和自重压力。

可按湿陷系数 δ_s 的大小划分湿陷性黄土的湿陷程度：

$$\left.\begin{array}{ll} \delta_s \leqslant 0.03, & \text{弱湿陷性} \\ 0.03 < \delta_s \leqslant 0.07, & \text{中等湿陷性} \\ \delta_s > 0.07, & \text{强湿陷性} \end{array}\right\} \tag{14-2}$$

2. 建筑场地的湿陷类型判别

湿陷性黄土可分为自重湿陷性和非自重湿陷性两种类型。黄土的自重湿陷性是在工程实践中逐渐发现而总结出来的。如在兰州西固，发现因黄土湿陷引发的建筑物事故比较严重且普遍，调查发现很多事故是由于洼地积水造成的地面下沉，或是由于水管破裂漏水浸湿地基造成的。通过在无附加荷载的现场试坑浸水试验，证实兰州地区的黄土具有明显的自重湿陷性质；而西安、太原等地的黄土，往往不具有自重湿陷性或仅在局部出现自重湿陷。又如在自重湿陷性黄土地区，管道漏水后可导致管道断裂，路基浸水后会发生严重的局部坍塌，地基土由于自重湿陷使建筑物出现很严重的裂缝或倾斜；而在非自重湿陷黄土地区，这类现象极为少见。因此将湿陷性黄土地区的建筑场地划分为自重湿陷性黄土场地和非自重湿陷性黄土场地，对工程建设具有明显的现实意义。

湿陷性黄土场地的湿陷类型是按自重湿陷量的实测值 Δ'_{zs} 或计算值 Δ_{zs} 的大小来判定的，即

$$\left.\begin{array}{l} \Delta'_{zs} \leqslant 70\text{mm} \ \text{或} \ \Delta_{zs} \leqslant 70\text{mm}，非自重湿陷性黄土场地 \\ \Delta'_{zs} > 70\text{mm} \ \text{或} \ \Delta_{zs} > 70\text{mm}，自重湿陷性黄土场地 \end{array}\right\} \tag{14-3}$$

在场地的湿陷类型判别时，若出现按实测值的判定结果与按计算值的矛盾，应以自重湿陷量实测值的判定为准。这里需要指出，70mm 的界限值并非随意确定的，而是根据自重湿陷性黄土地区的建筑实践的调查结果确定的。调查发现在河南、西安大部分非自重湿陷性黄土地区，实测自重湿陷量一般不超过 40mm，而兰州等典型自重湿陷性黄土地区则常在100mm 以上，有的甚至达到 300mm。同时也发现，当地基自重湿陷量在 70mm 以内时，建筑物一般无明显的破坏特征，不影响建筑物的正常使用功能。

1）自重湿陷量实测值的测定

自重湿陷量实测值 Δ'_{zs} 可通过现场试坑浸水试验确定。在现场开挖圆形（或方形）、直径（或边长）不小于湿陷性黄土层的厚度、且不小于 10m 的试坑，试坑深度 0.5～0.8m。在坑底面打设一定数量及深度的渗水孔，在孔内填满砂砾石，在坑底铺设 100mm 厚的砂、砾石。

向试坑内注水，坑内的水头高度不宜小于 300mm，通过设置在不同湿陷性黄土层顶面的深沉降标和坑底的浅沉降标，观测浸水过程中湿陷下沉量。当连续 5d 的平均下沉量小于1mm/d，则表明湿陷稳定，可停止浸水。试坑内停止浸水后，应继续观测不少于 10d，且连续5d 的平均下沉量不大于 1mm/d，试验终止。

已有的现场试坑浸水试验表明，浸水试坑面积对自重湿陷量实测值有显著影响。在同一场地，其自重湿陷量计算值相同，如果试坑面积不同，则自重湿陷量的实测值就不相同。试坑面积越大，实测值越大。在工程实践中应对这一现象引起重视，因为如果采用小试坑面积的浸水试验得到的自重湿陷量实测值为准，可能会将自重湿陷性黄土场地判定为非自重湿陷性场地。这也是为什么在进行试坑浸水试验时，规定试坑面积下限的原因。

2）自重湿陷量计算值的确定

尽管采用现场浸水试验方法判定湿陷性黄土的湿陷类型比较直接，也比用湿陷量计算

值来得可靠,但现场浸水试验耗水量大、历时长、成本高。有些情况下,受工期等条件限制,难以进行现场浸水试验。

自重湿陷量计算值 Δ_{zs} 可根据不同深度土样的自重湿陷系数 δ_{zs},通过式(14-4)计算获得。

$$\Delta_{zs} = \beta_0 \sum_{i=1}^{n} \delta_{zsi} h_i \tag{14-4}$$

式中　δ_{zsi}——第 i 层土的自重湿陷系数,根据室内压缩试验结果,按式(14-5)计算;

　　　h_i——第 i 层土的厚度,mm;

　　　β_0——因各地区土质而异的修正系数,在缺乏实测资料时,对陇西地区取 1.5;陇东、陕北、晋西地区取 1.2;关中地区取 0.9;其他地区取 0.5。

自重湿陷系数 δ_{zs} 定义为单位厚度试样在上覆土的饱和自重压力下稳定后,浸水饱和所产生的附加下沉量。评定自重湿陷系数的压缩试验方法与上述测定湿陷系数的类似,即先分级加荷,加至试样上覆土的饱和自重压力,等下沉稳定后,再浸水饱和,观测附加下沉至稳定。根据试验结果,δ_{zs} 按式(14-5)计算。

$$\delta_{zs} = \frac{h_z - h_z'}{h_0} \tag{14-5}$$

式中　h_z——保持天然结构、天然湿度的试样加荷至上覆土的饱和自重压力时,下沉稳定后的高度,mm;

　　　h_z'——同一压力下稳定后,试样浸水饱和附加下沉稳定后的高度,mm;

　　　h_0——试样的原始高度,mm。

自重湿陷量的计算值 Δ_{zs},应自天然地面(当挖、填方的厚度和面积较大时,应自设计地面)算起,至其下非湿陷性黄土层的顶面为止,其中自重湿陷系数 δ_{zs} 小于 0.015 的土层不用累计。

14.1.3　黄土湿陷起始压力

1. 湿陷起始压力的意义

在工程实践中发现,湿陷性黄土地基是否发生湿陷,与其承受的压力大小有关。湿陷性黄土地基在某一压力下浸水开始出现湿陷时,把此压力称为黄土湿陷起始压力 p_{sh}。即黄土湿陷起始压力 p_{sh} 是指湿陷性黄土在浸水饱和作用下开始出现湿陷时的压力。也就是说,当黄土地基上的自重压力和附加压力之和小于 p_{sh},即使浸水饱和,地基土只产生压缩变形,不发生湿陷下沉。研究认为湿陷性黄土浸水饱和后,其黏聚力丧失很多,内摩擦角也有一定的减小;当浸水后黄土剩余的抗剪强度能够抵抗外部荷载作用而不引起结构破坏时,土体只发生压缩变形;一旦外部压力增大到某一临界值,土体内产生的剪应力足以克服湿陷性黄土的剩余抗剪强度,则发生结构破坏,就会发生湿陷。因此,湿陷性黄土的湿陷起始压力实质上是浸水饱和后剩余结构强度的反映。黄土的湿陷系数和湿陷起始压力分别从变形和强度两方面表征了黄土的物质与结构特性。湿陷系数越大,湿陷起始压力越小的黄土浸水后结构强度越小。

在工程实践过程中,发现湿陷性黄土的湿陷类型与湿陷起始压力的大小关系密切。有强烈自重湿陷性的黄土地基中,黄土的湿陷起始压力总是低于其上覆土的饱和自重压力;在非自重湿陷性的黄土地基中,湿陷起始压力一般都大于上覆土的饱和自重压力。

湿陷起始压力是反映黄土湿陷性的一个重要指标,具有如下实用意义:

(1)对于非自重湿陷性黄土场地,当建筑物荷载不大时,可适当加大基础底面积,使基底压力不超过土的湿陷起始压力,则地基即使受水浸湿饱和也不至于产生湿陷变形。

(2)对于非自重湿陷性黄土场地,如果在地基的某一深度以下,作用在土体上的饱和自重压力 σ_z 与附加压力 σ_c 之和小于土的湿陷起始压力 p_{sh},则这一深度以下受水浸湿时将不会产生湿陷。所以,当需要消除地基的全部湿陷量时,通过对比基底以下各土层的 $\sigma_z+\sigma_c$ 和 p_{sh} 的分布曲线(图 14-2),可以确定基底下需要消除湿陷性的黄土层厚度。

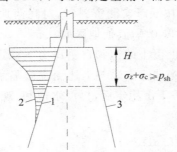

1——饱和自重压力 σ_z 分布曲线;
2——附加压力 σ_c 与饱和自重压力 σ_z 之和分布曲线;
3——湿陷起始压力 p_{sh} 分布曲线;
4——消除全部湿陷性的地基处理深度

图 14-2　按湿陷起始压力确定地基处理深度

2. 湿陷起始压力的测定方法

湿陷起始压力 p_{sh} 可采用室内压缩试验或现场静载荷试验测定,有单线法和双线法之分。

1)室内压缩试验

(1)单线法。

按单线法进行压缩试验时,应从同一土样取得不少于 5 个环刀试样,其密度差值不应大于 0.03g/cm^3。对于单个环刀试样,均按上述测定湿陷系数的方法完成分级加荷压缩试验和浸水饱和,只是每个环刀试样规定的压力 p_i 和分级增量有所不同。在 $0\sim150\text{kPa}$ 压力以内,每级增量宜为 $25\sim50\text{kPa}$,大于 150kPa 压力时每级增量宜为 $50\sim100\text{kPa}$。这样可以得到一组 (p_i,δ_{si}) 试验数据,据此可绘制湿陷系数与压力的关系曲线(图 14-3)。

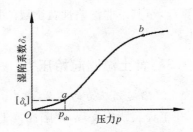

图 14-3　黄土湿陷系数与压力的关系

在图 14-3 的 p-δ_s 曲线上,对应于规定的湿陷系数 $[\delta_s]$ 的压力即为湿陷起始压力 p_{sh}。根据已有研究成果和工程实践经验,按现行《湿陷性黄土地区建筑规范》(GB 50025—2004)的规定,$[\delta_s]$ 取 0.015。

(2)双线法。

按双线法进行压缩试验时,应取两个环刀试样,分别对其施加相同的第一级压力,下沉稳定后应将两个环刀试样的百分表读数调整一致;应将其中一个环刀试样按上述测定湿陷系数的方法进行分级压缩试验和浸水饱和;而将另一个试样先浸水饱和,附加下沉稳定后在浸水饱和状态下分级加荷,每级荷载下均需观测至下沉稳定,然后施加下一级压力,直至最后一级压力下下沉稳定。根据试验结果可以绘制如图 14-4 所示的压缩曲线。

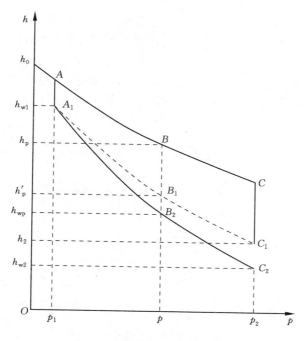

图 14-4 双线法压缩试验曲线

在双线法试验中,天然湿度试样在最后一级压力下浸水饱和附加下沉稳定高度与浸水饱和试样在最后一级压力下的下沉稳定高度通常不一致,如图 14-4 所示,C_1 与 C_2 并不重合。因此在计算各级压力下的湿陷系数时,需要对试验结果进行修正。单线法试验的物理意义明确,其结果更符合实际,对试验结果进行修正时以单线法为准来修正浸水饱和试样各级压力下的稳定高度,即将 $A_1B_2C_2$ 修到 $A_1B_1C_1$,以此来计算各级压力下的湿陷系数,然后确定湿陷起始压力。

2)现场静载荷试验

(1)单线法。

采用单线法时,应在同一场地的相邻地段和相同标高的土层上进行 3 个或 3 个以上静载荷试验。试验分级加压,分别加至各自的规定压力,下沉稳定后,向试坑内浸水至饱和,附加下沉稳定后,终止试验。

(2)双线法。

采用双线法时,应在同一场地的相邻地段和相同标高的土层完成两个静载荷试验。一个应设在天然湿度的土层上分级加压,加至规定压力,观测至下沉稳定;另一个应设在浸水饱和的土层上分级加压,加至规定压力,等附加下沉稳定后,可终止试验。

在现场采用静载荷试验测定湿陷性黄土的湿陷起始压力,承压板的面积宜为 $0.5\mathrm{m}^2$,试坑边长或直径应为承压板边长或直径的 3 倍。在开挖试坑、安装设备等过程中,应注意保持试验土层的天然湿度和原状结构。无论是天然湿度下还是浸水饱和时进行载荷试验,施加每级压力后,均应观测至下沉稳定,才可施加下一级压力。每级荷载下,每隔 15min、15min、15min、15min 各测读 1 次下沉量,以后为每隔 30min 观测 1 次,当连续 2h 内,每 1h 的下沉量小于 0.10mm 时,认为承压板下沉趋于稳定。

根据试验记录,绘制 $p\text{-}s_s$(压力与浸水附加下沉量)曲线,判定黄土的湿陷起始压力。在

$p\text{-}s_s$ 曲线上,取其转折点所对应的压力作为湿陷起始压力值。当曲线上的转折点不明显时,可取浸水下沉量 s_s 与承压板直径 d 或宽度 b 之比值等于 0.017 所对应的压力作为湿陷起始压力值。

图 14-5 为西安某场地在深度 2.0m 的土层中进行的单线法和双线法载荷试验的 $p\text{-}s_s$ 曲线。图中浸水附加下沉量 s_s 等于相同压力下浸水饱和土的总下沉量 s_e 减去天然湿度下土的沉降量 s。

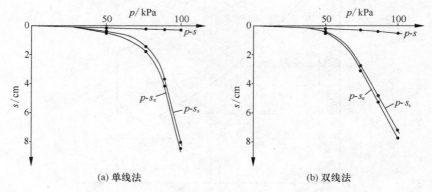

(a) 单线法　　　　　　　　　　　(b) 双线法

图 14-5　现场载荷试验确定湿陷起始压力的 $p\text{-}s_s$ 曲线

14.1.4　湿陷性黄土地基的湿陷等级评定

湿陷性黄土地基一般由若干个具有不同湿陷系数的湿陷性黄土层构成,它的湿陷程度及其对建筑物的危害是由这些土层浸水后所产生的湿陷量的总和来衡量。总湿陷量越大,湿陷等级越高,地基浸水后建筑物的变形越严重,对建筑物的危害越大。因此,在进行湿陷性黄土地基评价时,应根据地基的湿陷程度划分湿陷等级,再依据湿陷等级采取不同的地基处理措施和基础设计方案。

湿陷性黄土地基受水浸湿饱和至下沉稳定为止的总湿陷量 Δ_s 可按式(14-6)计算。

$$\Delta_s = \sum_{i=1}^{n} \beta \delta_{si} h_i \qquad (14\text{-}6)$$

式中　δ_{si}——第 i 层土的自重湿陷系数;

　　　h_i——第 i 层土的厚度,mm;

　　　β——考虑基底下地基土受水浸湿的可能性和侧向挤出等因素的修正系数,在缺乏实测资料时,对于基底下 0~5m 范围内取 1.5;基底下 5~10m 内取 1.0;基底下 10m 以下至非湿陷性黄土层顶面,在自重湿陷性黄土场地,取工程所在地区的 β_0 值。

总湿陷量 Δ_s 的计算深度应自基础底面(如基底标高不确定时,自地面下 1.50m)算起;在非自重湿陷性黄土场地,累计至基底下 10m(或地基压缩层)深度止;在自重湿陷性黄土场地,累计至非湿陷黄土层的顶面止。其中湿陷系数 δ_s(10m 以下为 δ_{zs})小于 0.015 的土层不计算在内。

应该指出,按式(14-6)求得的总湿陷量是在最不利情况下的湿陷量,是在给定压力作用下充分浸水(饱和)时的最大湿陷量,湿陷性黄土在非饱和状态下浸湿也会产生湿陷变形。

建筑物地基可能发生的湿陷变形取决于一系列因素,除了基底压力外,还与浸水机率、浸水时间、浸水方式和浸水程度等有关。另一方面,根据试验研究资料,基底下地基土的侧向挤出量与基础宽度有关,宽度小的基础侧向挤出量大;宽度大的基础侧向挤出量小或无侧向挤出。因此,这里的总湿陷量 Δ_s 只是反映了地基的湿陷潜力,而非建筑物地基的实际可能发生的湿陷量。

根据总湿陷量 Δ_s 和计算自重湿陷量 Δ_{zs} 的大小,湿陷性黄土地基的湿陷等级可按表14-2划分。

表 14-2　　　　　　　　　　　　　湿陷性黄土地基的湿陷等级

湿陷类型 Δ_{zs}/mm	非自重湿陷性场地 $\Delta_{zs} \leqslant 70$	自重湿陷性场地	
		$70 < \Delta_{zs} \leqslant 350$	$\Delta_{zs} > 350$
Δ_s/mm　$\Delta_s \leqslant 300$	Ⅰ(轻微)	Ⅱ(中等)	—
$300 < \Delta_s \leqslant 700$	Ⅱ(中等)	Ⅱ(中等)或Ⅲ(严重)*	Ⅲ(严重)
$\Delta_s > 700$	Ⅱ(中等)	Ⅲ(严重)	Ⅳ(很严重)

注:当 $\Delta_s > 600$ 和 $\Delta_{zs} > 300$ 时,判为Ⅲ(严重);其他情况下判为Ⅱ(中等)。

14.1.5　湿陷性黄土地基勘察要点

由于各地湿陷性黄土的堆积环境不同,致使在沉积厚度、物理力学性质及分布特征上存在差异。在已有大量工程实践经验基础上,《湿陷性黄土地区建筑规范》提出并不断地完善了我国湿陷性黄土的工程地质分区图,在黄土分布地区进行工程勘察和建筑实践时,应予以借鉴。

针对湿陷性黄土地基的勘察,除了常规的测定土的物理力学参数,评价地基承载力和变形外,还应查明以下内容,为地基湿陷性评价和地基处理提供依据:① 黄土地层的时代和成因;② 湿陷性黄土层的空间分布与厚度;③ 湿陷性黄土的湿陷系数、自重湿陷系数和湿陷起始压力随深度的变化;④ 地下水位的变化趋势等。

在详细勘察阶段,勘探点的布置应根据总平面图、建筑物类别和工程地质条件复杂程度确定。取样勘探点的数量不得少于全部勘探点的 $\frac{2}{3}$。取样勘探点中,应有一定数量的探井。勘探点的深度,除应大于地基压缩层的厚度外,对非自重湿陷性黄土场地,还应超过基础底面以下 5m。对自重湿陷性黄土场地,当基础底面下的湿陷性黄土层厚度大于 10m 时,对陇西地区和陇东、陕北地区,不应小于基础底面下 15m,对其他地区不应小于基底下 10m。对甲类、乙类建筑物应有一定数量的取土勘探点穿透湿陷性黄土层。

采取原状土样,必须保持其天然的湿度和结构。在探井中采取原状土样,竖向间距宜为1m,土样直径不应小于 10cm;在钻孔中采取原状土样,必须严格掌握"一米三钻"的钻进方法,宜采用压入法(有经验时可采用重锤一击法)取样,取土器应使用专门的黄土薄壁取土器。

可采用静力触探、标准贯入试验或旁压试验探查地层的均匀性和测试力学性质指标。当需进一步确定湿陷起始压力或地基承载力时,应进行现场载荷试验。

对地下水位有升降趋势或变化幅度较大时,从初步勘察阶段开始,即应进行地下水动态的长期观测。

　　黄土的湿陷性评价包括根据湿陷系数判定黄土的湿陷性、根据自重湿陷量实测值或计算值评定湿陷性黄土场地的湿陷类型、根据总湿陷量和计算自重湿陷量及场地的湿陷类型判定地基的湿陷等级。对于湿陷性黄土地基，应考虑建筑物的重要性、黄土土质特征、湿陷等级和当地的工程经验等因素，合理地选择地基处理的措施。

14.2　膨胀土地基评价

　　根据土质学的研究（参详第 2 章），吸水膨胀与失水收缩是黏土矿物的基本特性。因此，任何黏性土都具有胀缩性，问题在于这种特性是否构成对房屋建筑的危害。

　　膨胀土是指含有大量亲水性黏土矿物成分，同时具有显著的吸水膨胀和失水收缩、且胀缩变形往返可逆等特性的黏性土。膨胀土在世界各大洲 40 多个国家均有分布。我国是膨胀土分布广、面积大的国家之一，在 20 多个省区都有膨胀土分布。按其成因，膨胀土有残积-坡积、湖积、冲积-洪积和冰水沉积 4 种类型，其中以残积-坡积、湖积类型的胀缩性最强。从沉积年代看，一般为上更新统及以前形成的土层，多分布在 II 级阶地以上地区的残留高地或地壳上升剥蚀区。从气候条件看，分布在亚热带气候区的云南、广西等地的膨胀土比我国其他温带地区的膨胀性明显强烈。

　　在膨胀土地区进行工程建设，如果不采取必要的措施，会导致建筑物的开裂和损坏。20世纪 70 年代以前，由于工程经验不足，往往忽视了这类地基土的胀缩特性，仅当作一般地基土看待，教训深刻。例如，广西宁明某单位 244 幢建筑物，由于膨胀土地基的胀缩变形，使98％以上的建筑物遭到不同程度的破坏，变成危房的有 40 多幢。又如，云南个旧某地，地基持力层中从上到下有三层胀缩性强烈而厚度不均的膨胀土层，地下水位埋藏较深，稳定水位在地表以下 7.95～9.67m。由于对膨胀土地基认识不深，未采取任何防护措施。结果该地区不少厂房和住宅在建成几年后就发生开裂。

　　从 20 世纪 70 年代初开始，我国对膨胀土开展了大量的试验研究，取得了一系列的研究成果，最终形成了国家标准《膨胀土地区建筑技术规范》（GBJ 112—87）。这标志着我国在膨胀土分布区开展工程建设，进行膨胀土判别、评价、治理和设计等有章可循。

　　随着研究成果的积累和工程实践的拓展，人们对膨胀土特性及其危害的认识更加深入、全面。膨胀土上的房屋受环境诸因素变化的影响，建筑场地的地形地貌条件和气候特点以及土的膨胀潜势决定着膨胀土对建筑工程的危害程度。因此，膨胀土地区的工程建设应根据膨胀土的特性和工程要求，综合考虑地形地貌条件、气候特点和土中水分变化等因素，在已有经验基础上，精心勘察，因地制宜，采取必要的防治措施。

　　本节主要依据现行国标《膨胀土地区建筑技术规范》（GB 50112—2013）的规定和要求，阐述膨胀土有关工程特性指标及测定方法、膨胀土判别、地基及场地评价和勘察的技术要点。

14.2.1　膨胀土的一般特征及其影响因素

1. 膨胀土的一般特性

作为特殊土类,膨胀土具有以下一般特征:

(1)黏粒含量高,含有高达 35%~85% 的黏粒,其中粒径小于 0.002mm 的胶粒含量一般也在 30%~40% 范围内。液限一般为 40%~50%,塑性指数多在 22~35 之间。因此膨胀土一般均属于高塑性黏土。

(2)天然含水量一般接近或略小于塑限,含水量在常年不同季节的变化幅度为 3%~5%。因此在天然状态下,膨胀土一般呈硬塑或坚硬状态。

(3)天然孔隙比小,变化范围在 0.50~0.80。特殊性表现为膨胀土的天然孔隙比会随着土体湿度的变化而变化,即土体增湿膨胀,孔隙比增大;土体失水收缩,孔隙比变小。

(4)具有强烈的膨胀性,自由膨胀率一般大于 40%,有的超过 100%。自然膨胀率定义为烘干松散土样在水中膨胀稳定后,其体积增加值与原体积之比的百分率。

(5)具有胀缩可逆性。胀缩可逆性是指膨胀土在含水量增加时膨胀及在失水时收缩的现象能够反复出现、双向可逆。

(6)膨胀土在天然条件下一般处于硬塑或坚硬状态,强度较高,压缩性较低。但膨胀土层由于干缩,裂隙发育,呈现不规则网状与条带状结构特征,这些裂隙的存在破坏了土体的整体性,可使土体稳定性降低。对于膨胀土地基,不能仅依据小块试样的强度来评价其强度。

同时,由于地下水位上升或地表浸水等,膨胀土因含水量将剧烈增大而膨胀或土的原状结构被扰动,土体强度会骤然降低,压缩性明显增高。这是由于土吸水膨胀后内摩擦角、黏聚力减小及结构破坏的缘故。图 14-6 和图 14-7 给出了膨胀土在浸水饱和条件下快剪和未浸水条件下快剪的直剪试验结果。从图 14-6 可以看出,抗剪强度的降低主要表现为内摩擦角的减小,从 24.4 减小到 15.4,相差 37%;图 14-7 显示,抗剪强度的降低主要表现为黏聚力的丧失,从 136kPa 到 20kPa,二者相差达到 70%。

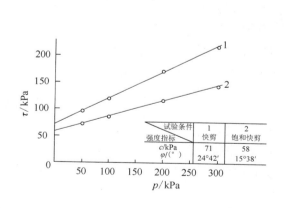

图 14-6　合肥地区膨胀土在不同试验
条件下的直剪试验结果

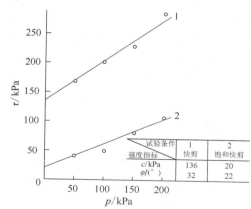

图 14-7　某地区膨胀土在不同试验
条件下的直剪试验结果

至于膨胀土结构破坏对其抗剪强度的影响,有资料表明,原状结构遭受破坏可使膨胀土的抗剪强度丧失 60%～70%。土的压缩系数也因结构破坏而增大 24%～56%，如表 14-3 为某膨胀土原状及重塑试样的压缩试验结果。

表 14-3　　　　　　　　　结构破坏对膨胀土压缩性的影响

竖向荷载 p/kPa		100～200	200～300
压缩系数 /MPa^{-1}	原状土	0.38	0.43
	重塑土	0.47	0.67
重塑土压缩系数增大/%		24	56

2. 影响膨胀土胀缩特性的因素

影响膨胀土胀缩变形的因素同样可以归纳为内因和外因两个方面。其中内因是基础，起决定性作用，包括黏粒含量、颗粒的矿物成分、密实度、初始含水量和土的结构强度等。外因通过内因发挥作用，涵盖地形、植被、气候变化等可引起膨胀土含水量变化的因素。

（1）土的矿物成分。膨胀土具有显著胀缩特性的内在原因是其含有大量的晶格活动性强、亲水性强的黏土矿物，主要包括蒙脱石、伊利石和水云母等。特别是蒙脱石含量的多寡直接决定了土的胀缩性的强弱。

（2）土的黏粒含量。由于膨胀土中的各类黏土矿物粒径小（通常小于 0.005mm），这些黏土颗粒分散性大、比表面积大，故表面能大，遇水后对水分子的吸附能力很强。因此，土中含有的黏土颗粒越多，其塑性指数越高，土的胀缩性就越强。

（3）土的密实度。试验证明，膨胀土的体积变化与土颗粒间的孔隙变化具有相关性。对含有一定量蒙脱石和伊利石矿物的黏性土来讲，在同样的天然含水量条件下浸水时，孔隙比越小的土，膨胀越强烈，收缩越小；相反，孔隙比大的土，膨胀量越小，收缩越大；当孔隙比处于中间值时，其膨胀量和收缩量都较大。

（4）土的结构强度。土的结构强度能够拟制膨胀土的膨胀和收缩变形。例如，云南地区的膨胀土保留了成岩过程中积存下来的铁锰成分，并在充分氧化条件下形成了高价铁锰的胶体或重结晶氧化物，增强了膨胀土的结构强度。这种土尽管也是由亲水性强的蒙脱石、伊利石等组成，且黏粒含量高达 45%，但浸水后所测得的膨胀性指标并不是很高。出现这一情形的主要原因就在于它的结构强度大，阻止了膨胀变形。

（5）土的初始含水量。土中水分变化是影响膨胀土胀缩变形的外在直接因素。当土中水分增加时，黏粒的双电层的吸附层增大，结合水膜增厚，使粒间距离增大，宏观效果上表现为土的体积增大（膨胀）；当土中失去水分时，情形正好相反。图 14-8 是膨胀土的初始天然含水量 w 与浸水膨胀后增加的含水量 Δw 之间的散点图。该图清楚地显示了土的吸水能力与初始含水量之间的关系，当初始含水量在 10% 左右时，最大吸水量达到 20%；随着初始含水量增加，土的吸水能力逐渐减弱，当初始含水量增大到 50% 左右时，吸水量几乎为零。

（6）影响膨胀土中水分变化的外部因素。水分变化是膨胀土胀缩变形的外在直接因素，因此，引起土中含水量变化

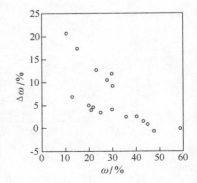

图 14-8　膨胀土的吸水能力与初始含水量之间的关系

的因素和条件都会间接影响膨胀土的胀缩变形。这些因素包括地形地势条件、气候变化、地表植被、室内外温差与湿度变化等。比如,在丘陵及山前区,由于地形和地势不同,地基土的受水条件和蒸发强度也就不同,空旷的地势高地蒸发强烈、不易汇水,地基土因失水而收缩;低洼处汇水条件好,地基土中的湿度保持稳定,地基土胀缩均不明显。一年四季中,干湿季节交替,地基土中水分也会随干旱与降水而减少或增加,特别是气候严重失常,长期干旱,会引起膨胀土的干缩,造成地表建筑物开裂破坏。植被的存在会因根系吸水及蒸腾作用造成膨胀土中水分的丧失,或由于草皮浇水引起土中水分的增加,这些都会引起膨胀土地基因湿度变化而收缩或膨胀,使建筑物开裂。其他因素如通风、日照条件及室内外的温差与湿度差等,都会造成地基土中水分变化的不均匀,引起膨胀土胀缩变形的差异性,使建筑物受损。

综上所述,膨胀土胀缩特性的影响因素可归结为两个基本方面——黏土矿物及其含量和土中水分及其变化。进一步归纳,膨胀土胀缩变形的本质原因是黏土矿物与孔隙水的相互作用。正如第 2 章所述,黏土矿物,特别是蒙脱石的结构单位层之间的键力只有范德华力,联结力极弱,易为具有氢键的极性水分子所分开。其晶格活动性极大,遇水很不稳定,水分子可无定量地进入结构单位层之间,层间的距离取决于吸附的水分子层的厚度,甚至可能完全分开,呈高度分散的薄膜片状。另外,蒙脱石矿物中同晶置换现象比较普遍,当高价阳离子被低价阳离子置换后,就会出现多余的负电荷,这些多余的负电荷可吸附水中的水化阳离子,使黏土矿物表面双电层结构中的扩散层厚度增大,这正是引起黏性土物理力学性质变化及胀缩变形的主要原因。

14.2.2 膨胀土的工程特性指标及其测定方法

反映膨胀土的胀缩特性的常用指标包括自由膨胀率、膨胀率、膨胀力和收缩系数。

1. 自由膨胀率

自由膨胀率 δ_{ef} 定义为人工制备的烘干松散土样在水中膨胀稳定后,其体积增量与原体积之比的百分率。

测定自由膨胀率的试验按下列方法和步骤进行。

(1) 取代表性风干土 100g ,应碾细并全部过 0.5mm 筛,去除石子、结核等杂质;

(2) 将过筛的试样拌匀,并在 105℃～110℃下烘至恒重,然后放在干燥器内冷却至室温;

(3) 采用特定规格的无颈漏斗按规定的落距把容积为 10mL 的量土杯装满,此即试样的原始体积 ν_0;

(4) 在容积为 50mL 的量筒内注入 30mL 纯水,并加入 5mL 浓度为 5% 的分析纯氯化钠溶液。然后将量土杯中试样倒入量筒内,用搅拌器搅拌悬液至均匀。用纯水清洗搅拌器及量筒壁,使悬液达 50mL;

(5) 待悬液澄清后,每隔 2h 测读一次土面高度,直至两次读数差值不大于 0.2mL,可认为膨胀稳定,读取膨胀稳定后的试样体积 ν_w。

土的自由膨胀率 δ_{ef} 按式(14-7)计算。

$$\delta_{ef} = \frac{\nu_w - \nu_0}{\nu_0} \times 100\% \tag{14-7}$$

自由膨胀率是膨胀土潜在膨胀能力的综合性判别指标,但它并不能反映原状土的膨胀变形,因此也不能用它评价地基的膨胀变形。

2. 膨胀率

土样在侧限和一定压力下,浸水膨胀稳定后,试样高度的增加值与原高度之比的百分数定义为土的膨胀率 δ_{ep}。很显然,膨胀率 δ_{ep} 随着施加的压力增大而减小,甚至会由膨胀转为压缩。为了膨胀土地基评价时的可比性,统一在 50kPa 压力下测定土的膨胀率 δ_{e50}。

测定 δ_{e50} 的试验方法和步骤如下。

(1) 用面积为 3 000mm² (或 5 000mm²)、高度为 25mm 的环刀切取代表性试样,用推土器将试样推出 5mm,削去多余的土;

(2) 按压缩试验的要求,安装透水石、试纸、试样及压板等,施加 1~2kPa 压力(不计入施加的 50kPa 压力内),并瞬时施加 50kPa 压力使加荷支架、压板、土样、透水石等紧密接触,调整百分表,记下初读数 z_0;

(3) 施加 50kPa 压力,每隔 1h 记录一次百分表读数,至下沉稳定;

(4) 向容器内自下而上注入纯水,使水面超过试样顶面约 5mm,并应保持该水位至试验结束;

(5) 浸水后,应每隔 2h 测记一次百分表读数,当连续两次读数不超过 0.01mm 时,可认为膨胀稳定,记录百分表读数 z_{50}。则 50kPa 压力下试样浸水膨胀稳定后增加的高度为 $\Delta h = z_{50} - z_0$。

根据定义,50kPa 压力下土的膨胀率 δ_{e50} 按式(14-8)计算。

$$\delta_{e50} = \frac{h_{50} - h_0}{h_0} \times 100\% = \frac{z_{50} - z_0}{h_0} \times 100\% \qquad (14\text{-}8)$$

式中,h_0、h_{50} 分别为土样的原始高度和 50kPa 压力下浸水膨胀稳定后的高度,mm。

如果考虑土的膨胀对建筑物的影响,计算地基的膨胀变形时,则应根据实际情况,在相应压力下测定土的膨胀率 δ_{ep}。但室内测定膨胀率是在环刀侧限条件下进行的,与实际情况还是存在区别。测定其他给定压力 p 下的膨胀率 δ_{ep} 的试验与上述方法相似。

3. 膨胀力

膨胀力 p_e 定义为土样在体积不变时浸水膨胀产生的最大内力。土的膨胀率越大,其膨胀力也越大;反之,膨胀力越小。可采用曲线图解法确定土的膨胀力。从一个土样中用环刀切取不少于 3 个试样,在不同的压力下测定膨胀率 δ_{ep},绘制图 14-9 的 δ_{ep}-p 曲线,该曲线与横轴的交点所对应的压力即为膨胀力 p_e。

4. 线缩率与收缩系数

线缩率 δ_s 又称竖向线缩率,定义为天然湿度的土样在烘干或风干后,其高度减小值与原高度之比的百分率。即

$$\delta_s = \frac{h_0 - h}{h_0} \times 100\% \qquad (14\text{-}9)$$

式中,h_0、h 分别为土样的原始高度和烘干或风干后的高度,mm。

收缩系数 λ_s 定义为土样在干缩过程中直线收缩阶段含水量每减少 1% 时的竖向线缩率。

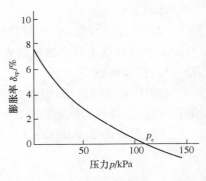

图 14-9　膨胀率与压力的关系曲线

线缩率和收缩系数可通过室内收缩试验按如下方法和步骤测定,试验装置如图 14-10 所示。

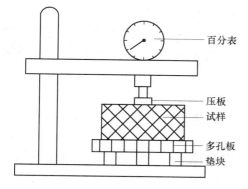

图 14-10　收缩试验装置示意图

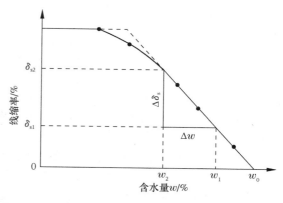

图 14-11　收缩曲线示意图

(1) 用环刀切取试样,从环刀内取出试样立即称取试样重量;然后把试样放入收缩装置,使测板位于试样上表面中心处,调整百分表,记下初读数 z_0。

(2) 在室温下自然风干,宜在恒温 20℃ 条件下进行。

(3) 试验初期,应根据试样的初始含水量及收缩速率,每隔 1～4h 测记一次读数,先读百分表读数 z_i,后称试样的重量 m_i。

(4) 2d 后,应根据试样收缩速度,每隔 6～24h 测读一次,直至连续两次的百分表读数小于 0.01mm,可终止试验。

(5) 试验结束,取下试样称量,并在 105℃～110℃ 下烘至恒重,称干土重量 m_d。

根据试验结果,按式(14-10)计算干缩过程中某次百分表读数 z_i 对应的线缩率

$$\delta_{si} = \frac{h_0 - h_i}{h_0} \times 100\% = \frac{z_i - z_0}{h_0} \times 100\% \tag{14-10}$$

同时,可按式(14-11)计算干缩过程中对应于某次称得的试样重量 m_i 的含水量 w_i

$$w_i = \left(\frac{m_i}{m_d} - 1 \right) \times 100\% \tag{14-11}$$

在整理试验资料时,以含水量为横坐标,以线缩率为纵坐标,可绘制图 14-11 的膨胀土收缩曲线。根据定义,膨胀土的收缩系数 λ_s 按式(14-12)计算。

$$\lambda_s = \frac{\Delta \delta_s}{\Delta w} \tag{14-12}$$

式中　$\Delta \delta_s$——直线收缩阶段与两点含水量之差对应的线缩率之差,%;

Δw——直线收缩阶段两点含水量之差,%。

从图 14-11 可以看出,δ_s-w 曲线可划分为 3 个阶段:①在土样开始失水的初期阶段,两者呈直线关系,表示体积收缩量等于水分的散失量;②进一步干缩,两者呈曲线关系,曲线斜率变小,表示体积收缩量小于水分散失量,土体处于非饱和状态;③当含水量继续减小,土体体积几乎不再收缩。根据我国的工程实践经验,即使在最干旱的季节,建筑地基土的含水量绝大多数仍处于 δ_s-w 直线段的范围内。因此,可以认为,用 δ_s-w 的斜率来定义收缩系数 λ_s 符合我国自然条件下膨胀土地基的实际情况。

14.2.3 膨胀土的判别

膨胀土的判别是解决膨胀土问题的前提。原则上判别膨胀土的方法应该是现场调查、鉴别与室内试验胀缩特性指标相结合。即首先根据膨胀土的分布、地形地貌等工程地质特征和已有建筑物的开裂破坏情况作出初步判断,然后再根据膨胀潜势(自由膨胀率)和地基的胀缩特性作进一步的验证。

1. 现场调查与初步判别

根据现场调查,如果拟建场地具有下列工程地质特征及建筑物破坏形态,可以初步判断为有膨胀土分布。

(1) 从地形地貌上,膨胀土多出露于二级或二级以上的阶地、山前和盆地边缘的丘陵地带,地形较平缓,无明显自然陡坎。

(2) 土的裂隙发育,近地表部位常有不规则的网状裂隙,常有光滑面和擦痕,有的裂隙中充填有灰白、灰绿等杂色黏土,自然条件下土呈坚硬或硬塑状态,但雨水浸湿后剧烈变软。

(3) 常见有浅层滑坡、地裂,特别是在池塘、河溪岸边常有大量坍塌或小型滑坡。新开挖坑(槽)壁稳定性差,易发生坍塌等现象。

(4) 建筑物出现裂隙破坏具有区域性特征,成群出现;在同一建筑范围内,建筑物破坏和变形大小与荷载分布无关;建筑物山墙多呈"倒八字"、"X"或竖向裂缝,外纵墙呈水平裂缝,这些裂缝随气候变化而张开或闭合。

2. 基于胀缩特性指标的定量判别

膨胀土场地的综合评价是工程实践经验的总结。工程地质特征与自由膨胀率是判别膨胀土的主要依据。如果根据场地的工程地质特征初步判断为有膨胀土发育,应根据土的自由膨胀率指标作定量判别。

根据《膨胀土地区建筑技术规范》(GB 50112—2013)的规定,凡是场地具有上述工程地质特征,且土的自由膨胀率大于等于40%的黏性土,应判定为膨胀土。必要时,尚应根据土的矿物成分、阳离子交换量等试验来验证判别的准确性。

这一规定的依据在于自由膨胀率与土的膨胀率和膨胀力之间存在着很好的正相关性,如图14-12和图14-13所示。自由膨胀率越大,原状土的膨胀率和膨胀力也成比例地增大。同时可以发现,膨胀率在数值上比自由膨胀率小得多,除了膨胀率受施加压力的影响外,也反映出土的结构对土体膨胀的抑制作用。

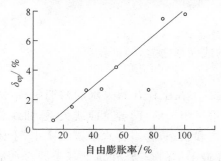

图 14-12　土的自由膨胀率与膨胀率的关系

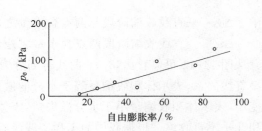

图 14-13　土的自由膨胀率与膨胀力的关系

另一方面,土的自由膨胀率与其矿物成分具有本质联系。前已述,膨胀土含有大量的黏土矿物,其中蒙脱石因亲水性最强对土的胀缩特性发挥着决定性影响。土的自由膨胀率与其蒙脱石含量和阳离子交换量的相关性如表 14-4 所示,表中同时给出了依据自由膨胀率的膨胀潜势分类。

表 14-4　　　　　　　　土的自由膨胀率与蒙脱石含量和阳离子交换量的关系

自由膨胀率 δ_{ef}/%	蒙脱石含量/%	阳离子交换量 CEC(NH_4^+) /(mmol/kg 土)	膨胀潜势
$40 \leqslant \delta_{ef} < 65$	7～14	170～260	弱
$65 \leqslant \delta_{ef} < 90$	14～22	260～340	中
$\delta_{ef} \geqslant 90$	>22	>340	强

注:蒙脱石含量为干土全重含量的百分数,采用次甲基蓝吸附法测定;阳离子交换量测定,对不含碳酸盐的土样,采用醋酸铵法;对含碳酸盐的土样,采用氯化铵-醋酸铵法。

如前所述,土的初始含水量和密实度等都是土的胀缩特性的主要影响因素。当初始含水量小时,土的膨胀性显著,而收缩特性不明显;相反,当初始含水量大时,土的收缩特性显著,而膨胀性较小。孔隙比与胀缩特性的关系也有类似的规律。因此,有相关单位提出应从同一土样中取两个试样,分别测定原状土的膨胀率和线缩率,取两者之和作为土的胀、缩变形总幅度指标,称为线胀缩率 $\delta_{es} = \delta_{ep} + \delta_s$,并以此作为判别膨胀土的依据。

土具有胀缩特性的本质是含有亲水性强的黏土矿物以及黏土矿物与水的相互作用,因此,也有单位提出采用能够反映矿物成分类型、含量及亲水性的间接指标(如黏土的活动性指数)进行膨胀土判别。但是,上述判别依据都不应单独使用,而应根据工程实践经验进行综合判断。

14.2.4　膨胀土地基评价

地基评价的基本任务是在查明场地特征和地基土条件的基础上,对场地的稳定性做出评价,确定地基承载力和地基的变形量。膨胀土地基也不例外。就场地稳定性和地基承载力评价而言,虽与一般地基土场地存在差异,但基本原则和方法大致相同。因此,本节将在膨胀土场地和地基分类基础上,针对膨胀土地基的变形量计算和评价进行论述。膨胀土地基上建筑物的设计应遵循预防为主、综合治理的原则。只有根据膨胀土的胀缩性能和环境条件,对地基变形做出正确评价,才能为膨胀土地基上基础、上部结构设计及预防、治理措施的选择提供依据。

1. 建筑场地分类

根据场地地形地貌条件和场地复杂程度,膨胀土建筑场地可分为如下两类:

(1) 平坦场地。地形坡度小于 5°,或地形坡度为 5°～14°且距坡肩水平距离大于 10m 的坡顶地带。

(2) 坡地场地。地形坡度大于等于 5°,或地形坡度小于 5°,且同一建筑物范围内局部地形高差大于 1m 的场地。

膨胀土地区自然边坡很缓,坡度大于 14°时就有蠕动和滑坡迹象,建在其上的房屋建筑下沉量大,破坏比较严重,处理费用也高。因此,膨胀土地区坡度大于 14°的坡地已属于不良场地,一般应避开。

场地类型划分的依据来自人们对膨胀土变形规律、内在机制的认识以及膨胀土地区建筑实践经验的总结。平坦场地地貌简单，地基土相对均匀，降水浸润和地面蒸发往往也比较均匀，因此地基胀缩变形主要是竖向的，且在建筑范围内差异不大，对建筑物的危害一般不严重。在坡地建筑场地上，斜坡需要开挖整平以满足建筑需要，造成地基不均匀，土中湿度分布也有差异，使地基产生差异性胀缩变形；切坡后的场地，在场地前缘形成填方陡坡，后缘形成切坡陡坎，在自然气候条件（降水、蒸发、地表径流）下，在横断面上地基土含水量差异巨大；坡地上的地基不仅有升降变形，而且会产生水平位移，升降变形与水平位移均随着距坡面距离的增大而减小；临坡面处的变形幅度远大于非临坡面（建筑场地后缘）的变形幅度，房屋的变形特征呈现出从临坡面向里逐渐下降的规律，但变化很不均匀，房屋损毁严重且普遍。

2. 地基的胀缩等级分类

从建筑实践的角度出发，膨胀土的判别最终决定因素是地基胀缩变形对房屋建筑的危害程度，这主要取决于地基的分级变形量（最大膨胀量、最大收缩量和胀缩量之和），分级变形量不允许超过建筑物的容许变形值。可根据地基分级变形量对地基的胀缩等级进行划分和评价，如表 14-5 所示。

表 14-5   膨胀土地基的胀缩等级

地基分级变形量 s_c/mm	胀缩等级
$15 \leqslant s_c < 35$	I
$35 \leqslant s_c < 70$	II
$s_c \geqslant 70$	III

3. 膨胀土地基变形量计算

膨胀土地基的变形量应根据膨胀土地基的变形特征和胀缩特性指标计算确定，分如下三种情况。

（1）场地天然地表下 1m 处土的含水量等于或接近最小值、或地面有覆盖且无蒸发可能，以及建筑物在使用期间经常有水浸湿的地基，可用式（14-13）按膨胀变形量 s_e 计算（图 14-14）。

$$s_e = \psi_e \sum_{i=1}^{n} \delta_{epi} h_i \qquad (14-13)$$

式中　　ψ_e——计算膨胀变形量的经验系数，宜根据当地经验确定，无经验依据时，三层及三层以下建筑物可采用 0.6；

　　　　δ_{epi}——基础底面下第 i 层土在平均自重压力与对应于荷载效应准永久组合时的平均附加压力之和作用下的膨胀率（用小数计），由室内试验确定；

　　　　h_i——第 i 层土的计算厚度，mm；

　　　　n——基础底面至计算深度内所划分的土

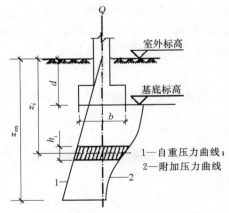

图 14-14　地基土的膨胀变形计算示意图

层数,膨胀变形计算深度 z_{en}(图 14-14)应根据大气影响深度确定,有浸水可能时可按浸水影响深度确定。

(2)场地天然地表下 1m 处土的含水量大于 1.2 倍塑限含水量或直接受高温作用的地基,可用式(14-14)按收缩变形量 s_s 计算。

$$s_s = \psi_s \sum_{i=1}^{n} \lambda_{si} \Delta w_i h_i \qquad (14\text{-}14)$$

式中　ψ_s——计算收缩变形量的经验系数,宜根据当地经验确定,无经验依据时,三层及三层以下建筑物可采用 0.8;

　　　λ_{si}——基础底面下第 i 层土的收缩系数,由室内试验确定;

　　　Δw_i——地基土收缩过程中,第 i 层土可能发生的含水量变化平均值(以小数表示);

　　　n——基础底面至计算深度内所划分的土层数,收缩变形计算深度 z_{sn}(图 14-15)应根据大气影响深度确定;当有热源影响时,可按热源影响深度确定;在计算深度内有稳定地下水位时,可计算至水位以上 3m 位置。

式(14-14)中 Δw_i 一般按式(14-15)、式(14-16)计算(图 14-15(a))。当地表下 4m 深度范围内存在不透水基岩时,可认为含水量的变化值为常量,取 Δw_1(图 14-15(b))。

$$\Delta w_i = \Delta w_1 - (\Delta w_1 - 0.01)\frac{z_i - 1}{z_{sn} - 1} \qquad (14\text{-}15)$$

$$\Delta w_1 = w_1 - \psi_w w_p \qquad (14\text{-}16)$$

式中　w_1, w_p——地表下 1m 处地基土的天然含水量和塑限(以小数表示);

　　　ψ_w——土的湿度系数,在自然气候影响下,地表下 1m 处土层含水量可能达到的最小值与其塑限之比。

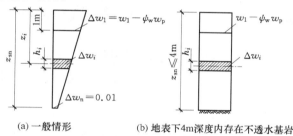

(a)一般情形　　　　　(b)地表下 4m 深度内存在不透水基岩

图 14-15　地基土收缩变形计算含水量变化示意图

(3)其他情况下,可用式(14-17)按胀缩变形量 s_{es} 计算。

$$s_{es} = \psi_{es} \sum (\delta_{epi} + \lambda_{si} \Delta w_i) h_i \qquad (14\text{-}17)$$

式中,ψ_{es} 为计算胀缩变形量的经验系数,宜根据当地经验确定,无经验依据时,三层及三层以下建筑物可采用 0.7。

14.2.5　膨胀土地区的勘察要点

在膨胀土地区进行勘察及对膨胀土地基作岩土工程评价,除了符合相关勘察规范和地基规范对一般黏性土地基的规定外,还应满足如下要求。

1. 工程地质测绘与调查的要求

(1)搜集区域地质资料,包括土的地质时代、成因类型、地形形态、地层和构造。了解原始地貌条件,研究微地貌及其演变,划分地貌单元。当工程地质条件复杂且已有资料不满足设计要求时,应进行工程地质测绘。

(2)调查场地内不良地质作用的类型、成因和分布范围,着重查明场地内膨胀土造成的浅层滑坡、地裂缝等不良地质现象的分布范围和危害程度。

(3)调查地表水集聚、排泄情况,以及地下水类型、水位及其变化幅度,了解土层含水量的变化规律。预估地下水位季节性变化幅度和对地基土胀缩性的影响。

(4)收集当地不少于10年的气象资料,包括降水量、蒸发力、干旱和降水持续时间以及气温、地温等,了解其变化特点。

(5)调查当地建筑经验,对已开裂破坏的建筑物进行分析,查明原因。

(6)采取适量原状土样和扰动土样,分别进行自由膨胀率试验,初步判定场地内有无膨胀土分布,了解膨胀土的膨胀潜势。

2. 膨胀土的勘探、取样和测试的技术要求

(1)勘探点的布置及控制性钻孔深度应根据地形地貌条件和地基基础设计等级确定,钻孔深度除应满足基础埋深和附加应力的影响深度外,不应小于大气影响深度,且控制性勘探孔不应小于8m,一般性勘探孔不应小于5m。

(2)取原状土样的勘探点应根据地基基础设计等级、地貌单元和地基土胀缩等级布置,其数量不应少于勘探点总数的 $\frac{1}{2}$;在详细勘察阶段,重要建筑物的取土孔数量不应少于勘探点总数的 $\frac{2}{3}$,且不得少于3个勘探点。

(3)采取原状土样应从地表以下1m处开始,在大气影响深度内,每个控制性勘探孔均应采取Ⅰ级、Ⅱ级土试样,取样间距不应大于1.0m;在大气影响深度以下,取样间距可增大为1.5~2.0m。

(4)采取原状土样进行室内50kPa压力下的膨胀率试验、收缩试验及其资料的统计分析,确定建筑物地基的胀缩等级;进行室内膨胀力试验、收缩试验和不同压力下的膨胀率试验,为地基变形计算提供参数。

3. 膨胀土地基评价的要求

对于膨胀土场地,除了查明建筑物地基土层分布及其物理力学性质和胀缩性能外,还应按下列要求进行场地稳定性和地基承载力的分析计算,为地基基础设计、地基处理、不良地质现象的防治等提供详细的工程地质资料和建议。

地基承载力特征值可由载荷试验或其他原位测试、结合工程实践经验综合确定,对于荷载较大的重要建筑物,地基承载力应采用现场浸水载荷试验方法确定;对于一般建筑物,已有大量试验资料和工程经验的地区,可按当地经验确定。或采用饱和状态下不固结不排水三轴剪切试验所得的力学指标进行计算确定。

对边坡及位于边坡上的工程,应进行稳定性验算,验算时应考虑坡体内含水量变化的影响。均质土可采用圆弧滑动法,有软弱夹层及层状膨胀岩土时应按最不利的滑动面进行验算。具有胀缩裂缝和地裂缝的膨胀土边坡,应进行沿裂缝滑动的验算。

对于膨胀土地基,可根据工程要求和地基条件提出地基基础的处置建议,可利用非膨胀性土、灰土或改良土换填一定厚度的膨胀土层;也可掺和水泥、石灰等材料改良地基土的膨

胀特性。对于平坦场地上的 Ⅰ 级、Ⅱ 级膨胀土地基,可采用碎石垫层;对胀缩等级为 Ⅲ 级或重要建筑物的膨胀土地基,宜采用桩基础。

　　对不稳定或潜在不稳定的斜坡,应首先分析可能产生滑坡的主要因素,计算确定滑体推力、滑动面或软弱结合面的位置,综合考虑工程地质、水文地质和工程施工的影响,并结合当地经验,提出滑坡治理的方案或建议。比如设置一级或多级抗滑支挡,设置截、排水沟及防渗系统,或对坡体裂缝进行封闭处理等。

14.3　红黏土地基评价

14.3.1　红黏土的形成、分布与研究意义

　　红黏土是指碳酸盐系的岩石经红土化作用而形成的一种高塑性黏土。红黏土分为原生红黏土和次生红黏土。颜色为棕红或褐黄,覆盖于碳酸盐岩系之上,液限大于或等于 50% 的高塑性黏土属于原生红黏土。原生红黏土经搬运、沉积后仍保留其基本特征,且其液限大于 45% 的黏土则称为次生红黏土。在相同物理指标情况下,其力学性能低于原生红黏土。所谓红土化作用,是指在炎热湿润的气候条件下一种特定的成土化学风化作用。

　　红黏土及次生红黏土广泛分布于我国的云贵高原、四川东部、广西、粤北及鄂西、湘西等地区的低山、丘陵地带的顶部和山间盆地、洼地、缓坡及坡脚地段。黔、桂、滇等地古溶蚀地面上堆积的红黏土层,由于基岩起伏变化及风化深度的不同,造成其厚度变化极不均匀,常见厚度为 5~8m,最薄为 0.5m,最厚为 20m;在水平方向上,通常咫尺之隔,厚度可以相差达 10m 之多。土层中常有石芽、溶洞或土洞分布其间,给地基勘察、设计工作造成困难。

　　红黏土的一般特点是天然含水量和孔隙比很大,但其强度高、压缩性低,工程性质良好。它的物理、力学性质具有独特的变化规律和相关关系,不能按其他地区一般黏性土的有关规律来评价红黏土的工程性质。

14.3.2　红黏土的成分、物理力学特征及其变化规律

　　1. 红黏土的矿物成分和化学成分

　　由于红黏土系碳酸盐类及其他类岩石的风化后期产物,母岩中活动性较高的成分和离子 SO_4^{2-},Ca^{2+},Na^+,K^+ 等经长期风化淋滤作用相继流失,SiO_2 部分流失,此时地表则多集聚含水铁铝氧化物及硅酸盐矿物,并继而脱水变为氧化铁铝 Fe_2O_3、Al_2O_3 或 $Al(OH)_3$,使土染成褐红-砖红色。因此,红黏土的矿物成分除了含有一定数量的石英颗粒以外,大量的黏土颗粒则主要为多水高岭石、水云母类、SiO_2 胶体及赤铁矿、三水铝土矿等组成。表 14-6 给出了我国昆明地区和贵阳地区红黏土的矿物成分,其化学成分见表 14-7。

　　在红黏土中的多水高岭石的性质与高岭石基本相同,它具有不活动的结晶格架,当被浸湿时,晶格间距极少改变,故与水结合的能力很弱;三水铝土矿、赤铁矿、石英及胶体二氧化硅等铝、铁、硅氧化物,也都是不溶于水的矿物,它们的性质比多水高岭石更稳定。因此,红黏土的膨胀性弱。

表 14-6   红黏土的矿物成分

地区	深度 /m	矿物成分含量/%				
		石英	多水高岭石	水云母	赤铁矿	三水铝土矿
昆明	1.0	5	20～30	—	20～30	30～40
	1.5	<5	30～40	—	20～30	20～30
	2.5	20～30	20～30	—	10～20	20～30
贵阳	4.5	50～60	≤10	20～30	10～15	15～25

注:参考原西南综合勘察院。

表 14-7   红黏土的化学成分

地区	深度 /m	化学成分/%						
		SiO_2	Fe_2O_3	Al_2O_3	CaO	MgO	MnO_2	有机质
贵阳	3.0	46.9	16.0	22.2	—	1.83	0.12	—
	4.0	48.5	12.2	23.2	—	1.56	0.06	—
	6.0	40.8	17.7	25.5	—	1.83	0.49	—
昆明	1.5	28.6	17.6	40.5	1.10	0.53	—	0.69
	2.5	43.4	12.9	29.1	0.89	1.40	—	0.43

注:参考原西南综合勘察院。

红黏土的粒度细小且均匀,呈高分散性,黏土粒(粒径<0.005mm)含量很高,一般达 60%～70%,最高达 80%。红黏土颗粒周围的吸附阳离子成分也以水化程度很弱的 Fe^{3+}、Al^{3+} 为主。同时,红黏土中的有机质含量极少或无(表 14-7),因为在湿热的气候条件下,土中有机质很容易分解。

2. 红黏土的一般物理力学特征

红黏土一般具有如下物理力学特征:

(1) 天然含水量高,一般为 40%～60%,高的可达 90%。

(2) 密度小,天然孔隙比一般为 1.4～1.7,可达 2.0,具有大孔性。

(3) 塑性界限高,液限一般为 60%～80%,高达 110%;塑限一般为 40%～90%;塑性指数一般为 20～50。

(4) 由于塑限高,尽管天然含水量高,红黏土一般仍处于坚硬或硬可塑状态,液性指数 I_L 一般小于 0.25。

(5) 饱和度一般在 90% 以上,甚至坚硬黏土也处于饱水状态。

(6) 有较高的强度和较低的压缩性,固结快剪内摩擦角 $\varphi=8°\sim18°$,内聚力 $c=40\sim90kPa$;压缩系数 $a_{1-2}=0.1\sim0.4MPa^{-1}$,变形模量 $E_0=10\sim30MPa$(最高可达 50MPa)。

(7) 原状土浸水后膨胀量很小(小于 2%),但失水后收缩剧烈,原状土体积收缩率可达 25%,扰动土体积收缩率可达 40%～50%。

与一般的黏性土比较,红黏土的上述物理力学性质具有特殊性。天然含水量高、孔隙比很大,但却具有较高的力学强度和较低的压缩性。红黏土之所以具有这种特殊的工程性质,主要在于其成土及红土化过程中形成的物质成分和坚固的粒间联结特性。

红黏土的组成物质颗粒细小,具有高度分散性,这些细小黏粒的含水铁、铝、硅氧化物在地表高湿条件下很快失水而相互凝聚胶结,从而形成絮状结构,使红黏土呈现高孔隙性。但同时,这些铁、铝、硅氧化物颗粒本身性质稳定且互相胶结,因此红黏土具有较高的强度。特别是在成土作用后期,有些氧化物的胶体颗粒会变成结晶的铁、铝、硅氧化物(抗水的、不可逆的),其粒间联结强度更大。红黏土颗粒周围吸附阳离子成分主要为 Fe^{3+}、Al^{3+},这些颗粒外围的铁、铝化的结合水膜很薄,也加强了其粒间联结强度。

由于红黏土组成成分的高分散性,黏粒表面能很大,因而吸附大量水分子,故其天然含水量很高。土中水以结合水(主要为强结合水)形式存在,受土颗粒的吸附力很大,分子排列紧密,不但不能在颗粒间进行转移,而且具有很大的黏滞性和抗剪强度,使红黏土具有很高的塑限。因此,红黏土虽然天然含水量很高,但是一般也只接近其塑限。同时,红黏土分布地区的环境地表温度高,又处于明显的地壳上升阶段,地表水和地下水的排泄条件良好,使土的天然含水量离其液限的差值很大(可达 30%～50%),土体处于坚硬或硬可塑状态,具有较低的压缩性。

3. 红黏土物理力学性质的变化范围

从各地区已有资料可知,红黏土本身的物理力学性质指标又具有相当大的变化范围。以贵州省的红黏土为例,其天然含水量的变化范围达 25%～88%,天然孔隙比 0.7～2.4,液限 36%～125%,塑性指数 18～75,液性指数 0.45～1.4;内摩擦角 2°～31°,内聚力 10～140kPa,变形模量 4～35.8MPa。其物理力学性质变化如此之大,承载力自然也会有显著的差别。貌似均一的红黏土,其工程性质的变化却十分复杂,这也是红黏土的一个重要特点。

4. 红黏土力学指标与物理指标之间的变化关系

红黏土和其他各种黏性土一样,它的物理、力学性质指标之间存在一定的相互关系。已有研究表明,液限、塑限、含水量或孔隙比与红黏土的力学指标之间存在着较好的相互关系。

(1)图 14-16 给出了红黏土的三轴(UU)试验黏聚力 c 与孔隙比、液限之间的相互关系。统计范围包括塑性指数为 25～35、孔隙比 $e>1$、饱和度 $S_r \geqslant 80$ 的土样。从图 14-16 可以看出,当液限一定时,黏聚力随着孔隙比的增大而降低;当孔隙比一定时,黏聚力随着液限的升高而增大。

(2)红黏土的压缩模量 E_s 与其黏聚力一样,与孔隙比、液限或塑限存在相似的关系,如图 14-17 所示。

红黏土的力学特性主要取决于它的成分、湿度和密度。液限、塑限等指标是内因,是它的固有性质;天然含水量和孔隙比还受所处的自然环境的影响,并随环境的变化而变化。红黏土的组成成分对其工程特性的影响是通过其亲水性表现的,液限、塑限等指标即反映其亲水性,而天然含水量和孔隙比反映其湿度和密度。因此,必须同时考虑这两方面的因素,才能正确评价红黏土的力学性质。

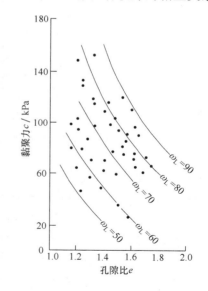

图 14-16　黏聚力与孔隙比、液限的关系
(中国建研院及西南建科所,1966)

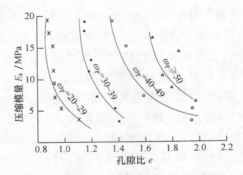

图 14-17　压缩模量与孔隙比、塑限的关系

(贵州省建筑设计院,1965)

14.3.3　红黏土地基的工程地质特征

红黏土的特殊性不仅表现在其物理力学特性上,还在于其工程性质在空间上的变化特征及其对地基工程性质的影响。为了对红黏土地区作出正确的工程地质评价,需掌握它的物理力学指标的变化规律及一般工程地质特征。

(1) 在沿深度方向,随着深度的加大,其天然含水量、孔隙比和压缩性都有较大的增高;状态由坚硬、硬塑变为可塑、软塑以至流塑状态;强度则大幅度降低,即红黏土具有"上硬下软"的特征。如贵阳某地红黏土在接近地表 3m 以内处于坚硬和硬塑状态,强度一般高达 $250\sim300\text{kPa}$ 以上,变形模量 E_0 大于 15MPa;随着深度增加,红黏土的含水量增大,孔隙比增加,在 $3\sim6\text{m}$ 深度范围成可塑状态,强度降至 200kPa 左右,E_0 为 $8\sim12\text{MPa}$;深度 6m 以下一般呈软塑状态,强度很低,特别是在四周高起的盆地中间较深地带及岩石溶沟中的红黏土,含水量往往大于液限,成流塑状态,对工程影响较大。

红黏土的天然含水量(以及孔隙比)从上往下得以增大的原因,一方面是地表水往下渗滤过程中,靠近地表部分易受蒸发,愈往深部则愈易集聚保存下来;另一方面可能是直接受下部基岩裂隙水的补给及毛细作用所致。

(2) 在水平方向,随着地形地貌及下伏基岩的起伏变化,红黏土的物理力学指标也有明显的差别。地势较高的部位,由于排水条件好,其天然含水量、孔隙比和压缩性均较低,强度较高;而地势较低的则相反。在地势低洼地带,由于经常积水,即使位于上部的土层,其强度也大为降低。

如图 14-18 所示的古岩溶面或风化面上堆积的红黏土,相距不过 1m,厚度相差达 $5\sim8\text{m}$;同时处于溶沟、溶槽洼部的红黏土因易于积水,往往呈软塑-流塑状态。因此,在地形或基岩面起伏较大的地段,红黏土的物理力学性质在水平方向上也是很不均匀的。

(3) 裂隙对红黏土强度和稳定性的影响。天然状态下,红黏土呈坚硬、硬可塑状态,但失水后含水量低于缩限,土中开始出现裂隙,故裂隙发育也是红黏土的一大特征。在近地表部位裂隙呈开口状,向深处逐渐过渡到网络状的闭合裂隙,发育深度一般在 $2\sim4\text{m}$,最深的可达 8m。红黏土的单独土块强度很高,但是裂隙破坏了土体的整体性和连续性,使土体强度显著降低,试样沿裂隙面成脆性破坏。当地基承受较大水平荷载、基础埋置过浅、外侧地面倾斜或有临空面等情况时,对地基的稳定性有很大影响。

(4) 红黏土的复浸水特征。红黏土在天然状态下膨胀率很低,主要表现为干缩,线缩率

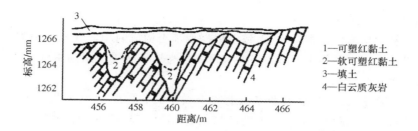

图 14-18 贵州某工程中红黏土厚度与下伏基岩的关系

一般为 $2.5\%\sim8.0\%$，最高可达 14.0%。但在收缩后复浸水时的表现，不同的土之间存在明显的差异。研究表明，液塑比 I_r $(I_r:w_L/w_P)$ 较高的红黏土，复浸水后，随着含水率的增大体积膨胀，不仅能恢复到原有体积，甚至发生崩解；而液塑比小的红黏土，复浸水后膨胀量微小，外形保持完好。这两类红黏土表现出不同的水稳定性。

14.3.4 红黏土地基评价

1. 红黏土及红黏土地基分类

红黏土地区的岩土工程勘察，应着重查明其状态分布、裂隙发育特征及地基的均匀性。这些特征均会影响红黏土的工程地质特性，因此应根据其勘察结果对红黏土进行分类。

1）红黏土的稠度状态分类

红黏土稠度状态的划分可以采用一般黏性土按液性指数分类的方法，但一般以含水比 a_w 作为状态指标进行划分（表 14-8）。含水比定义为土的天然含水量与液限的比值，根据统计结果，含水比 a_w 与液性指数之间存在如下关系：

$$a_w = 0.45I_L + 0.55 \tag{14-18}$$

表 14-8 红黏土的状态分类

含水比	状态	液性指数
$a_w \leqslant 0.55$	坚硬	$I_L \leqslant 0$
$0.55 < a_w \leqslant 0.70$	硬塑	$0 < I_L \leqslant 0.33$
$0.70 < a_w \leqslant 0.85$	可塑	$0.33 < I_L \leqslant 0.67$
$0.85 < a_w \leqslant 1.00$	软塑	$0.67 < I_L \leqslant 1.00$
$a_w > 1.0$	流塑	$I_L > 1.00$

2）红黏土的结构分类

红黏土的结构可根据其裂隙发育特征（主要是裂隙发育密度）分为致密状的、巨块状的和碎块状的三类，如表 14-9 所示。

表 14-9 红黏土的结构分类

土的结构	裂隙发育特征
致密的	偶见裂隙（小于 1 条/m）
巨块状的	较多裂隙（1~5 条/m）
碎块状的	富裂隙（大于 5 条/m）

3）红黏土地基均匀性分类

红黏土地基的均匀性差别很大，大致上根据地基土构成的均匀性分为两类：①地基压缩层范围内的岩土全部由红黏土组成的均匀地基；②地基压缩层范围内由红黏土和岩石组合而成的不均匀地基。

在不均匀地基中，红黏土沿水平方向上的土层厚度和稠度状态都很不均匀。在土层较厚地段的下部，往往存在较厚的高压缩性红黏土层；在土层较薄处，基岩埋藏浅。这样，地基土的工程特性（特别是压缩性）的差别会很大。

2．红黏土地基承载力评价

1）确定红黏土地基承载力的几个原则问题

（1）分层评价原则。在确定红黏土地基承载力时，应按地区的不同、随埋深变化的湿度和上部结构情况，分别确定之。因为各地区的地质地理条件有一定的差异，使得即使同一省份内的不同地区（如贵州的水城与贵阳、贵阳与遵义等）、同一成因和埋藏条件下的红黏土的地基承载力也有所不同。

（2）基础浅埋原则。为了有效地利用红黏土作为天然地基，针对其"上硬下软"、强度具有随深度递减的特征，在无冻胀影响地区、无特殊地质地貌条件和无特殊使用要求的情况下，基础宜尽量浅埋，把上层坚硬或硬可塑状态的土层作为地基的持力层。这样做，既可充分利用表层红黏土的承载能力，又可节约基础材料，便于施工。一般建筑物基础的埋深可采用 40～50cm（自室外地坪算起）。

载荷试验结果表明，在中心荷载下，即使基础无埋深，地基仍不发生开展到地表的连续滑动面，而保持基础稳定。因此，在荷载偏心不大或水平力不大的情况下，浅埋基础的稳定性不是控制因素。此外，根据红黏土大气影响带的野外实测结果，雨季同旱季相比，土的含水量变化深度最大为 60cm。在 40cm 以下，含水量的变化不超过 3%。因此，基础浅埋也不致由于地基土受大气变化影响而产生附加变形和强度问题。

（3）红黏土一般强度高、压缩性低，对于一般建筑物，其地基承载力往往由地基强度控制，而不考虑地基变形。但从贵州地区的情况来看，由于地形和基岩面起伏往往造成在同一建筑地基上各部分红黏土的厚度和性质很不均匀，从而形成过大的差异沉降，这往往是天然地基上建筑物产生裂缝的主要原因。因此，需要根据地基、基础与上部结构共同作用的原理，适当配合以加强上部结构刚度的措施，提高建筑物对不均匀沉降的适应能力。

2）确定红黏土地基承载力的一般方法

确定红黏土地基承载力的方法有查表法、载荷试验法和公式法等。

（1）采用物理指标查表确定。

已经积累的确定红黏土地基承载力的地区性成熟经验应该加以充分利用。当基础宽度小于或等于 3m，埋置深度为 0.5m 时，红黏土地基承载力基本值可根据土的含水比 a_w（第一指标）和液塑比 I_r（第二指标），按表 14-10 确定。

（2）按载荷试验确定。

到目前为止，载荷试验仍是确定红黏土地基承载力的比较主要的方法，并以其结果作为其他方法的鉴别标准。对不同状态的红黏土，其载荷试验的加荷等级和稳定标准可参照第 8 章的相应规定。

红黏土地基承载力取值一般为比例界限压力 p_0，此值具有较大的安全系数；也可采用

"破坏荷载"除以安全系数 1.5 来确定承载力特征值。

表 14-10　　　　　　　　　　　　红黏土承载力基本值　　　　　　　　　　　　单位:kPa

土名	I_r	a_w					
		0.5	0.6	0.7	0.8	0.9	1.0
红黏土	≤1.7	380	270	210	180	150	140
	≥2.3	280	200	160	130	110	100
次生红黏土		250	190	150	130	110	100

注:第二指标 I_r 的变异系数的折减系数 ξ 为 0.4。

14.3.5　红黏土地区的勘察要求和方法

1. 红黏土地基勘探的要求

红黏土地区勘探点的布置,应取较密的间距,查明红黏土厚度和状态的变化,初步勘察勘探点间距宜取 30~50m;详细勘察勘探点间距,对均匀地基宜取 12~24m,对不均匀地基宜取 6~12m。厚度和状态变化大的地段,勘探点间距还可加密。对不均匀地基,勘探孔深度应达到基岩。不均匀地基、有土洞发育或采用岩面端承桩时,宜进行施工勘察,其勘探点间距和勘探孔深度根据需要确定。当岩土工程评价需要详细了解地下水埋藏条件、运动规律和季节变化时,应在测绘调查的基础上补充进行地下水的勘察、试验和观测工作。

2. 红黏土的试验方法

红黏土的室内试验除应满足常规要求外,对裂隙发育的红黏土应进行三轴剪切试验或无侧限抗压强度试验;必要时,可进行收缩试验和复浸水试验。当需要评价边坡稳定性时,宜进行重复剪切试验。

3. 红黏土的岩土工程评价

红黏土的地基承载力应结合地区经验综合确定。在确定地基承载力时,对于基础浅埋,特别是场地倾斜或有临空面时,应考虑如下因素对地基承载力的影响:

(1) 土的结构及裂隙对承载力的影响;

(2) 开挖面长时间暴露,裂隙发展及复浸水对土体性质的影响;

(3) 地表水下渗对地基的影响;

(4) 建在坡上或坡顶的建筑物,需验算地基的整体稳定性。

在确定基础埋置深度时,应考虑充分利用红黏土"上硬下软"的特点,选择适宜的持力层和基础形式。在满足上一条要求的前提下,基础宜浅埋,利用浅部硬壳层,并进行下卧层承载力的验算。但轻型建筑物的基础埋深应大于大气影响急剧层的深度。当承载力和变形要求不能满足时,应建议进行地基处理或采用桩基础。

分布于红黏土中的深长地裂缝对工程危害极大,建筑物应避免跨越地裂缝密集带或深长地裂缝所在地段。

由于红黏土具有弱胀-强收缩特性,以及复浸水后一部分红黏土的膨胀量会逐步累积,在工程建设中应特别注意采取措施防止红黏土含水量的剧烈变化。如边坡、基坑开挖时应及时护面以防止失水干缩,锅炉等高温设备的基础应考虑地基土不均匀收缩变形的影响,开挖明渠时应考虑土体干湿循环、胀缩的影响等。

14.4 填土地基评价

14.4.1 填土分布概况与研究意义

人工填土是一定的地质、地貌和社会历史条件下,由于人类活动而堆填的土,简称填土。在我国大多数古老城市的地表面,广泛覆盖着各种类别的填土层。这种填土层无论从堆填方式、组成成分、分布特征及其工程性质等方面,均表现出一定的复杂性。各地区填土的分布和物质组成特征,在一定程度上可反映出城市地形地貌变迁、发展历史和建筑特点,例如上海、天津、杭州、宁波、福州等地,其填土分布各有特点,但也存在成分复杂、相对不均匀、压缩性高等共性。

1. 填土的分类与特征

根据物质组成和堆填方式,填土可分为以下四类:

(1)素填土。素填土是由碎石土、砂土、粉土和黏性土等一种或几种土料组成,不含杂物或含杂物很少的填土。与天然土的区别在于其不具有天然土的结构和层理特征,其颜色通常较相应的天然土暗些,并可能含有少量人为的杂物。素填土按其主要物质成分可分为碎石素填土、砂性素填土、粉性素填土和黏性素填土。

(2)杂填土。杂填土是含有大量建筑垃圾、工业废料或生活垃圾等杂物的填土。按其主要物质成分又可分为建筑垃圾土、工业废料土和生活垃圾土。

(3)冲填土。冲填土是由水力冲填泥砂而形成的填土,又称吹填土。在整治、疏浚江河航道,或填平、填高江河沿岸或沿海某些地段进行人工造地时,用高压泥浆泵将挖泥船挖出的泥砂,通过输泥管道排送到泥砂堆积区或需要填高的地段,排放的泥砂经沉淀排水后即形成冲填土。

(4)压实填土。压实填土是按一定标准控制土料成分、密度、含水量,并分层压实或夯实而成的填土。

素填土、杂填土和冲填土是由于人类活动所弃置而随意堆填的土,统为人工弃填土。其主要分布于城镇等人类生活区域,或工矿等人类生产与工程活动区域以及疏浚河道的排淤区。其物质成分复杂,堆填方式和堆填厚度具有随意性,堆填年限具有不确定性,可能是一次堆填,也可能经过多次堆填。

2. 人工填土的工程性质

人工填土的工程性质主要表现为不均匀性,包括物质成分、颗粒大小、密实程度和空间分布等多方面的不均匀性;土质较疏松,具较高的压缩性和低强度特性;常处于欠压密状态,并可能具有湿陷性;部分杂填土化学性质不稳定,甚至具有腐蚀性。

素填土的工程性质主要取决于物质成分、密实度和均匀性,其密实度通常与堆填年限有关。堆填年限超过10年的黏性土、超过5年的粉土、超过2年的砂土,均具有一定的密实度和强度,通常可作为一般建筑物的天然地基或经人工处理后作为建筑物地基。利用素填土地基的关键问题是控制地基的不均匀变形。

杂填土的工程性质与其物质成分、不均匀程度、化学性质稳定性及堆填年限等有关。堆填年限越久,土的自重压密性越好,且土中有机质的分解越完全。总体而言,对于杂填土的利用应持慎重态度。有机质含量较多的生活垃圾土或对建筑材料具有腐蚀性的工业废料土,不宜作为地基持力层。

冲填土的工程性质与其均匀性、颗粒组成、排水固结条件及冲填年限、冲填方式等有关。冲填土一般比同类自然沉积的饱和土强度低、压缩性高。

冲填土的不均匀性主要表现在颗粒粗细分布不均匀。冲填土的颗粒组成包括砂粒、粉粒和黏粒等,随泥砂来源而变化。其分布特点是靠近输泥管道排放口处,沉积的颗粒较粗,甚至含有小石子,顺着排放口向外围颗粒逐渐变细。经多次冲填而成的冲填土,往往产生纵横方向上的不均匀性,土层多呈透镜体状或薄层状构造。

冲填土一般含水量较高,透水性较弱,排水固结程度差,常呈软塑或流塑状态。土中成分以砂土为主的冲填土,其工程性质相对较好,且土的工程性质随堆填时间而较快提高。土中成分以黏性土为主的冲填土,其工程性质较差,类似高压缩性的软土。当土中黏粒含量较多时,不易排水,故堆填初期土呈流塑状态。后期,表面土层虽经蒸发干缩龟裂,但下部土体由于水分不易排出,仍处于流塑状态,稍加扰动即易发生触变现象。

冲填土多属未完成自重固结的高压缩性软土。土的结构需要有一定时间进行再组合,土中的有效应力需经排水固结后才能提高。离输泥管道出口处越远,冲填土的土粒组成越细,因而排水固结性越差。

冲填土的排水固结条件除了与土粒组成有关外,还与堆填前的原始地面形态有着密切关系。当原始地面高低不平或局部低洼,冲填后土内的水分不易排出,土则长时间处于饱和状态。当冲填于易排水地段或采取排水措施时,土的排水固结进程将加快。

尽管冲填土一般工程性质较差,但随着相关研究成果的积累和土体加固技术的发展,经过处理的冲填土地基可以满足一般工程建设的要求。特别是对于冲填时间较长、排水固结较好的冲填土,当密实度和均匀性较好时,可利用作为地基持力层。

3. 填土的压实特性

填土用于工程建设中,例如用在地基、路基、土堤和土坝中,通常都要采用夯打、振动或辗压等方法,使土得到压实,以提高土的强度,减小压缩性和渗透性,从而保证地基和土工建筑物的稳定。土的压实就是指土体在压实能量作用下,土颗粒克服粒间阻力,产生相对位移,使土中孔隙气和孔隙水被排出,孔隙体积减小,密实度增加。土的压实性是指在一定的含水量下,以人工或机械方式,使土能够压实到某种密实程度的性质。影响土压实性的因素很多,主要有含水量、击实功能、土的种类和级配以及粗粒含量等。

大量工程实践表明,对过湿的土进行碾压或夯打时会出现"橡皮土"现象,而过干的土也不容易压实,因此含水量是影响压实效果的主要因素之一。土的压实性可通过室内击实试验来研究。1933 年美国工程师普洛克托(R. R. Proctor)首先提出,黏性土在压实过程中存在最优含水量和最大干重度的概念,并通过击实试验确定最大干重度和最优含水量。对同一种土料,分别在不同的含水量下,用同一击数将它们分层击实,测定土样的含水量和密度;再换算出相应的干密度,然后在干密度-含水量坐标系中绘成如图 14-19 的击实试验曲线。从图中可以看出,当含水量较小时,土的干密度随着含水量的增加而增大;而当干密度随着含水量的增加达到某一值后,继续增加含水量反而使干密度减小。干密度的这一最大值称为该击数下的最大干密度 ρ_{dmax},此时相应的含水量称为最优含水量或最佳含水量 w_{op}。这就是说,当击数一定时,只有在某一含水量下才能获得最佳的击实效果。

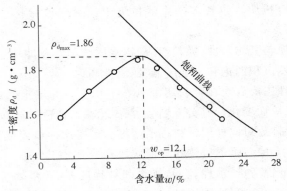

图 14-19　击实试验曲线

一般认为,土击实后的紧密程度与所需克服的阻力大小有关。含水量小时,包裹土的结合水膜较薄,土粒间相对位移的阻力较大,因而所得干密度小;随着含水量的增加,水膜逐渐增厚,粒间联结逐渐减弱,相当于增加粒间的润滑作用,土粒易于发生位移,干密度得以逐渐增加;当含水量超过某一限度,土中除结合水外,还增加了自由水,冲击荷载只能使未被水所占据的那部分孔隙体积发生改变,而不能使孔隙水排出,因而击实效果随含水量的增加而降低。

图 14-20 表示不同击数下的击实曲线。由图可以看出,土的最优含水量和最大干密度不是常量;击实功能增加,土的最大干密度增加,而最优含水量却减少。在同一含水量下,击实效果随击实功能增加而增加,但增加的速率是递减的。因此,单靠增加击实功能来提高填土的最大干密度是有一定限度的,而且这样做也不经济。当含水量较小时,击实功能对击实效果影响显著;而含水量较大时,含水量与干密度的关系曲线趋近于饱和线,这时提高击实功能将是无效的。饱和线即饱和度为 100% 时含水量与干密度的关系曲线(图中以虚线表示),其表达式为

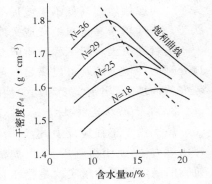

图 14-20　不同击数下的击实曲线

$$w_{sat} = \frac{\rho_w}{\rho_d} = \frac{1}{G_e} \tag{14-19}$$

式中,w_{sat} 为饱和含水量,%。

土的最优含水量随黏粒含量或塑性指数的增加而提高,而最大干密度则随之减小,压实相应困难。含水量对砂性土压实的影响不大,故无黏性土不进行击实试验,而用相对密实度控制。同一类无黏性土的颗粒级配对压实影响很大,级配均匀的土压实密度较低,而级配不均匀的土可得到较高的密实度。此外,压实方法、机械性能也影响压实效果;黏性土宜用辗压或夯击方法,而砂性土则以振动压实为主。

由于黏性填土存在着最优含水量,因此在填土施工时应将土料的含水量控制在最优含水量左右,以期用较小的能量获得最好的压实度。工程中,要求填土达到设计的压实标准,通常采用压实系数 λ_c(土的控制干密度 ρ_d/最大干密度 ρ_{dmax})和施工含水量($w_{op} \pm 2\%$)来进行控制和检验。

14.4.2　填土地基的勘察与评价

当工程建设需要利用和评价人工填土时,应专门对人工填土进行勘察。由于不同地区的人工填土具有各自的地域性特点,各地区往往积累了一定的地区性工程经验,因此,对人工填土进行评价时,应尽量借鉴成熟地区的工程经验。

1. 人工填土的勘察内容

(1)搜集资料,调查地形和地物的变迁,填土的来源、堆积年限和堆积方式。

(2)查明填土的分布、厚度、物质成分、颗粒级配、均匀性、密实性、压缩性和湿陷性。

(3)判定填土、地下水对建筑材料的腐蚀性。

2. 人工填土的勘探和取样

勘察应在常规的基础上加密勘探点,确定暗埋的塘、浜、坑的范围。勘探孔的深度应穿透填土层。勘探和取样方法应根据填土性质确定。对由粉土或黏性土组成的素填土,可采用钻探取样、轻型钻具与原位测试相结合的方法。对含较多粗粒成分的素填土和杂填土宜采用动力触探、钻探,并应有一定数量的探井。

3. 人工填土的室内试验和原位测试

人工填土的测试手段通常以原位测试为主,并辅以室内试验。对无法采取原状土样的填土,更应加强原位测试。

(1)对人工填土的均匀性和密实度评价,宜采用动力触探或静力触探,并辅以室内试验。

(2)杂填土的密度试验宜采用大容积法,即当杂填土含瓦砾或其他粗粒成分较多,无法进行室内密度试验时,可在现场采用灌砂法等测定土的密度。

(3)对人工填土的压缩性评价,一般可采用室内固结试验。当无法取样作室内试验时,可进行现场载荷试验。

(4)部分素填土和杂填土可能具有湿陷性,湿陷性评价宜采用室内固结试验。当无法获取代表性试样时,可进行现场浸水载荷试验。

(5)人工填土的地基承载力评价可根据地区工程经验采用动力触探或静力触探方法。必要时应进行载荷试验确定地基承载力。对于成份复杂、颗粒大小悬殊的填土,载荷试验承压板的尺寸宜适当大些,以保证试验结果具有代表性。

4. 填土的岩土工程评价

人工填土的岩土工程评价应包括如下内容:

(1)阐明填土的成分、分布和堆积年代,判定地基的均匀性、压缩性和密实度。必要时应按厚度、强度和变形特性分层或分区评价。

(2)对堆积年限较长的素填土、冲填土和由建筑垃圾或性能稳定的工业废料组成的杂填土,当较均匀和较密实时可作为天然地基。由有机质含量较高的生活垃圾和对基础有腐蚀性的工业废料组成的杂填土,不宜作为天然地基。

（3）填土地基承载力应结合地区经验综合确定。

（4）当填土底面的天然坡度大于20％时，应验算其稳定性。

此外，填土地基基坑开挖后应进行施工验槽。处理后的填土地基应进行质量检验。对复合地基，宜进行大面积载荷试验。

14.5 冻土地基评价

14.5.1 冻土及其分布

冻土是指0℃以下，并含有冰的各种岩石和土。按结冰状态持续的时间，冻土可分为短时冻土（数小时、数日以至半月）、季节冻土（半月至数月）以及多年冻土（又称永久冻土，指的是持续2年或2年以上的冻结不融的土层）。按冻土的含冰特征，可划分为少冰冻土、多冰冻土、富冰冻土、饱冰冻土和含土冰层。在少冰冻土中，肉眼看不见分凝冰，而在多冰冻土、富冰冻土、饱冰冻土中，肉眼可看见分凝冰。

地球上多年冻土、季节冻土和短时冻土区的面积约占陆地面积的50％，其中多年冻土面积占陆地面积的25％。中国多年冻土又可分为高纬度多年冻土和高海拔多年冻土。高纬度多年冻土分布在东北地区，高海拔多年冻土分布在西部高山、高原及东部一些较高山地。

东北冻土区为欧亚大陆冻土区的南部地带，冻土分布具有明显的纬度地带性规律，自北而南，分布的面积减少。东北冻土区的自然地理南界变化在北纬46°36′～49°24′，是以年均温0℃等值线为轴线摆动于0℃和±1℃等值线之间的一条线。

在西部高山、高原和东部一些山地，只有到一定的海拔高度以上（即多年冻土分布下界）才有多年冻土出现，冻土分布具有垂直分带规律。青藏高原冻土区是世界中、低纬度地带海拔最高（平均4000m以上）、面积最大（超过100万km²）的冻土区，其分布范围北起昆仑山，南至喜马拉雅山，西抵国界，东缘至横断山脉西部、巴颜喀拉山和阿尼马卿山东南部。

冻土是一种对温度极为敏感的土体介质，含有丰富的地下冰。因此，冻土具有流变性，其长期强度远低于瞬时强度特征。正由于这些特征，在冻土区修筑工程建（构）筑物就必然面临两大挑战——土的冻胀和融化下沉。

14.5.2 冻土特有的物理力学性质及相关概念

冻土是含有冰的土（岩石），因此具有与一般砂土、粉土和黏性土不同的物理力学特性，需要一些专门的概念来描述这些性质。

1. 冻土特有的物理性质指标

（1）冻土含水率。冻土含水率，即冻土总含水率，是指冻土中所有冰和未冻水的总质量与冻土骨架质量之比。该物理量与一般土的含水率相似，将天然温度下的冻土试样在105℃～110℃下烘至恒重时，失去的水分的质量与干土质量之比即为冻土含水率。

（2）未冻含水率。未冻含水率是指在一定负温条件下，冻土中未冻水的质量与干土质量之比。

（3）相对含冰率。相对含冰率是指冻土中冰的质量与全部水质量之比。

（4）冻土质量含冰量。冻土质量含冰量是指冻土中冰的质量与冻土中干土质量之比。

（5）冻土体积含冰量。冻土体积含冰量是指冻土中冰的体积与冻土总体积之比。

2.冻土的力学性质指标

（1）冻胀率。冻胀率是指单位冻结深度的冻胀量。

（2）冻胀力。冻胀力是指土的冻胀受到约束时产生的力。根据冻胀力与基础作用的方向不同，又分为法向冻胀力、切向冻胀力和水平冻胀力。法向冻胀力是指地基土在冻结膨胀时，沿法向作用在基础底面的力；切向冻胀力是指地基土在冻结膨胀时，沿切向作用在基础侧表面的力；水平冻胀力是指地基土在冻结膨胀时，沿水平方向作用在结构物或基础表面上的力。

（3）冻结力。冻结力，亦称冻结强度，是指土中水在负温下结冰，将土与基础冻结在一起时土与基础侧表面之间的剪切强度。

（4）冻土抗剪强度。冻土抗剪强度，即冻土在外力作用下抵抗剪切位移的极限强度。冻土的抗剪强度与负温度以及外力作用时间关系密切。

3.冻土特有的概念

（1）起始冻结温度。起始冻结温度是指土中孔隙水发生冻结的最高温度，亦称为土的冻结温度。

（2）标准冻深。标准冻深是指非冻胀黏性土在地表平坦、裸露、城市之外的空旷场地中不少于 10 年实测最大冻深的平均值。

（3）标准融深。标准融深是指衔接多年冻土地区的非融沉黏性土在地表平坦、裸露的空旷场地中不少于 10 年实测最大融深的平均值。

（4）融化下沉系数。融化下沉系数是指冻土融化过程中，在自重应力作用下产生的相对融化下沉量，其值等于融化下沉量与融化土层原有厚度之比。

（5）融化压缩系数。融化压缩系数是指冻土融化后，在单位荷重作用下产生的相对压缩变形量。

14.5.3　冻土的冻胀性和融沉性

1.冻土的特殊性

冻土是一种含冰晶的特殊的土水体系。从组成成分看，冻土与未冻土的区别主要在于冻土中含有冰胶结物，冻土的特殊性与孔隙冰有着千丝万缕的联系。正是由于冰的存在，从本质上改变了冻土的力学性质，使其在荷载作用下的表现与未冻土明显不同。其特殊性除了冻胀性和融沉性外，还表现在：

（1）冻土的强度受温度制约。温度在冻土的形成过程中起着决定性作用，通常，温度降低，土中未冻水数量减少。同时，冰胶结物内聚力在土冻结的情况下产生并依赖于温度，温度越低，冰胶结物内聚力越大；温度越高，冰胶结物内聚力越小，并在冻土融化时，这种内聚力消失。所以冻土温度的高低决定着冻土强度的大小。

（2）冻土变形具有特殊性。通常，冻土在荷载作用下会表现出弹性、塑性和黏性。弹性变形表现为体应变和剪应变的可还原性；塑性变形表现为不可还原的体积变形和剪切变形；黏性则体现为土体剪切变形或体积变形随时间变化的过程。冻土具有明显的流变性。

2. 冻土的冻胀性

我们知道,水冻结后体积膨胀 9% 左右,但土的冻结不是这么简单。当土体处于负温环境中时,孔隙中部分水分冻结成冰将导致土体原有的热学平衡被打破,在温度梯度影响下未冻结区内水分向冻结锋面迁移并遇冷成冰。随着冻结锋面推进以及水分进一步迁移和集聚,土体体积逐渐增大,发生冻胀现象。土体冻结后增加的体积往往会大于原地水分冻结造成的体胀。

土体的冻胀具有不均匀性,使建造物产生不均匀变形,这种不均匀变形一旦超过允许值,建造物就被破坏。土的冻胀性主要受下列因素的影响。

(1) 土性条件。包括土的粒度成分、矿物成分、化学成分和密度等,其中最主要的是土的粒度成分。大的冻胀通常发生在细粒土中,其中黏质粉土和砂质粉土中的水分迁移最为强烈,因而冻胀性最强。黏土由于土粒间孔隙太小,水分迁移有很大阻力,冻胀性较小。砂砾,特别是粗砂和砾石,由于颗粒粗,表面能小,冻结时一般不产生水分迁移,所以不具冻胀性。冻土的矿物成分对冻胀性也有影响,在常见的黏土矿物中,高岭土的冻胀量最大,水云母次之,蒙脱石最小。冻土中的盐分也影响冻胀,通常在冻土中加入可溶盐可削弱、以致消除土的冻胀。

(2) 土中含水量及补给条件。并非所有含水的土冻结时都会产生冻胀,只有当土中的水分超过某一界限值后,土的冻结才会产生冻胀。这个界限即为该土的起始冻胀含水量。当土体含水量小于其起始冻胀含水量时,土中有足够的孔隙容纳未冻水冻结的膨胀,冻结时没有冻胀。在天然情况下,水分补给主要来源于大气降水和地下水。秋末降水多,冬季土的冻胀量就大;地下水位越浅,土的冻胀量也越大。

(3) 温度条件。土的冻胀开始于某一温度,称为起始冻胀温度。当温度低于起始冻胀温度时,由于冻土中未冻水继续冻结成冰,土体仍有冻胀。

(4) 压力条件。土体外部附加荷载对土体冻胀有一定抑制作用,一方面由于土的冻结点随着外部压力的增加而降低,另一方面由于外荷载作用会减少未冻土中水分向冻结锋面的迁移量,从而减小冻胀。

3. 冻土的融沉性

冻土融沉性是冻土在融化过程中及融化后发生沉陷的特性。当土层温度上升时,冻结面的土体产生融化,伴随着土体中冰侵入体的消融,出现沉陷;在外荷载和自重作用下,土体内同时发生土体骨架快速压缩和排水固结,使土体处于饱和或过饱和状态而引起地基承载力的降低,称之为土的融沉现象。特别是在高含冰量冻土地基内,冻土的融化将会产生严重的融陷现象,影响寒区建(构)筑物的稳定性,对工程建设危害很大。

冻土的融沉和压缩两部分变形在其融化的过程中同时发生,其发展的过程不仅与土的工程性质有关,还取决于融化过程中土体的温度状况和热物理性质。影响冻土融沉的因素主要包括:

(1) 土的含水量和干密度。冻土融沉的实质是起胶结作用的冰变成水,土层中的孔隙水在自重作用和外荷载作用下排出,土的体积减小,所以初始含水量和密实度是影响冻土融沉的最直接因素。当土体含水量小于或等于某一界限含水量时,土体融化后并不会出现下沉现象,而是微小的热胀作用,该界限含水量被称为起始融化下沉含水量,此时所对应的干密度称为起始融化下沉干密度。

（2）粒度成分。在有效融沉含水量相同的情况下，粉质黏土融沉性最强，其次是重黏土和粉细砂，砾石土最弱。

（3）土的塑限。研究发现，塑限含水量与起始融化下沉含水量之间存在良好的线性统计关系，塑限含水量越大，起始融化下沉含水量越高。

14.5.4　冻土地基的勘察与评价

1. 冻土地基勘察要求

依据《冻土地区建筑地基基础设计规范》（JGJ 118—2011），多年冻土地区建筑地基基础设计前应进行冻土工程地质勘察，查清建筑场地的冻土工程地质条件，并应满足如下技术要求。

（1）应查明多年冻土的分布范围和上下限深度，查明冻土的类型、厚度以及构造特征。

（2）在季节冻土层深度与多年冻土季节融化层深度内，应沿其深度方向采取土样，取样数量应根据设计需要确定，且每层不应少于一个试样，取样间距不大于 1m。在钻探、取样、运输、储存及试验等过程中，均需采取必要的保护措施，防止试样融化。

（3）季节冻土地基勘探孔的深度和间距可与非冻土地基的勘察要求相同；对于多年冻土地基，勘探点间距为 10～25m，连续的大片冻土区，间距取大值，而对于不连续的冻土区，应取小值。控制性钻孔应占钻孔总数的 1/3～1/2；钻孔的深度应根据冻土场地的复杂程度确定，控制性钻孔一般应穿透冻土层到下部稳定土层 5m；一般性钻孔穿透冻土层下限即可，如采用桩基，应达到持力层或按设计要求确定控制性钻孔深度。

（4）对于多年冻土地基，应根据建筑地基基础设计等级、冻土工程地质条件、地基采用的设计状态等情况，提供拟建场地的气象资料、地温资料、冻土的物理力学参数以及冻土融化指标等。必要时，提供地下水分布特征和不良冻土现象的分布及特征。

（5）根据工程需要，比如对于地基基础设计等级为甲级或部分为乙级的建筑物，可建立野外地温观测点，对所在多年冻土场区进行地温观测。

详细的勘察技术要求，可参见《冻土工程地质勘察规范》（GB 50324—2014）。

2. 冻土地基评价

作为建筑物地基，冻土在冻结状态时，具有较高的强度和较低的压缩性，甚至可以忽略其压缩性。但是冻土融化后，地基承载力会大幅度降低，压缩性也急剧升高，使地基产生融沉；当气温降低到负温时，冻土在冻结过程中又会发生冻胀。融沉和冻胀均对建筑地基不利。

为此，在多年冻土地区建筑物选址时，宜选择各种融区、基岩出露地段和粗颗粒土分布地段。当不得不将多年冻土用作建筑地基时，可根据具体工程条件，选择如下 3 种状态之一进行设计，并采取针对性措施以避免或减轻冻土的冻胀和融沉对建筑物的危害：①保持冻结状态，即在建筑物施工和使用期间，地基土始终保持冻结状态；②逐渐融化状态，即在建筑物施工和使用期间，地基土处于逐渐融化状态；③预先融化状态，即在建筑物施工前，使多年冻土融化至计算深度或全部融化。

1）冻土地基承载力

冻土地基承载力取值，应区别上述不同的设计状态，结合当地经验，采用载荷试验等综合确定。对于一般的建筑物,在没有载荷试验资料时,亦可根据冻结地基土性质,查表确定(表 14-11)。

表 14-11 冻土地基承载力设计值

地温/℃		−0.5	−1.0	−1.5	−2.0	−2.5	−3.0
土名	碎石土	800	1000	1200	1400	1600	1800
	砾砂、粗砂	650	800	950	1100	1250	1400
	中砂、细砂、粉砂	500	650	800	950	1100	1250
	黏土、粉质黏土、粉土	400	500	600	700	800	900
	含土冰层	100	150	200	250	300	350

注:表中承载力适用于多年冻土融沉等级为Ⅰ级、Ⅱ级、Ⅲ级的土;表中温度是建筑使用期间基础底面的最高温度。

2) 冻土的冻胀性分级

季节冻土受季节性气候的影响,冬季冻结,夏季全部融化。这种周期性的冻结-融化对地基的稳定性和建筑结构影响很大。对于季节冻土与多年冻土季节融化层土的冻胀性,可根据土平均冻胀率 η 的大小进行分级,见表 14-12。其中,冻土层的冻胀率 η 按式(14-19)计算。

$$\eta = \frac{\Delta z}{h - \Delta z} \times 100\%$$ (14-19)

式中 Δz ——地表冻胀量,mm;
h ——冻土层厚度,mm。

表 14-12 季节性冻土与季节融化层土的冻胀性分级

平均冻胀率 η/%	冻胀等级	冻胀类别
$\eta \leqslant 1.0$	Ⅰ	不冻胀
$1.0 < \eta \leqslant 3.5$	Ⅱ	弱冻胀
$3.5 < \eta \leqslant 6$	Ⅲ	冻胀
$6 < \eta \leqslant 12$	Ⅳ	强冻胀
$\eta > 12$	Ⅴ	特强冻胀

3) 多年冻土的融沉性分级

多年冻土在地表下一定深度处接近地表的土层往往也会受季节影响出现冬冻夏融,这部分土层称为多年冻土的季节融化层。可根据土融化下沉系数 δ_0 的大小,将多年冻土分为不融沉、弱融沉、融沉、强融沉和融陷土 5 级,见表 14-13。其中,融化下沉系数 δ_0 按式(14-20)计算。

$$\delta_0 = \frac{h_1 - h_2}{h_1} = \frac{e_1 - e_2}{1 + e_1} \times 100\%$$ (14-20)

式中　h_1，e_1——冻土试样融化前的高度和孔隙比；

h_2，e_2——冻土试样融化后的高度和孔隙比。

表 14-13　　　　　　　　　　　多年冻土的融沉性分级

平均融沉系数 δ_0/%	融沉等级	融沉类别	冻土类型
$\delta_0 \leqslant 1$	I	不融沉	少冰冻土
$1 < \delta_0 \leqslant 3$	II	弱融沉	多冰冻土
$3 < \delta_0 \leqslant 10$	III	融沉	富冰冻土
$10 < \delta_0 \leqslant 25$	IV	强融沉	饱冰冻土
$\delta_0 > 25$	V	融陷	含土冰层

根据多年冻土的融沉性分级，对多年冻土地基进行评价：

（1）I 级冻土为不融沉土，是冻土地区除基岩外最好的地基，对于一般建筑物可不考虑融沉问题。

（2）II 级冻土为弱融沉土，是冻土地区良好的地基土。融化下沉量不大，通过合理选择基础埋深，建筑物受到的破坏不明显。

（3）III 级冻土为融沉土。这类土不仅有较大的融沉量和压缩量，而且在冬季回冻时，还会产生很大的冻胀量。这类冻土上的建筑需采取深基础或保暖等专门措施进行保护。

（4）IV 级冻土为强融沉土，往往会造成其上建（构）筑物的破坏。一般应采取保持冻结状态的设计原则，避免地基土发生融化。

（5）V 级冻土为融陷土，属于含土冰层。如作为地基，不仅不允许其融化，而且在工程设计中应关注冻土的长期流变特性。

复习思考题

1. 试说明黄土的生成环境及成因。

2. 什么是黄土的湿陷性？

3. 黄土为什么会发生湿陷？为什么老黄土一般不具有湿陷性？

4. 试述湿陷性黄土的一般特征。

5. 试解释如下概念：湿陷系数、自重湿陷系数、湿陷起始压力。

6. 试简述湿陷性黄土地基湿陷等级的评定方法。

7. 对于湿陷性黄土场地勘察，除了一般内容外，还需重点查明哪些内容？

8. 什么是膨胀土？

9. 试述膨胀土的一般特征。

10. 试述影响膨胀土胀缩特性的因素。

11. 请给出如下参数的定义：自由膨胀率、膨胀率、膨胀力和收缩系数。

12. 请给出膨胀土地基初步判别的依据。

13. 为什么不能用自由膨胀率来评价膨胀土地基的变形？

14. 试解释红土化作用。

15. 试简述红黏土的一般物理力学性质。

16. 试详述红黏土地基的工程特性。

17. 为什么红黏土含水量比较高、孔隙比比较大,却具有较高的强度和较低的压缩性?

18. 试简述确定红黏土地基承载力的一般原则。

19. 对于红黏土地基,除了一般的地基评价内容外,还需要重点关注哪些岩土工程评价内容?

20. 简述填土的分类。

21. 简述人工填土的一般特性。冲填土具有哪些工程地质特性?

22. 试述人工填土地基评价的主要内容。

23. 试给出如下物理力学指标的定义:冻土含水率、未冻含水率、冻胀量、冻胀力、冻结力。

24. 为什么冻土的抗剪强度和冻土地基承载力与温度关系密切?

25. 为什么说"土体冻结后增加的体积往往会大于原地水分冻结造成的体胀"?

26. 试分别说明冻土冻胀性和融沉性的影响因素。

第 15 章　桩基的岩土工程评价

桩基础属于深基础的一种,是最古老的基础形式之一。桩基础的优点主要有:①能以不同的材质、构造形式和施工方法适应各种不同的工程地质条件、荷载性质和上部结构的要求,承载力高、沉降小;②便于机械化施工和工厂化生产,从而提高效率、缩短工期、降低造价并改善劳动条件;③有利于建筑物的抗震等。由于这些优点,桩基获得了快速的发展,被广泛应用于工业与民用建筑、桥梁工程和水工建筑等各个方面。

但是,桩基础的造价较高,可达到建筑物总造价的 30%,因此有必要与其他基础方案进行仔细对比,再决定是否采用。这除了要考虑上部结构类型、荷载大小与特征、使用功能要求、施工技术与设备以及环境条件外,还取决于场地和地基的工程地质条件。地基的工程地质条件,特别是桩身需穿越的土层的特性,不仅是特定结构类型和荷载条件下制约桩径、桩长的主要因素,也是选择桩型和成桩工艺的决定性要素。

当决定采用桩基后,桩基的设计与施工过程中将面临如下岩土工程问题:

(1) 桩的选型,包括成桩工艺和桩径;

(2) 桩基持力层的选择,包括桩长、桩端全断面进入持力层的深度;

(3) 单桩承载力验算;

(4) 桩基整体强度,及在必要时进行下卧层强度验算;

(5) 桩负摩阻力的分析计算;

(6) 桩基沉降验算;

(7) 沉桩可能性分析;

(8) 桩基施工对周围环境影响的评价。

15.1　桩的选型

15.1.1　桩的分类

在人类使用桩基的历史中,按桩身材质,有木桩、混凝土桩和钢桩之分。但木桩易被腐蚀,存在耐久性问题,现在已极少使用。混凝土桩和钢桩也因成桩工艺、桩型及尺寸、地基土对桩的支承作用等不同而存在不同的分类体系。

1. 按桩的承载特性分类

桩基承受桩顶竖向荷载的能力是由地基土的桩侧阻力和桩端阻力两部分构成的。这两部分在地基土对桩的总支撑能力中所占的比例,不仅与桩基持力层的岩土类型及其性质直接相关,同时还与桩穿过地层的性状、施工工艺和桩长、桩径等有关。仅按桩的承载特性可以分为摩擦型桩和端承型桩。

摩擦型桩包括摩擦桩和端承摩擦桩。摩擦桩是指在承载能力极限状态下,桩顶竖向荷载由桩侧阻力承担,桩端阻力可以忽略不计的桩;端承摩擦桩指桩顶竖向荷载由桩侧和桩端阻力共同承担,但主要是由桩侧阻力承担的桩。

端承型桩包括端承桩和摩擦端承桩。端承桩是指在承载能力极限状态下,桩顶竖向荷载由桩端阻力承担,桩侧阻力可以忽略不计的桩;摩擦端承桩指桩顶竖向荷载由桩端阻力和桩侧阻力共同承担,但主要是由桩端阻力承担的桩。

2. 按成桩挤土效应分类

根据工程实践经验,在成桩过程中是否具有挤土效应,对桩的成桩质量、桩的承载性能具有重要影响,也影响到桩的选型。一般来讲,在饱和软黏性土中的挤土效应容易引起断桩等质量事故,造成已作业的预制混凝土桩、钢管桩上浮,引起桩的承载力下降,桩基沉降增大;而在非饱和松散土中,挤土效应应该是正面的,沉桩挤土和振动使桩周土密实,可提高桩基承载力。成桩的挤土效应是否显著主要取决于施工工艺和桩的几何特征,同时也受所穿过地基土性质(状态与饱和度等)的影响。总的来讲,打(压)入的实心混凝土预制桩的挤土效应显著,敞口钢管桩、混凝土管桩的挤土效应明显减弱,而钻(挖)孔桩基本没有挤土效应。人们根据桩的挤土效应,把桩分为非挤土桩、部分挤土桩和挤土桩 3 类。

3. 按桩径大小分类

桩径具有尺寸效应,影响桩侧阻力和桩端阻力的发挥,进而影响桩的承载性能,因此有必要根据桩径的大小对桩进行分类。实践中,把桩的设计直径 $d \leqslant 250$mm 的,称为小直径桩;$d \geqslant 800$mm 的称为大直径桩;设计直径介于两者之间的为中等直径桩。这样分类有利于在设计中考虑桩径的尺寸效应,对桩侧阻力和桩端阻力进行修正。

此外,在工程实践中,还根据制桩工艺把混凝土桩分为预制桩和灌注桩;根据是否施加预应力把预制钢筋混凝土桩分为预应力钢筋混凝土桩和普通钢筋混凝土桩等;根据截面形式把混凝土桩分为方桩、圆形桩和管桩等。

15.1.2 桩的选型原则

桩型与成桩工艺密切相关,二者的选择已有很多工程经验可以参考。应根据建筑结构类型、荷载性质、桩的使用功能、桩基持力层及穿越土层的性质、施工环境和工程经验等,做出技术可靠、经济合理的选择。

对于框架-核心筒等附加荷载分布很不均匀的桩筏基础,选择的桩型最好是桩的承载力易于调节的,如钻孔灌注桩,其桩径和单桩承载力的可调性大。

抗震设防烈度为 8 度及以上地区,应选择抵抗水平荷载能力强的桩型,不宜采用预应力混凝土管桩和预应力混凝土空心方桩。

在桩型选择时,应避免如下认识上的误区。

(1)把嵌岩桩一律视为端承桩。其实,嵌岩桩的嵌岩深度应综合考虑荷载大小、穿越土层的性质、桩径及桩长、基岩条件等。不应过分强调嵌岩深度而不必要地增加造价。对于嵌入平整、完整的坚硬岩和较硬岩的深度可适当减小。

(2)预制桩的质量稳定性总是高于灌注桩。诚然,预制桩采用工厂化制作,打(压)入作业前质量可控性高,且不存在挤土沉管灌注桩经常出现的断桩、缩径或夹泥等质量事故。但与非挤土的钻(挖)孔灌注桩相比,预制的预应力混凝土桩在沉桩过程中,由于挤土效应也常出现接头拉(折)断、桩端上浮等问题及容易造成对周边建筑和市政设施的破坏。因此,在选择预制桩时,也要因地制宜。

(3)人工挖孔桩质量稳定可靠。相比于钻(冲)孔灌注桩,人工挖孔桩孔底清理干净,避免沉渣,成桩质量稳定性高。但在软黏性土层中不应选择挖孔桩,还应考虑地下水对挖孔的影响。对于高地下水位情形,为挖至孔(桩)底,需要采取排水措施,由此引起的地下水渗流将造成桩周土层的扰动和土颗粒的流失,使桩侧阻力降低。严重的会造成地面下沉和人身伤亡事故。

(4)扩底均可提高桩的承载力。在具有良好持力层的条件下,通过扩底可极大地提高总的桩端阻力和单桩承载力,取得较好的技术经济效益。但是,扩底桩的选择也是有条件的。桩扩底后将牺牲部分桩侧阻力,它适用于地层浅部发育有良好持力层的端承型灌注桩,而不应在桩侧土层较好、桩较长的情形下使用。

在一些特殊土地区和特殊工况条件下,桩的选型也会受到一定的限制。如在软土分布建筑密集区,不宜选择沉管灌注桩那样的挤土桩,如采用挤土桩或部分挤土桩,应采取必要措施消除超孔隙水压力,尽可能降低挤土效应;在冻土地区,为消除或减小冻胀的影响,宜采用钻(挖)孔灌注桩;在坡地、江河等岸边场地,为保证场地整体稳定性,也不应采用挤土桩等。

15.2　桩基持力层的选择与桩端全断面进入持力层的深度

桩的竖向承载能力取决于地层对桩的支撑能力,包括桩侧摩阻力和桩端阻力。桩基持力层的选择原则及桩端全断面进入持力层的深度问题主要是根据工程要求,在施工可行的条件下,尽量提高桩端阻力,充分利用地基对桩的支承能力,从而达到减小桩的数量和桩长、控制沉降的技术经济效果。

15.2.1　桩基持力层的选择

一般来讲,应选择有足够厚度,且分布稳定的压缩性较低的黏性土、粉土、中密及中密状态以上的砂土和碎石土作为桩基持力层。一个场地往往不止一个岩土层可供选择,在具体工程应用中,应根据工程重要性等级、荷载大小及特点、穿越土层的条件、施工设备与工程经验等进行综合的技术经济比较,然后做出合理的选择。当持力层下面有软弱下卧层时,持力层厚度不宜小于 3m。

以上海地区为例,大部分地区地表硬壳层以下为厚达 30m 左右的第四纪全新世(Q_4)淤泥质黏性土层(图 15-1),在此范围内局部发育一定厚度的砂质粉土或粉砂层,可供选择的桩基持力层有:

(1)浅埋的灰色砂质粉土或粉砂层。在地表下 10m 范围内局部分布该类土层,厚度1.2~10.0m 不等。场地内遇到较厚的该土层时,沉桩穿越难度较大,经液化判别为非液化土层的,可以考虑作为一般多层建筑物的桩基持力层。已有一些建筑采用该层作为桩基持力层,获得较好的技术经济效果。

（2）第⑥层暗绿色（草黄色）黏性土层。该层属于晚更新世（Q_3）顶部硬壳层，层顶埋深在 20m 以下，厚度 3～5m，为中-低压缩性土层。在上海地区（图 15-1），设计人员已习惯采用该层作为一般桩基的良好持力层。单桩极限承载力可达 1200～2500kN。在暗绿色（草黄色）黏性土层埋藏较深或缺失的地区，根据经验，可选择第⑤层下部非淤泥质黏性土层作为桩基持力层。

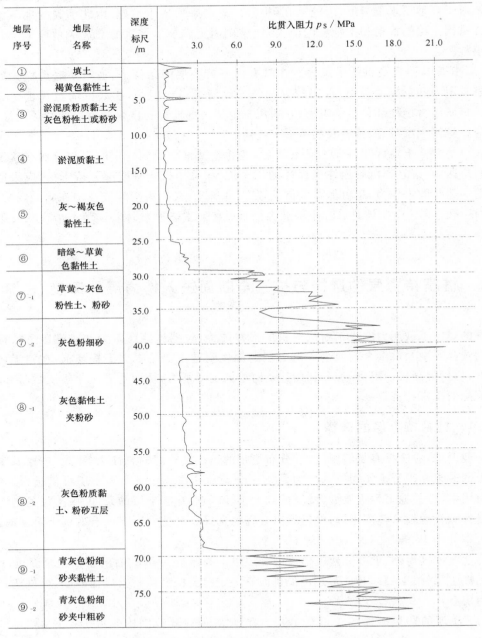

图 15-1　上海地区典型地层剖面示意图

（3）第⑦层砂质粉土或砂土层。该层下伏于暗绿色（草黄色）黏性土层，为一层厚 10～20m 的砂质粉土或粉细砂土层，静力触探比贯入阻力达到 10～20MPa。根据 23 根试桩结果统计，桩长在 30～45m 时，单桩极限承载力为 3600～5100kN；桩长大于 50m 时，极限承载力超过 6000kN。可见，以第⑦层作为持力层的单桩极限承载力比以第⑥层为持力层的增加 1～2 倍，而两土层的埋深差别不大，对于荷载较大的建筑物，宜优先选择第⑦层砂质粉土或砂层作为桩基持力层。

（4）第⑨层砂土层。对于荷载特别大的高、重建筑物，当上述持力层难以满足承载力和变形要求时，可选择采用顶面埋设约 70m 的第⑨层灰色中、粗砂层作为桩基持力层。在选择该层作为持力层时，应慎重考虑沉桩的可能性，合理选择桩型和沉桩工艺。

15.2.2　桩端全断面进入持力层的深度

桩端全断面进入持力层的深度，应根据工程需要、地层条件、桩身结构强度及施工条件确定。任何情况下不宜小于 0.5m，同时不宜小于桩的一倍边长或直径（以下统称为桩径，记为 d）。根据工程实践经验和现行标准的技术要求，对于黏性土、粉土不宜小于桩径的 2 倍，砂土不宜小于桩径的 1.5 倍，碎石土不宜小于桩径的 1 倍。

关于桩端全断面进入持力层的深度与单桩承载力的关系，国内外已取得很好的研究成果。Meyerhof（1970）根据室内模型试验研究结果指出均质砂层中的桩端阻力和桩侧摩阻力均随着桩的入土深度的增加而增大，但当桩端在某一深度以下时，桩端阻力和桩侧摩阻力将保持不变。此深度即桩打入土层的临界深度。对于打入砂层的长桩，或穿过软土层进入砂土层的长桩，这个临界深度约为桩径的 10 倍。当作为持力层的砂层较薄，其下有软弱土层时，则桩端阻力将随着持力层厚度的减小而降低。为了避免桩端冲剪进入软弱下卧层，则需桩端以下持力层的厚度不应小于某个临界值，该值称为持力层的临界厚度。临界厚度取决于持力层与软弱下卧层的强度差异，相差越大，则临界厚度越大。

华东建筑设计院和同济大学在上海某工程进行了现场试验研究，用截面边长 0.3m、长约 10m 的钢筋混凝土方桩，打入粉砂层不同深度，测试单桩承载力，结果表明桩尖进入粉砂层 4～8d，与进入不到 3d 的桩相比，单桩承载力提高约 25％；在进入粉砂层 4～8d 的范围内，随着进入深度的增加单桩承载力增长较快；当进入粉砂层超过 10d 后，承载力增大速率变缓。因此认为当砂层足够厚，单桩进入持力层的深度以 4～8d 为宜。同济大学在安徽蚌埠进行了类似的现场试验研究，所用桩型及尺寸同上，持力层为硬黏性土层，研究结论为桩端阻力随进入硬黏性土层的深度呈线性关系增长，临界深度为 8d；硬黏性土层下有软弱下卧层时，临界深度接近 8d。

根据已有研究成果，一般认为当桩基持力层较厚、施工条件许可时，桩端进入持力层的深度宜尽可能达到该土层桩端阻力的临界深度，以有利于充分发挥桩的承载力；但当持力层埋藏较深时，尚应根据沉桩机械能力、桩身结构强度综合判断沉桩可能性，合理确定桩端进入持力层的深度；当桩基持力层较薄，持力层下存在软弱下卧层时，应根据单桩承载力和下卧层承载力及变形的要求，确保桩端以下的持力层留有足够的厚度。按《建筑桩基技术规范》（JGJ 94—2008）的规定，当存在软弱下卧层时，桩端以下的硬持力层厚度不宜小于 3d。

15.3 单桩竖向极限承载力评价

15.3.1 单桩竖向极限承载力的确定原则

在确定单桩竖向极限承载力时,应遵循以下原则和规定。

(1) 按桩身结构强度和地基土对桩的支承能力双控,取较小者。

在确定单桩竖向极限承载力时,不仅要计算地基土(桩侧和桩端)对桩的支撑能力,还应按桩身结构强度核算,并取二者的较小者。

对于任何类型的桩,都必须保证在承受最大施工荷载和使用荷载时有足够的桩身结构强度。当需考虑桩侧负摩阻力时,应重点验算中性点处的桩身结构强度。对工程中日益增多的长桩和超长桩设计,这一问题尤其重要,这类桩的桩身结构强度往往控制单桩的极限承载能力。

桩身结构强度不仅取决于桩的截面尺寸和材质,在桩的制作、沉桩和服役期间影响桩身结构强度的因素很多。比如预制桩的制作质量,运输与吊装过程中的非正常受力,沉桩困难时多次反复锤击或高能量锤击的锤击效应,穿越软弱土层中密集群桩的挤土效应,都可能造成桩身结构强度的降低。对于灌注桩,由于成孔、水下混凝土浇灌质量问题和地下水的影响,造成桩身缩径、混凝土离析,同样会引起桩身结构强度不同程度的降低。

(2) 单桩极限承载力确定方法与建筑物等级相匹配。

估算单桩极限承载力的方法有多种。按地基土对桩的支撑能力确定单桩极限承载力标准值时,就可靠性而言,单桩静载荷试验方法最高,其次为原位测试方法和经验参数法。但是,单桩静载荷试验法的成本也最高,特别是在高层、超高层建筑以及桥梁工程中,一些大孔径长桩的应用,采用静载荷试验法确定单桩极限承载力不仅费时,而且价格昂贵。因此,普遍采用该法确定单桩极限承载力不现实,应根据建筑物的设计等级区别对待。设计等级为甲级的建筑桩基,应通过单桩静载荷试验确定;设计等级为乙级的建筑桩基,当场地的工程地质简单时,可参照地基条件相同的试桩资料,采用静力触探等原位测试方法和经验参数法综合确定,其他情况下,均应通过单桩静载荷试验确定;设计等级为丙级的建筑桩基,可根据静力触探等原位测试和经验参数计算确定。

(3) 用经验参数法确定单桩极限承载力。

桩的极限侧阻力和极限端阻力的标准值宜采用静载荷试验通过埋设在桩身的轴力测试元件测定。通过测试结果建立极限侧阻力标准值和极限端阻力标准值与岩土层的相关物理力学指标及静力触探等原位测试指标之间的经验关系,以经验参数法确定单桩极限承载力。

15.3.2 单桩竖向极限承载力的设计计算

如前所述,单桩竖向极限承载力应根据建筑桩基的设计等级,采用现场单桩静载荷试验、原位测试法或经验参数法确定,或采用多种方法综合确定。单桩静载荷试验法应按《建筑桩基检测技术规范》(JGJ 106—2014)的规定执行,本节主要介绍原位测试法和经验参数法。原位测试法和经验参数法也是在建筑桩基设计阶段估算单桩极限承载力的常用方法。

根据桩的承载特性和地基土对桩的支承能力,单桩竖向极限承载力标准值 Q_{uk} 可以统一表述为

$$Q_{uk} = Q_{sk} + Q_{pk}$$ (15-1)

式中,Q_{sk}、Q_{pk} 分别为总极限侧阻力标准值和总极限端阻力标准值,kN。

式(15-1)清楚地表明单桩竖向极限承载力是由地基土的极限端阻力和桩侧土的极限侧阻力两部分构成。可以设想,对于不同类型、不同材质的桩以及不同的地基条件(桩侧地层条件和端承条件),即使在有经验的地区,恐怕也难以给出统一的桩的极限端阻力和极限侧阻力。估算单桩承载力的原位测试法和经验参数法不仅国内外的标准之间有出入,即使在国内,不同行业之间的具体规定也不一致。但是,各类计算方法的本质相同,只是在参数取值、修正系数的规定方面存在差异。这里以建筑工程领域的设计计算方法为主进行论述。

1. 估算单桩竖向极限承载力的原位测试法

在第 8 章介绍的原位测试方法中,静力触探、标准贯入和动力触探等均可根据测试指标估算单桩极限承载力,并已积累了相关经验。但是,从物理模拟的角度看,静力触探与混凝土预制打(压)入桩的受力条件虽有区别,但与桩打(压)入土中的过程基本相似,可把静力触探近似地看作小直径预制桩沉桩的现场模拟试验,因此采用静力触探试验成果估算预制桩单桩承载力是行之有效的方法。由于我国静力触探试验有单桥与双桥之分,在确定单桩承载力时,也分别积累了单桥静探和双桥静探的经验公式。

1) 采用单桥静力触探指标的计算方法

在岩土工程勘察中,单桥静力触探是我国应用最为普遍的原位测试技术之一。根据《建筑桩基技术规范》(JGJ 94—2008),当利用单桥探头静力触探成果确定混凝土预制桩单桩竖向极限承载力标准值时,可按式(15-2)—式(15-4)计算。

$$Q_{uk} = Q_{sk} + Q_{pk} = u \sum q_{sik} l_i + \alpha p_{sk} A_p$$ (15-2)

当 $p_{sk1} \leqslant p_{sk2}$ 时,

$$p_{sk} = \frac{1}{2}(p_{sk1} + \beta \cdot p_{sk2})$$ (15-3)

当 $p_{sk1} > p_{sk2}$ 时,

$$p_{sk} = p_{sk2}$$ (15-4)

式中　u——桩身周长,m;

　　　q_{sik}——用静力触探比贯入阻力值估算的桩周第 i 层土的极限侧阻力标准值,kPa;应结合土工试验资料,依据土的类别、埋藏深度、排列次序,按图 15-2 中的折线取值;

　　　l_i——桩穿越第 i 层土的厚度,m;

　　　α——桩端阻力修正系数,可按表 15-1 取值;

　　　p_{sk}——桩端附近的比贯入阻力标准值(平均值),kPa;

　　　A_p——桩端面积,m^2;

p_{sk1}——桩端全截面以上 8 倍桩径范围内的比贯入阻力平均值,kPa;

p_{sk2}——桩端全截面以下 4 倍桩径范围内的比贯入阻力平均值,kPa,如桩端阻力层为密实的砂土层,其比贯入阻力平均值 p_s 超过 20MPa 时,则需乘以表 15-2 中系数 C 予以折减后,再计算 p_{sk2} 及 p_{sk1} 值;

β——折减系数,按 p_{sk2}/p_{sk1} 值从表 15-3 选用。

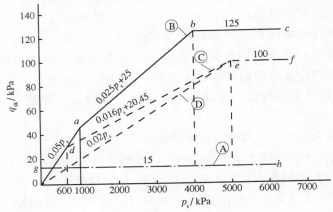

图 15-2 q_{sk} — p_s 曲线

注:① 图 15-2 中,直线Ⓐ(线段 gh)适用于地表下 6m 范围内的土层;折线Ⓑ(线段 $oabc$)适用于粉土及砂土土层以上(或无粉土及砂土土层地区)的黏性土;折线Ⓒ(线段 $odef$)适用于粉土及砂土土层以下的粘性土;折线Ⓓ(线段 oef)适用于粉土、粉砂、细砂及中砂。② 当桩端穿越粉土、粉砂、细砂及中砂层底面时,折线Ⓓ估算的 q_{sik} 值需乘以表 15-4 中系数 ξ_s 值。③ 采用的单桥探头,圆锥底面积为 15cm²,底部带 7cm 高滑套,锥角 60°。

表 15-1　　　　　　　　　　　　　**桩端阻力修正系数 α 值**

桩入土深度/m	$l<15$	$15 \leqslant l \leqslant 30$	$30 < l \leqslant 60$
α	0.75	0.75~0.90	0.90

注:桩入土深度 $15 \leqslant l \leqslant 30$m 时,$\alpha$ 值按 l 值直线内插;l 为基底至桩端全断面的距离(不包括桩尖高度)。

表 15-2　　　　　　　　　　　　　　　**系数 C**

p_s/MPa	20~30	35	>40
系数 C	5/6	2/3	1/2

当 $p_{sk1} \leqslant p_{sk2}$ 时,

$$p_{sk} = \frac{1}{2}(p_{sk1} + \beta p_{sk2}) \qquad (15-3)$$

当 $p_{sk1} > p_{sk2}$ 时,

$$p_{sk} = p_{sk2} \qquad (15-4)$$

式中　p_{sk1}——桩端全截面以上 8 倍桩径范围内的比贯入阻力平均值;

　　　p_{sk2}——桩端全截面以下 4 倍桩径范围内的比贯入阻力平均值,如桩端阻力层为密实的砂土层,其比贯入阻力平均值 p_s 超过 20MPa 时,则需乘以表 15-3 中系数

C 予以折减后,再计算 p_{sk2} 及 p_{sk1} 值;

β——折减系数,按 p_{sk2}/p_{sk1} 值从表 15-4 选用。

表 15-3　　　　　　　　　　　　　　　折减系数 β

p_{sk2}/p_{sk1}	$\leqslant 5$	7.5	12.5	$\geqslant 15$
β	1	5/6	2/3	1/2

表 15-4　　　　　　　　　　　　　　　系数 ξ_s 值

p_{sk}/p_{sl}	$\leqslant 5$	7.5	$\geqslant 10$
ξ_s	1.00	0.50	0.33

注:p_{sk} 为桩端穿过的中密～密实砂土、粉土的比贯入阻力平均值;p_{sl} 为砂土、粉土的下卧软土层的比贯入阻力平均值。

2)采用双桥静力触探成果的计算方法

当根据双桥探头静力触探资料确定混凝土预制桩单桩竖向极限承载力标准值时,对于黏性土、粉土和砂土,如无当地经验时可按式(15-5)计算。

$$Q_{uk} = u \sum l_i \beta_i f_{si} + \alpha q_c A_p \tag{15-5}$$

式中　f_{si}——第 i 层土的探头平均侧阻力,kPa;

　　　q_c——桩端平面上、下探头阻力,kPa,取桩端平面以上 $4d$(d 为桩的直径或边长)范围内按土层厚度的探头阻力加权平均值,然后再和桩端平面以上 $1d$ 范围内的探头阻力进行平均;

　　　α——桩端阻力修正系数,对黏性土、粉土取 2/3,饱和砂土取 1/2;

　　　β_i——第 i 层土桩端侧阻力综合修正系数,按式(15-6)计算。

$$\left. \begin{array}{ll} \text{黏性土、粉土} & \beta_i = 10.04(f_{si})^{-0.55} \\ \text{砂土} & \beta_i = 5.05(f_{si})^{-0.45} \end{array} \right\} \tag{15-6}$$

注:双桥探头的圆锥底面积为 15cm²,锥角 60°,摩擦套筒高 21.85cm,侧面积 300cm²。

2. 估算单桩极限承载力的经验参数法

经验参数法采用与原位测试法相似的单桩极限承载力表达形式,只是式中的极限侧阻力标准值和极限端阻力标准值是根据工程经验(特别是与试桩结果的对比)按表格的形式给出。

1)混凝土预制桩和灌注桩单桩极限承载力

当根据土的物理指标与承载力参数之间的经验关系确定混凝土预制桩和灌注桩的单桩竖向极限承载力标准值时,可按式(15-7)估算。

$$Q_{uk} = u \sum q_{sik} l_i + q_{pk} A_p \tag{15-7}$$

式中　q_{sik}——桩侧第 i 层土的极限侧摩阻力标准值,kPa,如无当地经验,可按表 15-5 取值;

　　　q_{pk}——极限端阻力标准值,kPa,如无当地经验,可按表 15-6 取值。

表 15-5 桩的极限侧阻力标准值 q_{sik} 单位:kPa

土类名称	土的状态		混凝土预制桩	泥浆护壁钻（冲）孔桩	干作业钻孔桩
填土	—		22～30	20～28	20～28
淤泥	—		14～20	12～18	12～18
淤泥质土	—		22～30	20～28	20～28
黏土	流塑	$I_L>1$	24～40	21～38	21～38
	软塑	$0.75<I_L\leqslant1$	40～55	38～53	38～53
	可塑	$0.5<I_L\leqslant0.75$	55～68	53～66	53～66
	硬可塑	$0.25<I_L\leqslant0.5$	68～84	66～82	66～82
	硬塑	$0<I_L\leqslant0.25$	84～98	82～96	82～94
	坚硬	$I_L<0$	98～105	96～102	94～104
粉土	稍密	$e>0.9$	26～46	24～42	24～42
	中密	$0.75<e\leqslant0.9$	46～66	42～62	42～62
	密实	$e<0.75$	66～88	62～82	62～82
粉细砂	稍密	$10<N\leqslant15$	24～48	22～46	22～46
	中密	$15<N\leqslant30$	48～66	46～64	46～64
	密实	$N>30$	66～88	64～86	64～86
中砂	中密	$5<N\leqslant30$	54～74	53～72	53～72
	密实	$N>30$	74～95	72～94	72～94
粗砂	中密	$5<N\leqslant30$	74～95	74～95	76～98
	密实	$N>30$	95～116	95～116	98～120
砾砂	稍密	$5<N_{63.5}\leqslant15$	70～110	50～90	60～100
	中密（密实）	$N_{63.5}>15$	116～138	116～130	112～130
圆砾、角砾	中密、密实	$N_{63.5}>10$	160～200	135～150	135～150
碎石、卵石	中密、密实	$N_{63.5}>10$	200～300	140～170	150～170
全风化软质岩	—	$30<N\leqslant50$	100～120	80～100	80～100
全风化硬质岩	—	$30<N\leqslant50$	140～160	120～140	120～150
强风化软质岩	—	$N_{63.5}>10$	160～240	140～200	140～220
强风化硬质岩	—	$N_{63.5}>10$	220～300	160～240	160～260

注:①对于尚未完成自重固结的填土和以生活垃圾为主的填土,不计其侧阻力;②表 15-5 及表 15-6 中的全风化、强风化软质岩和全风化、强风化硬质岩系指其母岩的饱和单轴抗压强度标准值分别为不大于 15MPa 和大于 30MPa 的岩石。

单位:kPa

表 15-6　桩的极限端阻力标准值 q_{pk}

土类名称	土的状态		混凝土预制桩桩长 l/m				泥浆护壁钻(冲)孔桩桩长 l/m				干作业钻孔桩桩长 l/m		
			$l\leqslant9$	$9<l\leqslant16$	$16<l\leqslant30$	$l>30$	$5\leqslant l<10$	$10\leqslant l<15$	$15\leqslant l<30$	$l\geqslant30$	$5\leqslant l<10$	$10\leqslant l<15$	$l\geqslant15$
黏性土	软塑	$0.75<I_L\leqslant1.0$	210~850	650~1400	1200~1800	1300~1900	150~250	250~300	300~450	300~450	200~400	400~700	700~950
	可塑	$0.50<I_L\leqslant0.75$	850~1700	1400~2200	1900~2800	2300~3600	350~450	450~600	600~750	750~800	500~700	800~1100	1000~1600
	硬可塑	$0.25<I_L\leqslant0.50$	1500~2300	2300~3300	2700~3600	3600~4400	800~900	900~1000	1000~1200	1200~1400	850~1100	1500~1700	1700~1900
	硬塑	$0<I_L\leqslant0.25$	2500~3800	3800~5500	5500~6000	6000~6800	1100~1200	1200~1400	1400~1600	1600~1800	1600~1800	2200~2400	2600~2800
粉土	中密	$0.75<e\leqslant0.90$	950~1700	1400~2100	1900~2700	2500~3400	300~500	500~650	650~750	750~850	800~1200	1200~1400	1400~1600
	密实	$e<0.75$	1500~2600	2100~3000	2700~3600	3600~4400	650~900	750~950	900~1100	1100~1200	1200~1700	1400~1900	1600~2100
粉砂	稍密	$10<N\leqslant15$	1000~1600	1500~2300	1900~2700	2100~3000	350~500	450~600	600~700	650~750	500~950	1300~1600	1500~1700
	中密、密实	$N>15$	1400~2200	2100~3000	3000~4500	3800~5500	600~750	750~900	900~1100	1100~1200	900~1000	1700~1900	1700~1900
细砂	中密、密实	$N>15$	2500~4000	3600~5000	4400~6000	5300~7000	650~850	900~1200	1200~1500	1500~1800	1200~1600	2000~2400	2400~2700
中砂	中密、密实	$N>15$	4000~6000	5500~7000	6500~8000	7500~9000	850~1050	1100~1500	1500~1900	1900~2100	1800~2400	2800~3800	3600~4400
粗砂	中密、密实	$N>15$	5700~7500	7500~8500	8500~10000	9500~10000	1500~1800	2100~2400	2400~2600	2600~2800	2900~3600	4000~4600	4600~5200
砾砂	中密、密实	$N>15$	6000~9500		9000~10500		1400~2000		2000~3200		3500~5000		
角砾、圆砾	中密、密实	$N_{63.5}>10$	7000~10000		9500~11500		1800~2200		2200~3600		4000~5500		
碎石、卵石	中密、密实	$N_{63.5}>10$	8000~11000		10500~13000		2000~3000		3000~4000		4500~6500		
全风化软质岩	—	$30<N\leqslant50$	4000~6000				1000~1600				1200~2000		
全风化硬质岩	—	$30<N\leqslant50$	5000~8000				1200~2000				1400~2400		
强风化软质岩	—	$N_{63.5}>10$	6000~9000				1400~2200				1600~2600		
强风化硬质岩	—	$N_{63.5}>10$	7000~10000				1800~2800				2000~3000		

注:①砂土和碎石类土中桩的极限端阻力取值,宜综合考虑土的密实度,桩端进入持力层的深径比;土愈密实,深径比愈大,取值愈高。②预制桩的岩石极限端阻力指桩端支承于中、微风化基岩表面或进入强风化岩、软质岩一定深度条件下的极限端阻力。

2）大直径桩单桩极限承载力

对于桩径 $D \geqslant 800\text{mm}$ 的大直径桩，应考虑尺寸效应。根据土的物理指标与承载力参数之间的经验关系，可按式(15-8)计算大直径桩单桩竖向极限承载力。

$$Q_{uk} = u \sum \psi_{si} q_{sik} l_i + \psi_p q_{pk} A_p \tag{15-8}$$

式中　q_{sik}——意义同上，如无当地经验值时，可按表15-5取值，对于扩底桩斜面及变截面以上 $2d$ 长度范围内不计侧阻力；

　　　q_{pk}——桩径为 800mm 的极限端阻力标准值，kPa，对于干作业挖孔（清底干净），可采用深层载荷板试验确定；当不能进行深层载荷板试验时，可按表15-7取值；

　　　ψ_{si}、ψ_p——大直径桩的侧阻和端阻尺寸效应系数，按表15-8取值。

表 15-7　　　　干作业挖孔桩（清底干净，$D = 800\text{mm}$）的极限端阻力标准值 q_{pk}　　　　单位：kPa

土类名称		土的状态		
黏性土		$0.25 < I_L \leqslant 0.75$	$0 < I_L \leqslant 0.25$	$I_L \leqslant 0$
		$800 \sim 1800$	$1800 \sim 2400$	$2400 \sim 3000$
粉土		—	$0.75 \leqslant e \leqslant 0.9$	$e < 0.75$
			$1000 \sim 1500$	$1500 \sim 2000$
砂土、碎石类土	—	稍密	中密	密实
	粉砂	$500 \sim 700$	$800 \sim 1100$	$1200 \sim 2000$
	细砂	$700 \sim 1100$	$1200 \sim 1800$	$2000 \sim 2500$
	中砂	$1000 \sim 2000$	$2200 \sim 3200$	$3500 \sim 5000$
	粗砂	$1200 \sim 2200$	$2500 \sim 3500$	$4000 \sim 5500$
	砾砂	$1400 \sim 2400$	$2600 \sim 4000$	$5000 \sim 7000$
	圆砾、角砾	$1600 \sim 3000$	$3200 \sim 5000$	$6000 \sim 9000$
	卵石、碎石	$2000 \sim 3000$	$3300 \sim 5000$	$7000 \sim 11000$

表 15-8　　　　　　　　　　大直径桩的尺寸效应系数 ψ_{si} 和 ψ_p

土类	黏性土、粉土	砂土、碎石土
ψ_{si}	$\left(\dfrac{0.8}{d}\right)^{1/5}$	$\left(\dfrac{0.8}{d}\right)^{1/3}$
ψ_p	$\left(\dfrac{0.8}{D}\right)^{1/4}$	$\left(\dfrac{0.8}{D}\right)^{1/3}$

注：表中 D 为桩端直径；d 为桩身直径。

3）钢管桩单桩极限承载力

钢管桩是中空的，在工程实践中存在闭口和敞口两类情况，其挤土效应和桩端闭塞效应明显不同。如果是闭口的，则不存在桩端闭塞效应，其挤土效应与预制混凝土桩相同，因此可直接按式(15-7)计算闭口钢管桩的单桩极限承载力；若为敞口的，则应考虑在沉桩过程中其对挤土效应和桩端闭塞效应的影响。根据土的物理指标与承载力参数之间的经验关系，钢管桩单桩极限承载力标准值可按式(15-9)估算。

$$Q_{uk} = u \sum q_{sik} l_i + \lambda_p q_{pk} A_p \tag{15-9}$$

式中 q_{sik}，q_{pk}——按表 15-5 和表 15-6 中的混凝土预制桩取值；

λ_p——桩端闭塞效应系数，对于闭口钢管桩，$\lambda_p = 1$；对于敞口钢管桩，当 $h_b/d < 5$ 时，$\lambda_p = 0.16(h_b/d)$；当 $h_b/d \geqslant 5$ 时，$\lambda_p = 0.80$；

h_b——桩端进入持力层深度，m；

d——钢管桩外径，m，当桩端带有隔板分割的半敞口钢管桩，应以等效直径 d_e 代替 d 确定桩端闭塞系数 λ_p。

$$d_e = d/\sqrt{n} \tag{15-10}$$

式中，n 为桩端隔板分割数，即桩端截面被隔板分割出的单元数。

4）嵌岩桩单桩极限承载力

一般意义上，嵌岩桩可归入端承桩，但由于嵌岩深度、岩石的类别（软硬程度）不同，以及施工工艺的差异，使嵌岩桩的承载力具有很大的不确定性。当桩端置于完整、较完整的基岩时，嵌岩桩的单桩极限承载力由桩周土总极限侧阻力和嵌岩段总极限阻力组成。可按式（15-11）根据岩石单轴抗压强度确定单桩的极限承载力标准值。

$$Q_{uk} = Q_{sk} + Q_{rk} = u \sum q_{sik} l_i + \xi_r f_{rk} A_p \tag{15-11}$$

式中 Q_{sk}，Q_{rk}——分别为土的总极限侧阻力标准值和嵌岩段总极限阻力标准值，kN；

q_{sik}——桩周第 i 层土的极限侧阻力，kPa，当无经验值时，可根据成桩工艺按表 15-5 取值；

f_{rk}——岩石饱和单轴抗压强度标准值，kPa，对于黏土质岩石取天然湿度下单轴抗压强度标准值；

ξ_r——嵌岩段侧阻和端阻综合系数，与嵌岩深径比 h_r/d、岩石软硬程度和成桩工艺有关，可采用表 15-9 中数值；表中数值适用于泥浆护壁成桩，对于干作业成桩（清底干净）和泥浆护壁成桩后注浆，该系数应取表中数值的 1.2 倍。

表 15-9 嵌岩段侧阻和端阻综合系数 ξ_r

h_r/d	0	0.5	1.0	2.0	3.0	4.0	5.0	6.0	7.0	8.0
极软岩、软岩	0.60	0.80	0.95	1.18	1.35	1.48	1.57	1.63	1.66	1.70
较硬岩、坚硬岩	0.45	0.65	0.81	0.90	1.00	1.04	—	—	—	—

注：h_r 为桩身嵌岩深度，当岩面倾斜时，以坡下方嵌岩深度为准；当 h_r/d 为非表列数值时，可内插取值。②较硬岩、坚硬岩指 $f_{rk} > 30$MPa 的岩石，极软岩、软岩指 $f_{rk} \leqslant 15$MPa 的岩石，介于两者之间可以内插取值。

15.4 桩基下卧层承载力验算

当桩间距不超过 $6d$（d 为桩径）时，可把桩与桩间土以及承台看作一个实体深基础（图 15-3）。在此条件下，当桩端持力层下主要受力层范围内有软弱下卧层时，下卧层的承载力应满足式（15-12）的要求，否则，应调整桩基设计或选择下部更合适的桩基持力层。

$$\sigma_z + \gamma_m z \leqslant f_{az} \tag{15-12}$$

其中

$$\sigma_z = \frac{(F_k + G_k) - 3/2(A_0 + B_0)\sum q_{sik}l_i}{(A_0 + 2t\tan\theta)(B_0 + 2t\tan\theta)} \tag{15-13}$$

式中　σ_z——作用于软弱下卧层顶面的附加应力,kPa;

γ_m——软弱层顶面以上各土层重度(地下水位以下取浮重度)的厚度加权平均值,kN/m³;

t——硬持力层厚度,m;

f_{az}——软弱下卧层经深度 z 修正后的地基承载力特征值,kPa;

A_0,B_0——桩群外缘矩形底面的长边、短边边长,m;

θ——桩端硬持力层压力扩散角,按表 15-10 取值。

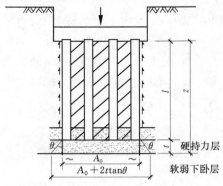

图 15-3　桩端持力层的软弱下卧层承载力验算示意图

表 15-10　　　　　　　　　　　桩端硬持力层压力扩散角 θ　　　　　　　　　　　单位:(°)

E_{s1}/E_{s2}	$t=0.25B_0$	$t\geqslant0.50B_0$
1	4	12
3	6	23
5	10	25
10	20	30

注:①表中 E_{s1} 和 E_{s2} 分别为桩端持力层和软弱下卧层的压缩模量;②当 $t<0.25B_0$ 时,θ 取 0°或通过试验确定,当 $0.25B_0<t<0.50B_0$ 时,可内插取值。

15.5　桩的负摩阻力计算

在 15.3 节中计算单桩极限承载力的前提是桩相对于桩周土层发生向下位移或向下的位移趋势,则桩周侧阻力总是向上的,为桩基提供支承力。如果由于某种原因或在特定条件下,桩周土层发生相对于桩的向下位移,则桩周土层的侧阻力是向下的,称为桩的负侧摩阻力。负侧摩阻力不仅不能为桩提供支承,相反将对桩施加一个下拉荷载。如果桩周土层产生的沉降大于桩的沉降,在单桩极限承载力计算、桩基整体强度验算和沉降分析时,都应考虑桩侧负摩阻力的影响。

15.5.1　产生桩侧负摩阻力的原因和条件

桩侧产生负摩阻力的本质是桩周土层相对桩体发生向下位移或位移趋势,其原因包括土层自身的变形和外在影响因素引起的变形。具体分析,包括以下几种情形和条件。

(1)桩周土层在自重应力下的固结变形。当桩穿越较厚的松散填土或新近沉积的软黏性土层而进入相对较硬的土层时,上部未完成自重固结的土层在自重应力作用下发生自重固结沉降,当超过桩身沉降时,产生桩侧负摩阻力。

(2)自重湿陷性黄土的自重湿陷变形。当桩身穿越自重湿陷性黄土层,进入下部非湿陷性黄土层时,上部自重湿陷性黄土由于浸湿而产生自重湿陷变形(沉降),当超过桩身沉降时,将产生桩侧负摩阻力。

(3)桩周土层在附加应力下的压缩变形。当桩周为软弱土层,临近桩侧地面局部承受较大的附加荷载或大面积堆载时,上部一定深度范围内的土层将产生较大的压缩变形,当变形超过桩身沉降时,将产生桩侧负摩阻力。

(4)地下水位下降或振动引起的土层固结变形。由于人为或自然气候原因,当地下水位下降时,会引起桩周土层内有效应力增大,进而引起土层固结下沉;桩周土层也可能由于振动原因引起压密,引起土层的相对下沉,产生桩侧负摩阻力。

负摩阻力大小的影响因素很多,如上述提到的地面堆载的大小、位置和范围,地下水位下降的幅度和影响范围。另外,桩的类型和成桩工艺也有影响。从工程地质的角度,应该关注桩侧和桩端土层性质及桩侧土层厚度的影响。即桩周土层的压缩性愈大,土层愈厚,而桩端持力层的压缩性愈低,则桩侧土层相对桩体的沉降愈大,发生沉降的土层厚度愈大,负摩阻力愈大。但是,在桩侧产生负摩阻力的条件下,并非桩身穿越的整个土层都会产生负摩阻力,而是发生在地表以下一定深度内,这个深度称为中性点深度。即以中性点为界,上部产生负摩阻力,下部桩侧分布正摩阻力。

中性点的位置(或产生负摩阻力的深度)不是一成不变的。确定中性点位置是一个比较复杂的课题。比如在桩周欠固结土层的自重固结过程中,中性点的位置是变动的,因此桩侧负摩阻力的大小和分布也随时间而变化。另外,中性点位置和负摩阻力大小还受桩的类型的影响。

15.5.2　桩侧负摩阻力的计算

1. 在桩基设计中负摩阻力的验算

当桩周土层沉降可能会引起桩侧负摩阻力时,应根据工程的具体情况考虑负摩阻力对桩基承载力和桩基沉降的影响。但是对于不同类型的桩以及建筑物对不均匀沉降的敏感程度差异,考虑负摩阻力的方法也不相同。

对于摩擦型桩,负摩阻力对桩身的下拉荷载将引起桩基持力层的压缩变形增大,随着桩体下沉,桩土间的相对位移便减小,负摩阻力将随之减小以至于消失。因此对于摩擦型桩,考虑负摩阻力对桩基承载力影响,在计算单桩极限承载力标准值时,可取桩身中性点以上的桩侧阻力为零。

对于端承型桩,由于持力层为坚硬土层或基岩,在负摩阻力下拉荷载下,沉降变形很小或者基本不发生沉降,则负摩阻力将长期存在,因此考虑其对桩基承载力的影响时,应把负摩阻力产生的下拉荷载计入,按式(15-14)验算桩基承载力。

$$N_k + Q_g^n \leqslant R_a \tag{15-14}$$

式中　N_k——单桩的平均竖向作用力,kN;

　　　Q_g^n——负摩阻力引起的单桩下拉荷载,kN;

　　　R_a——单桩竖向承载力特征值,kN,计算时只计入中性点以下的桩侧阻力和端阻力。

2. 桩侧负摩阻力计算

精确计算桩侧负摩阻力及其产生的下拉荷载是比较困难的。但大量的试验研究和工程实测结果表明,桩侧负摩阻力的大小与桩侧土的有效应力有关,包括先期固结压力、附加荷载作用或地下水位下降引起的有效应力。

中性点以上,单桩桩周第 i 层土的负摩阻力标准值 q_{si}^n 可按式(15-15)估算。

$$q_{si}^n = \zeta_{ni} \sigma_i' \tag{15-15}$$

式中　ζ_{ni}——桩周第 i 层土的负摩阻力系数,按表 15-11 取值;

　　　σ_i'——桩周第 i 层土的平均竖向有效应力,kPa,根据具体的工程条件,按下面的建议确定。

(1) 对于松散填土、新近沉积软土等欠固结土层的自重固结、自重湿陷性黄土的自重湿陷以及由于地下水位下降造成的土层压缩变形,$\sigma_i' = \sigma_{\gamma i}'$。

(2) 当地面分布大面积荷载 p 时,$\sigma_i' = p + \sigma_{\gamma i}'$。

$$\sigma_{\gamma i}' = \sum_{j=1}^{i-1} \gamma_j \Delta z_j + \frac{1}{2} \gamma_i \Delta z_i \tag{15-16}$$

式中　$\sigma_{\gamma i}'$——由土自重引起的桩周第 i 层土的平均竖向有效应力,kPa;

　　　γ_i, γ_j——桩周第 i 层土和其上桩周第 j 层土的重度,kN/m³,地下水位以下取有效重度;

　　　$\Delta z_i, \Delta z_j$——第 i 层土和第 j 层土的土层厚度,m。

表 15-11　　　　　　　　　　　　　　负摩阻力系数 ζ_n

土　类	ζ_n
饱和软土	0.15~0.25
黏性土、粉土	0.25~0.40
砂　土	0.35~0.50
自重湿陷性黄土	0.20~0.35

注:①在同一类土中,对于挤土桩,取较大值;对于非挤土桩,取较小值;②填土按其成分取同类土的较大值。

3. 桩侧负摩阻力引起的下拉荷载计算

对于单根桩,下拉荷载的计算类似于确定单桩承载力的侧阻力的方法。在实际工程的群桩基础中,需要考虑群桩效应,此时单桩承受的下拉荷载按式(15-17)计算。

$$Q_g^n = \eta_n u \sum_{i=1}^{n} q_{si}^n l_i \tag{15-17}$$

$$\eta_n = \frac{s_{ax} \cdot s_{ay}}{\pi d(q_s^n / \gamma_m + d/4)} \tag{15-18}$$

式中　η_n——负摩阻力的群桩效应系数,对于单桩基础或按式(15-18)计算所得的值大于 1 时,均取 1;

s_{ax},s_{ay}——纵、横向桩的中心距,m;

q_s^n——中性点以上桩周土层厚度加权平均负摩阻力标准值,kPa;

γ_m——中性点以上桩周土层厚度加权平均重度,kN/m³,地下水位以下取浮重度。

从上面的论述可以看出,无论计算负摩阻力还是下拉荷载,一个关键因素是确定中性点位置(深度)。原则上,中性点深度按"桩周土沉降与桩身沉降相等"的条件确定。在没有实测资料时,根据经验,可按表 15-12 取值。

表 15-12　　　　　　　　　　　　　　　中性点深度 l_n

持力层性质	黏性土、粉土	中密以上砂土	砾石、卵石	基岩
中性点深度比 l_n/l_0	0.5~0.6	0.7~0.8	0.9	1.0

注:①l_n 和 l_0 分别为自桩顶算起的中性点深度和桩周软弱土层的下限深度;②当桩周土层固结与桩基固结同时完成时,取 $l_n=0$;③当桩穿过自重湿陷性黄土层时,l_n 可按表列数值增大 10%(持力层为基岩时除外);④当桩周土层计算沉降量小于 20mm 时,表列数值应乘以 0.4~0.8 进行折减。

15.6　沉桩可能性分析及对周围环境的影响

1. 沉桩可能性分析

沉桩的可能性取决于桩的类型、沉桩工艺及地基土层的性质,间接地也受到上部结构荷载及对沉降控制的影响。

建筑桩基础常用的桩型有混凝土灌注桩、预制混凝土桩和钢管桩等。预成孔(钻孔或挖孔)灌注桩对土层的适应性比较强,即使遇到较硬的土层或密实的砂层,亦能穿越。但是,遇到流塑状土层或松散易塌土层,容易造成埋钻、桩的缩径等事故,在沉桩过程中应采取必要护壁措施和合理的工艺予以避免。

对于打入桩或静压桩,当桩身穿越土层中发育一定厚度的中密及中密以上的砂质粉土、砂土和碎石土时,在沉桩过程中会遇到一定的困难。在此情况下,宜采用静力触探、标准贯入等原位测试手段,并结合钻探和室内试验结果,慎重分析预制桩的沉桩可能性或进行定量的打桩阻力分析。

2. 沉桩施工对周围环境的影响

沉桩对周围环境的影响表现在打桩施工产生的噪音及振动、挤土桩施工对周围临近建筑及市政设施的影响、钻孔灌注桩泥浆可能造成的污染等几个方面。这些影响不会同时存在,这取决于桩型及沉桩工艺的选择。而这些选择又受到周围环境的限制。

在城市人口密集区或对振动敏感区,打入桩施工会造成噪音污染,所产生的振动甚至会使建筑物产生裂缝;在深厚软土层中采用挤土型桩,会引起土层隆起和较大的水平位移,不仅会造成断桩事故,也会对周围临近建筑或市政设施造成较大的负面影响,如造成建筑开裂、道路隆起或市政管道断裂等;在钻孔灌注桩成桩过程中护壁循环泥浆是不可缺少的,由此产生泥浆储存及废弃泥浆的处置问题。针对桩基施工可能产生的影响,在桩基选型时就应加以考虑,以避免在沉桩施工中造成不可挽回的损失。在桩型和施工工艺确定以后,施工中应采取针对性措施,如通过控制施工速率以减轻桩的挤土效应,加强泥浆监管或对废弃泥浆进行资源化利用等,将沉桩施工对周围的影响控制在允许的范围内。

15.7 桩基勘察要点

1. 桩基勘察内容

无论是桩基持力层选择,还是单桩承载力计算,都有赖于对地基的准确了解。根据已有桩基工程实践经验,在勘察阶段,应通过勘探取样、原位测试和室内试验等手段,充分掌握如下内容:

(1) 通过勘探,查明场地内各层岩土的类型、深度和厚度、分布特征、工程特性及其变化规律。

(2) 当采用基岩作为桩的持力层时,应查明基岩的埋深、岩性、构造、基岩层面变化、风化程度等,确定基岩的坚硬程度、完整程度和基本质量等级,判定有无洞穴、临空面、破碎岩体或软弱岩层等。

(3) 查明水文地质条件,评价地下水对桩基设计和施工的影响,判定水质对建筑材料的腐蚀性。

(4) 查明不良地质作用、可液化土层和特殊性岩土的发育和分布特征,评价其对桩基的危害程度。根据勘探与试验结果,提出相应的防治建议。

(5) 根据地基条件和施工工艺,评价成桩可能性,论证桩的施工条件及其对环境的影响。

2. 勘探和原位测试方法

桩基岩土工程勘察宜采用钻探和触探以及其他原位测试相结合的方式进行。对于原位测试手段的选择,应结合已有工程经验,针对地基土类型做出判断。对软土、黏性土、粉土和砂土的测试手段,宜采用静力触探和标准贯入试验。对碎石土宜采用重型或超重型圆锥动力触探。

3. 勘探点间距

土质地基勘探点间距应符合下列规定:

(1) 对端承桩宜为 $12\sim24\text{m}$,相邻勘探孔揭露的持力层层面高差宜控制为 $1\sim2\text{m}$;

(2) 对摩擦桩宜为 $20\sim35\text{m}$;当地层条件复杂,影响成桩或设计有特殊要求时,勘探点应适当加密;

(3) 复杂地基的一柱一桩工程,宜每柱设置勘探点。

4. 勘探孔深度

勘探孔的深度应符合下列规定:

(1) 一般性勘探孔的深度应达到预计桩长以下 $(3\sim5)d$(d 为桩径),且不得小于 3m;对大直径桩,不得小于 5m;

(2) 控制性勘探孔深度应满足下卧层验算要求;对需要验算沉降的桩基,应超过地基变形计算深度;

(3) 钻至预计深度遇软弱层时,应予加深;在预计勘探孔深度内遇稳定坚实岩土时,可适当减小;

(4) 对嵌岩桩,应钻入预计嵌岩面以下 $(3\sim5)d$(d 为桩径),并穿过溶洞、破碎带,到达稳定地层；

　　(5) 对可能有多种桩长方案时，应根据最长桩方案确定。

　　5. 岩土室内试验

　　岩土室内试验应满足下列要求：

　　(1) 当需估算桩的侧阻力、端阻力和验算下卧层强度时，宜进行三轴剪切试验或无侧限抗压强度试验，三轴剪切试验的受力条件应模拟工程的实际情况；

　　(2) 对需估算沉降的桩基工程，应进行压缩试验，试验最大压力应大于上覆自重压力与附加压力之和；

　　(3) 当桩端持力层为基岩时，应采取岩样进行饱和单轴抗压强度试验，必要时尚应进行软化试验；对软岩和极软岩，可进行天然湿度的单轴抗压强度试验；对无法取样的破碎和极破碎的岩石，宜进行原位测试。

　　6. 单桩承载力检验

　　单桩竖向和水平承载力，应根据工程等级、岩土性质和原位测试成果并结合当地经验确定。

　　对地基基础设计等级为甲级的建筑物和缺乏经验的地区，应做静载荷试验。试验数量不宜少于工程桩数的 1%，且每个场地不少于 3 个。

　　对承受较大水平荷载的桩，应进行桩的水平载荷试验；对承受上拔力的桩，应进行抗拔试验。

　　勘察报告应提出有关岩土的桩侧阻力和端阻力的估算值。必要时应提出竖向及水平向的承载力和抗拔承载力的估算值。

　　7. 桩基沉降

　　对需要进行沉降计算的桩基工程，应提供计算所需的各层岩土的变形参数，并宜根据任务要求，进行沉降估算。

　　8. 桩基工程岩土勘察报告的内容

　　桩基工程的岩土工程勘察报告中对于桩基的评价，除了按上述要求提供单桩承载力和桩基变形参数外，尚应包括下列内容：

　　(1) 提供可选的桩基类型和桩端持力层，提出桩长、桩径方案的建议；

　　(2) 当有软弱下卧层时，验算软弱下卧层强度；

　　(3) 对欠固结土和有大面积堆载的工程，应分析桩侧产生负摩阻力的可能性及其对桩基承载力的影响，并提供负摩阻力系数和减少负摩阻力的建议措施；

　　(4) 分析成桩的可能性、成桩和挤土效应的影响，并提出保护措施的建议；

　　(5) 持力层为倾斜地层、基岩面凹凸不平或岩土中存在洞穴时，应评价桩的稳定性，并提出处理措施的建议。

复习思考题

1. 在桩基的设计与施工中可能会面临哪些岩土工程问题？

2. 试说明桩按承载特性的分类。

3. 在桩型选择时，可能存在哪些认识上的误区？

4. 确定单桩极限承载力时,如何理解"按桩身结构强度和地基土对桩的支承能力双控,取较小者"的设计原则?

5. 请说明桩基持力层选择的原则。

6. 请说明桩端全断面进入持力层深度的技术要求。

7. 试论述桩侧产生负摩阻力的原因和条件。

8. 何为中性点或中性点深度?

参考文献

[1] 朱小林,杨桂林. 土体工程[M]. 上海:同济大学出版社,1996.

[2] 《岩土工程手册》编委会. 岩土工程手册[M]. 北京:中国建筑工业出版社,1994.

[3] 高大钊,袁聚云. 土质学与土力学[M]. 4版. 北京:人民交通出版社,2009.

[4] 《工程地质手册》编委会. 工程地质手册[M]. 4版. 北京:中国建筑工业出版社,2007.

[5] 曹伯勋. 地貌学及第四纪地质学[M]. 武汉:中国地质大学出版社,1995.

[6] 石振明. 孔宪立. 工程地质学[M]. 2版. 北京:中国建筑工业出版社,2011.

[7] 黄文熙. 土的工程性质[M]. 北京:水利电力出版社,1983.

[8] 孔德坊. 工程岩土学[M]. 北京:地质出版社,1992.

[9] 张咸恭,王思敬,张倬元,等. 中国工程地质学[M]. 北京:科学出版社,2000.

[10] 徐超,石振明,高彦斌,等. 岩土工程原位测试[M]. 上海:同济大学出版社,2005.

[11] 孙福,魏道垛. 岩土工程勘察设计与施工[M]. 北京:地质出版社,1998.

[12] 张人权,梁杏,靳孟贵,等. 水文地质学基础[M]. 6版. 北京:地质出版社,2011.

[13] 李广信. 高等土力学[M]. 北京:清华大学出版社,2006.

[14] 童长江,管枫年. 土的冻胀与建筑物冻害防治[M]. 北京:中国水利电力出版社,1985.

[15] 马巍,王大雁,等. 冻土力学[M]. 北京:科学出版社,2014.

[16] 中华人民共和国国家标准. GB 50021—2001 岩土工程勘察规范(2009年版)[S]. 北京:中国建筑工业出版社,2009.

[17] 中华人民共和国国家标准. GB/T 50145—2007 土的工程分类标准[S]. 北京:中国建筑工业出版社,2007.

[18] 中华人民共和国国家标准. GB 50007—2002 建筑地基基础设计规范[S]. 北京:中国建筑工业出版社,2011.

[19] 中华人民共和国国家标准. GB 50011—2010 建筑抗震设计规范[S]. 北京:中国建筑工业出版社,2010.

[20] 中华人民共和国行业标准. JGJ/T 87—2012 建筑工程地质勘探与取样技术规程[S]. 北京:中国建筑工业出版社,2011.

[21] 上海市工程建设规范. DGJ 08—37—2012 岩土工程勘察规范[S]. 上海:同济大学出版社,2012.

[22] 中华人民共和国行业标准. TB 10018—2003 铁路工程地质原位测试规程[S]. 北京:中国铁道出版社,2003.

[23] 四川省地方标准. DB51/T 5026—2001 成都地区建筑地基基础设计规范[S]. 成都:成都市建筑设计研究院,2001.

[24] 辽宁省地方标准. DB 21-907—2005 建筑地基基础设计规范[S]. 沈阳:辽宁科学技术出版社,2005.

[25] 广东省地方标准. DBJ15-31—2003 建筑地基基础设计规范[S]. 广州:广东省建设科技与标准化协会,2003.

[26] 中华人民共和国行业标准. JTS 133-1—2010 港口岩土工程勘察规范[S]. 北京:人民交通出版社,2011.

[27] 中华人民共和国行业标准. TB 10002.5—2005 铁路桥涵地基和基础设计规范[S]. 北京:中国铁道出版社,2005.

[28] 中华人民共和国国家标准. GB 18306—2015 中国地震动参数区划图[S]. 北京:中国质检出版社,2015.

[29] 中华人民共和国行业标准. TB 10012—2007 铁路工程地质勘察规范[S]. 北京:中国铁道出版社,2007.

[30] 中华人民共和国国家标准. GB 50025—2004 湿陷性黄土地区建筑规范[S]. 北京:中国建筑工业出版社,2004.

[31] 中华人民共和国国家标准. GB 50112—2013 膨胀土地区建筑技术规范[S]. 北京:中国建筑工业出版社,2013.

[32] 中华人民共和国行业标准. JGJ 118—2011 冻土地区建筑地基基础设计规范[S]. 北京:中国建筑工业出版社,2011.

[33] 中华人民共和国行业标准. JGJ 94—2008 建筑桩基设计规范[S]. 北京:中国建筑工业出版社,2008.

[34] Sabatini P J, Bachus R C, Mayne P W, et al. Evaluation of Soil and Rock Properties. U. S Department of Transportation Federal Highway Administration (FHWA), FHWA-IF-02-034. 2002.

[35] Kulhawy F H, Mayne P W. Manual on Estimating Soil Properties for Foundation Design. Report of Research Project 1493-6 for Electric Power Research Institute (EPRI). 1990.

[36] Tom Lunne, Robertson P K, John J M. Cone Penetration Testing in Geotechnical Practice[M]. London: Spon Press, 1997.

[37] ASTM D2487-06. Standard Practice for Classification of Soils for Engineering Purpose (Unified Soil Classification System), 2008.